# La Supériorité de la Bible et de la Torah sur les modèles cosmologiques scientifiques

Flavien Phanzu Mwaka

# La Supériorité de la Bible et de la Torah sur les modèles cosmologiques scientifiques

ISBN numérique : 9791040555919

EAN papier : 9791040555926

Librinova

Courriel : contact@librinova.com
Internet : www.librinova.com

**Du même auteur dans la collection « Les Versets des savants »**

– Tome I : Noé à Barack Obama
(Éditions universitaires européennes)
– Tome II : Le champ du Modèle Cosmologique Universel
(éd. Librinova)
– Tome III : Avant big bang – big bang – après big bang selon le Modèle Cosmologique Universel (ed. librinova)
Tome IV : Les énigmes de l'Univers résolues dans le Modèle Cosmologique Universel (éd. Librinova)
– Tome V : De Noé à Barack Obama (éd. Librinova)

**Du même auteur dans la collection « Astrothéologie »**

– Tome II : Avant Big-bang à la lumière (éd. Librinova)
– La cosmologie selon les modèles bibliques et antiques (version révisée) (éd. Librinova)
– Big-bang à l'Homme (éd. Librinova : numérique)
– Big-bang à l'homme (éd. Livre en Papier : broché)
– Le Big-bang est biblique, coranique et antique
(éd. Librinova : numérique)
– Le Big-bang est biblique, coranique et antique
(éd. Livre en Papier : broché)

**From the same author in the "Astrotheology" collection**

– Volume III : Big-bang to Humankind (éd. Librinova)
– Pre Big bang – Big bang – After Big bang **(ed. Librinova)**
– Cosmology according to biblical and ancients models **(ed. Librinova)**
– The field of the Universal cosmologycal Model **(ed. Librinova)**
– Big-bang to humankind **(ed. Librinova)**
– From Noa to Barack Obma **(ed. Librinova)**

**N.B : vente en ligne et en librairies**

**Contact auteurs :** flavienphanzu@gmail.com

# Épigraphie

*"La science sans la religion est boiteuse*
*et la religion sans science est aveugle"*
(Albert Einstein :
http://evene.lefigaro.fr/citations/albert-einstein?page=3)

# Dédicace

Je dédie ce livre à nos parents Joseph MPANZU MAKWALA BABAKA et Philomène KIADI UMBA.

Qu'ils trouvent à travers cette dédicace, l'expression de mon amour pour eux.

# Préface

*Bon travail de recherche avec une indéniable dimension de profondeur religieuse, scientifique et culturelle. Le sujet traité est solide et défendable à la lumière de preuves matérielles fiables.*

*Ce texte devrait être publié sous forme de ballon d'essai pour les lecteurs peu familiers avec la cosmologie combinée aux preuves biblique et torahniques.*

*Je souhaiterais que la publication soit partielle (3 ou 4 volumes) en éditions successives et non en une seule fois en raison de la rigidité du sujet traité.*

*Encore une fois, merci et bonne chance !*

Professeur GUBARIKA

Doyen de la Faculté des Lettres
Université Pédagogique Nationale (UPN)/RDC

# Avant-propos

Ce livre restitue scientifiquement le schéma biblique et torahnique de la création dans un langage actualisé. C'est cette restitution que nous avons baptisée « Le Modèle Cosmologique Universel ». C'est à partir du schéma du Modèle Cosmologique Universel que les cosmologues découvriront « la **supériorité de la Bible et de la Torah sur les modèles cosmologiques scientifiques** ».

Les noms Bible et Torah sont sacrés dans les christianismes et les judaïsmes. Du fait que nous faisons seulement référence aux deux premiers chapitres de la Genèse (Bible et la Torah) et de Berechit (Torah) qui retracent le schéma de l'univers, nous allons beaucoup plus parler du Modèle Cosmologique Universel plutôt que de l'utilisation des noms Bible et la Torah, même si cela fait partie du titre.

Ce livre constitue aussi la suite des ouvrages que nous avons déjà publiés dans la collection Astronomie & Théologie. La spécificité de ceci est que j'ai détaché tout ce qui peut faire l'objet de discussions, c'est-à-dire tout ce qui peut faire l'objet de jugements ou de critiques et je l'ai défendu ici. Ainsi, dans ce livre, nous allons beaucoup parler du « Modèle Cosmologique Universel ou du modèle biblique et torahnique face aux autres modèles cosmologiques scientifiques ».

En plus, ce livre fait partie de mon enrichissement personnel sur l'étude de l'univers en tant que créateur d'un modèle. Il prouve ainsi la place du Modèle Cosmologique Universel face aux autres modèles. C'est pour mettre un terme à tous ceux qui ont qualifié notre travail de concordisme.

Le Modèle Cosmologique Universel est un modèle cosmologique scientifique et non de la religion. Il n'est pas là pour dire que c'est Dieu qui a créé l'univers, mais il répond à la question comment il l'a créé. Pour le Vatican ou le Saint-Siège, il n'y a que la science qui peut répondre à cette question, car, dit-il, la Bible et la Torah ne sont pas des livres scientifiques. Mais, à travers le modèle cosmologique universel, nous avons découvert que même la Bible et la Torah répondent aussi à cette question. C'est à travers cette réponse que nous allons démontrer la supériorité de la Bible et de la Torah sur les autres modèles scientifiques.

Les modèles cosmologiques scientifiques sont venus en fait confirmer le modèle biblique et torahnique ou la Bible et la Torah. Toutefois, ces modèles connaissent encore beaucoup de limitations. Alors que la Bible et la Torah décrivent l'univers de l'origine qu'on appelle « avant le Big Bang », en passant par le Big-Bang jusqu'à la formation de l'homme et de la femme, les modèles scientifiques se butent encore jusque-là au Big-bang qui constitue pour eux un rez-de-chaussée infranchissable. Mais le Créateur de l'univers démontre à travers la Bible et la Torah qu'il y avait des étages en dessous avant qu'on arrive au rez-de-chaussée ou au point du Big Bang.

Le Modèle Cosmologique Universel ne vient pas faire table rase aux modèles cosmologiques scientifiques. La plus grande différence est que ce qui est attribué au hasard de la nature dans les modèles cosmologiques scientifiques, le Modèle Cosmologique Universel qui restitue le schéma biblique et torahnique de la création, l'attribue à Dieu. C'est pour dire que même la science ne peut pas condamner les modèles bibliques et torahniques pour cette attribution, car elle-même est encore limitée en introduisant des notions telles que la brisure de symétrie, l'accident mutationnel, etc.

Ainsi, attribuer au hasard de la nature ou à Dieu veut dire que les recherches scientifiques doivent continuer, car même la personne qui a écrit l'inspiration du schéma biblique et torahnique de la création dans l'antiquité était aussi limitée dans ces connaissances, comme nous autres aussi.

La cosmologie étant la science qui étudie l'origine et l'évolution de l'univers, le schéma biblique et torahnique de la création est le premier texte cosmologique découvert sur des papyrus écrit par un savant juif au nom de Moïse. Malgré que ce texte ait été falsifié par plusieurs traductions, il a gardé jusque-là ses mystères. On croyait le comprendre littéralement, alors que les mots et les noms utilisés ne reflétaient pas la pensée de son auteur. Pour arriver à le restituer à son vrai contexte, il faut avoir les notions de la cosmologie et du Principe de la création du Dr. Sun Myung Moon, dont je suis le seul à en détenir jusqu'à la publication de livres de la collection « Astronomie & Théologie », formant l'Astrothéologie.

Dans la collection des livres Astronomie et Théologie, j'analyse les versets bibliques et torahniques de la même façon que je le fais pour les livres et les paroles des scientifiques. Comme un archéologue des versets bibliques et torahniques, je prends ce qui était considéré comme spirituel, je le ramène à la terre pour une analyse scientifique.

Nous devrons savoir que nous ne sommes pas les dernières générations de l'Univers et nos jugements actuels ne peuvent être pris pour absolus. Il y a trente-cinq siècles de cela, personne ne savait que le schéma de la création biblique et torahnique contenu dans la Bible et la Torah transiterait de la religion et de la cosmogonie pour rejoindre la science. Aujourd'hui, il est analysé dans la cosmologie à travers sa restitution scientifique dans le Modèle Cosmologique Universel.

Malgré mes recherches et mes connaissances, je n'ai pas accédé à une compréhension totale de cette restitution scientifique et je ne suis pas encore en mesure de l'exprimer parfaitement. Cette considération concerne surtout l'avant Big-bang, car l'après Big-bang est largement analysé par la science, quoiqu'elle ait pris un mauvais départ en faisant du Big-bang le point d'origine de l'Univers tout en excluant le point de vue du schéma biblique et torahnique de la création.

Ce que je présente dans les livres de la collection « Astronomie et Théologie », ne sont que des introductions pour ouvrir la porte aux maîtres de cette discipline qui sont les astrophysiciens, les cosmologues, les astronomes, les planétologues, les physiciens, les astro-chimistes, les théologiens et tous ceux qui s'adonnent à l'étude de l'origine de la création, afin de leur permettre d'y entrer et d'en faire le développement d'une manière scientifique pour les uns et théologique pour les autres.

Toutefois, personne ne pourra réellement sonder les clefs de l'Univers d'une manière parfaite. Parce que même si nous avons en nous l'esprit de celui qui était témoin de ces choses, à savoir le Christ (Jn 1 : 2), mais nous-mêmes, nous ne sommes que le résultant. En plus, en science, on dit qu'une réponse fait surgir d'autres questions. Tant qu'on n'est pas encore arrivé à l'origine, qui est Dieu, on aura toujours des questions.

Quand Dieu m'a dit que tout le monde doit s'inspirer du schéma biblique et torahnique de la création, même si personne ne peut me croire, car la relation avec Dieu est personnelle d'un individu à l'autre, j'ai frémi à l'idée de l'écrire dans mon livre, car à ce moment-là, je ne savais comment la défendre. Mais la vraie défense ne viendra qu'auprès d'eux-mêmes, les savants, qui n'attendaient que l'éclaircissement du schéma de la création biblique et torahnique.

Mes termes ou les mots que j'utilise sont parfois impropres pour la science, compte tenu aussi de mes limitations. Mais, à travers mes phrases, les scientifiques sauront les vrais mots qu'ils faillaient utiliser, car en cosmologie, on n'analyse pas le mot, mais on voit les contenus, les éléments chimiques se trouvant à l'intérieur des mots. Je ne suis pas contre les corrections, car c'est le chemin de la perfection.

Donc, scientifiquement, le Modèle Cosmologique Universel est le résultat des recherches que je fais, et j'en porte l'entière responsabilité. Toutefois, je ne peux pas écarter Dieu comme étant le héros dans l'ombre.

La connaissance des enseignements du Principe de la création du Rév. Dr. Sun Myung Moon et les notions préliminaires en cosmologie m'ont permis non seulement de restituer les versets bibliques et torahniques liés à la science, mais aussi les modèles antiques tirés et exploités par les différentes sectes, y compris les sectes ésotériques. Ça m'a aussi permis d'offrir une explication claire de la formation de l'homme selon le Coran et d'émettre certaines hypothèses en cosmologie dont la science tranchera plus tard.

Donc, il y a des savants en astrophysique et des exégètes de la parole de Dieu, mais, avant l'apparition des livres de la collection « Astronomie & Théologie », avec ce que saint Paul appelle avoir facultativement les dons (Rm 12 : 6), j'étais le seul dans l'humanité à faire une jonction entre la science et la religion et à découvrir que l'histoire de la création selon la Bible et la Torah est scientifiquement logique, plus riche et plus cohérente. C'est ce que nous allons démontrer dans ce livre, avais-je dit.

# Introduction générale

Certains lecteurs liront ce livre sans avoir eu l'occasion de lire les précédents ouvrages de la collection Astronomie & Théologie. Par conséquent, nous allons revenir sur les bases du Modèle Cosmologique Universel pour une meilleure compréhension de ce livre.

Moïse, à travers la Bible et la Torah, fut le premier à parler de « l'avant-Big-bang à l'homme ». Avant mes publications qui font partie de mes découvertes, personne ne savait que le premier jour de la Genèse dans la Bible et la Torah concernait l'avant Big Bang. C'est aussi parce que personne ne savait que le Big Bang était biblique et torahnique et que le schéma biblique et torahnique de la création était une histoire vraie.

Comme nous l'avons dit, l'après Big-bang étant largement exploité par la science, il nous appartient maintenant de jeter un regard sur l'avant Big-bang en essayant de revoir les modèles de tous ceux qui par le passé ont dû raisonner dessus. Ces modèles viennent en appui du Modèle biblique et torahnique, éclairci dans le Modèle Cosmologique Universel. Par conséquent, toutes les recherches sur cette période de l'avant Big Bang, nous la qualifions du Champ de Moïse.

Astrophysiciens ; croyants ou athées, personne n'a le choix de discuter de cette qualification, car Moïse est le premier à avoir offert un modèle. Mythe ou pas, il est aussi le premier savant dans le domaine de la cosmologie, quoique les scientifiques aient relégué ces écrits dans la cosmogonie. Du fait qu'il divisa dans l'antiquité le schéma de la création selon les jours, prouve l'introduction d'un raisonnement scientifique.

En effet, tous les modèles se présentent à ce jour comme des aveugles à qui on a dit de toucher un éléphant. Chacun garde en lui l'image vraie de la partie qu'il a palpée comme étant un éléphant. Celui qui a touché la queue dira que l'éléphant ressemble à une corde ou à un serpent. Il n'a pas tort, sauf que sa description n'est pas complète. Tels sont les modèles cosmologiques qu'on retrouve jusque-là dans la science.

Le Modèle Cosmologique Universel qui restitue le schéma biblique et torahnique de la création présente l'éléphant dans son entièreté. Et, Dieu avait raison de me blâmer pour avoir voulu aligner au même titre les modèles classiques et le schéma biblique et torahnique de la création. Il a ensuite insisté pour que tout le monde s'inspire du schéma biblique et torahnique de la création tel que je viens de le faire dans le Modèle Cosmologique Universel. Comme j'ai dit, à cause de mes limitations, il appartient aux savants de l'enrichir et non de le confronter avec leurs modèles ou les modèles scientifiques.

Dans les livres de la collection « Astrothéologie », nous sommes en train de développer un ancien modèle pour la religion, mais un nouveau modèle pour la science : le Modèle Cosmologique Universel, qui vient de compléter les autres modèles cosmologiques qui ont retenu l'attention des savants pendant plus d'un siècle, c'est-à-dire depuis l'avènement de la théorie de l'atome primitif qui deviendra la théorie du Big Bang.

Certains astrophysiciens vont considérer le Modèle Cosmologique Universel comme étant un modèle non scientifique, car il déborde du cadre des travaux de ce dernier. Qui a donné des limites aux travaux scientifiques ? Une limitation des connaissances en physique, soit elle, ne signifie pas qu'on a abouti à la fin. Ce que moi j'analyse fait aussi partie des travaux scientifiques et s'inscrit dans le cadre de l'astrothéologie, ou la combinaison de la théologie et de l'astronomie.

Jusque-là, la physique contemporaine n'a pas donné la réponse à toutes les observations et aux questions qu'elle se pose. En effet, certaines lois qu'elle a mises en évidence ne se rejoignent pas dans les domaines où elles sont censées agir conjointement ou concurremment.

Plusieurs questions n'ont pas reçu une résolution complète dans aucun des modèles proposés. La physique ajoute à ses modèles des rajouts ad hoc comme la théorie d'inflation, la brisure de symétrie, le boson de Higgs et d'autres.

Selon Faber Sperber, ils ont tous l'inconvénient d'utiliser une mathématique des nombres et une géométrie continue, ainsi qu'une logique non dialectique. *(Cf : matierevolution.fr/spip.php ?auteurs2****Matière noire, énergie noire : le chaînon manquant*** *? Le13/11/2007, par Faber Sperber, Robert Paris).*

Tout d'abord, le Cosmos est une projection divine. Même si la mathématique peut expliquer certaines choses, mais il n'agit qu'au niveau des effets. Une théorie dont tout le monde s'attend à ce qu'elle vienne éclaircir certains mystères doit être en mesure de faire remonter à la surface la cause qui est contenue dans le spirituel. Donc, il est inutile d'attendre que cela provienne d'un astrophysicien, qui au demeurant, est déjà limité par des théories classiques.

Par contre, il n'y a que des astrophysiciens qui peuvent aussi l'enrichir, car ce sont eux qui détiennent la clé des observations. Et là, je répète seulement ce que Dieu m'a dit, à savoir : « Tout le monde doit s'inspirer du schéma de la création biblique et torahnique ». C'est le seul modèle original auquel tout le monde devra suivre et enrichir. Ce qui est développé dans mes livres pour ouvrir la voie aux astronomes a pour nom « le Modèle Cosmologique Universel ».

Quand Dieu m'est apparu en 2012, je ne sais pas si on pouvait appeler ça songe ou vision, mais il me réveilla pour me dire que je change la phrase que j'avais écrit la même nuit, à savoir « désormais, le modèle biblique et torahnique doit aussi être pris en considération comme tous les autres modèles scientifiques ». Dieu me donna l'injonction d'effacer cette phrase et de la remplacer par *« tout le monde doit s'inspirer du schéma de la création biblique et torahnique ».* Ce fut un grand encouragement pour moi de voir le Dieu de huit milliards de personnes dans l'humanité, selon les statistiques de 2020, m'apparaître personnellement pour me donner une injonction, bien que je doive me débrouiller moi-même pour le prouver aux savants.

Les découvertes que je faisais me plongeaient dans la joie quand je remarquai qu'un verset répondait aux observations et parfois dans les désespoirs. Dans les désespoirs, quand je constatai que la science est en retard par rapport à mes découvertes et que balançait une vérité qu'on ne peut pas prouver, relevait de la foi. Ainsi, j'assume l'entière responsabilité de toutes les imperfections d'idées qui sont contenues dans cet ouvrage. Toutefois, je sais que mes lecteurs me lisent pour comprendre l'Univers et non pour me juger.

Étant donné que nul n'a le monopole de la vérité et de la science et que Dieu nous traite tous d'une manière égale, je considère de mon côté les autres modèles comme des fondements pour enrichir et expliquer le modèle biblique et torahnique. Ma contribution à moi, c'est le Modèle Cosmologique Universel qui vient avec l'apport de l'avant Big Bang.

Ainsi, dans la seconde partie, nous allons confronter plusieurs pensées classiques en cosmologie et modèles avec le Modèle Cosmologique Universel qui est la restitution du schéma de la création contenue dans la Bible et la Torah pour que les astrophysiciens révolutionnaires puissent faire jaillir la lumière. Pourquoi les astrophysiciens révolutionnaires ? Parce que pour les astrophysiciens classiques et les théologiens conservateurs, moi, je ne suis qu'un hérétique.

Séance de formation en Astronomy Master à l'OBP/France (septembre 2019)

*Derrière moi ; M. Marc Breton – le directeur de l'observatoire - et, devant moi, le formateur.*

# Première partie
# La cosmologie biblique et torahnique

# Introduction

**La cosmologie biblique et torahnique** est la conception biblique et torahnique du cosmos en tant qu'entité organisée et structurée, ayant une origine, un ordre, un sens et un destin.

Historiquement, jusqu'au XVIIIe siècle, l'ensemble du domaine de la cosmologie était intégré à la métaphysique spéciale. Tout presque était une question d'idées. Les domaines de la cosmologie étaient réservés aux religieux et aux philosophes. Même avec l'introduction de la physique théorique, jusqu'à ces jours, certains mouvements religieux persistent à nier les théories scientifiques sur l'univers, affirmant s'en tenir à une lecture *littérale* des passages bibliques concernant les descriptions cosmologiques. Cela s'appelle le créationnisme.

Pour les croyants en général, il existe une cause première à l'origine de la création qu'ils nomment Dieu ou d'une autre appellation selon les religions.

Le principal texte religieux judéo-chrétien, la Bible et la Torah, raconte en détail l'histoire de la Création. Leur premier chapitre, Genèse pour la Bible et Berechit pour la Torah, décrit la fondation du Ciel et de la Terre et la création de toutes les choses et créatures, y compris du premier homme et de la première femme, par Dieu. Selon la Bible, toutes les étapes de la création se produisirent en six jours consécutifs, et le septième jour, Dieu se reposa.

Par rapport à d'autres récits cosmogoniques qui font intervenir beaucoup de divinités, le récit de la création biblique et torahnique est le seul qui est structuré et répond à la logique. Cette logique est démontrée dans le Modèle Cosmologique Universel qui est développé dans tous les livres de la collection « Astronomie & Théologie ».

Ce premier récit cosmologique influença toute la pensée du Moyen Âge en Occident. Ce n'est que plus tard, à partir des XVIIe et XVIIIe siècles, avec l'introduction des instruments d'observation du ciel et de calcul du temps, ainsi qu'avec des nouvelles notions telles que la gravitation universelle, que l'astronomie permit de faire des découvertes dans les sciences fondamentales. L'astronomie, puis la cosmologie, devinrent des sciences autonomes, indépendantes des autorités religieuses, à partir du XVIIIe siècle. Enrichie par les sciences physiques et la chimie (mécanique quantique), l'astronomie a donné naissance à la fin du XIXe siècle à l'astrophysique.

Ainsi, au XIXe siècle, la science et la religion ont semblé se séparer avec des phases très violentes. Ce changement de représentation du monde est connu sous le nom de révolution copernicienne. La dissociation entre les sciences et les religions relève du principe d'autonomie de la science.

En effet, les erreurs commises au sujet de la condamnation de Galilée qui confirme l'héliocentrisme semblent, à première vue, le fait d'interprétations trop littérales de la Bible. Ce n'est qu'en ce XXIe siècle, lors de la parution de mon premier livre en 2020 qui a pour titre « La cosmologie selon les modèles bibliques et antiques » que le schéma biblique et torahnique de la création passe de l'étape de l'interprétation à l'étape de la vérité. Actuellement, il ne s'agit plus d'interpréter ce récit, ni de l'analyser étymologiquement, mais de découvrir les vérités qui se cachent derrière la pensée de son auteur. C'est cette déduction qui fait l'objet de ma restitution dans le Modèle Cosmologique Universel.

# Chapitre I
# L'évolution des pensées dans la cosmologie

# Section 1
# Les pensées classiques

## 1.1 Les pensées classiques en cosmologie

Les termes pensés classiques nous viennent de l'Histoire économique. C'est Karl Marx (1818-1883) qui inventa le terme *classique* en opposant les économistes classiques aux économistes vulgaires. Les classiques étant ceux qui ont cherché à déterminer l'origine de la valeur.

En cosmologie, par contre, ce qui différencie les deux écoles, entre les vulgaires et les classiques, c'est l'introduction des instruments d'observation, des lois physiques et de la mathématique qui permettent désormais de fonder ses pensées. Donc, c'est une démarcation entre ceux qui se sont basés seulement sur la philosophie jusqu'à l'introduction des instruments d'observation, soit au XVIIe siècle par Galilée. Cela marqua désormais le début des pensées classiques, quoiqu'on associe l'astronome polonais Nicolas Copernic (1473-1543) qui mit fin au XVIe siècle à la pensée qui définissait l'Univers comme un ensemble géocentrique dans lequel le point central est la Terre, stationnaire et sans mouvement, autour de laquelle tourne un certain nombre de sphères. (Cf : https ://www.astrofiles.net/astronomie-nicolascopernic).

En raisonnant en fonction du système solaire, Nicolas Copernic émettra l'idée de l'héliocentrisme, c'est-à-dire le Soleil est au centre, la terre et tous les astres tournant autour de lui. À noter qu'à ce moment-là, les raisonnements sur l'Univers s'arrêtaient autour des étoiles visibles à l'œil nu. Donc, selon la science, c'est cette pensée qui mit fin au géocentrisme qui est considéré comme le début des pensées classiques.

Donc, les théories se sont succédé au cours de l'histoire pour tenter d'expliquer la formation et l'évolution de l'Univers. On les appelle les théories cosmologiques. Certaines théories, que l'on sait aujourd'hui fausses, sont restées en vigueur pendant plusieurs siècles. Aussi faut-il toujours garder à l'esprit qu'une théorie, aussi séduisante soit-elle, n'est qu'un modèle, qu'une possibilité parmi d'autres.

Il faut dire qu'à partir du XVIIe siècle, les astronomes ont commencé par ignorer les modèles philosophiques, en se basant sur les instruments. De l'astronome polonais Nicolas Copernic (1473-1543) au savant italien Galilée qui fut le premier à exploiter la lunette astronomique en 1609, l'astronomie a pris un nouveau tournant, mais sans s'affranchir des idées de l'Église. Le vrai élan fut pris au XXe siècle, où de nouvelles disciplines au jugement réaliste commencèrent à s'intéresser à la cosmologie, dont la mathématique et la physique. Ceci donnant naissance à l'astrophysique, où ceux qui l'étudient détiennent de nos jours le monopole pour émettre les théories sur l'univers.

Leurs théories et leurs jugements donnèrent naissance à plusieurs branches de la physique classique pour expliquer l'Univers, c'est-à-dire des théories dont le jugement cosmologique et autres descriptions des phénomènes naturels sont bâtis non plus sur la philosophie, ni la théologie ou la métaphysique, mais des théorèmes qu'on pourrait démontrer. D'autres sont encore à l'étape des prédictions en remplacement des prophéties.

Parmi ces branches qui étudient l'univers, nous avons la physique quantique qui est l'appellation générale d'un ensemble de théories physiques nées au XXe siècle qui, comme la théorie de la relativité, marque une rupture avec ce que l'on appelle maintenant la physique classique, qui regroupe par définition les théories et principes physiques connus au XIXe siècle. Ainsi, toutes les pensées cosmologiques sont désormais validées par la physique quantique.

La pluralité des pensées, des théories et des théorèmes a donné naissance à plusieurs modèles cosmologiques. Mais, pour les religieux, le seul vrai modèle sur l'Univers est celui qui vient du Créateur qui est Dieu. Cette déclaration, qui était une croyance au départ, est devenue réelle grâce au Modèle Cosmologique Universel.

Jamais un astrophysicien ne créera quelque chose pour aller asperger dans l'Univers en vue de changer ses lois naturelles. Tout ce que les savants sont en train de découvrir, ce sont les effets de ce qui s'est passé dès le moment où le mouvement de l'univers (le spin des particules) a été amorcé dans l'avant Big Bang, qualifié de premier jour par la Bible et la Torah. D'où, pour le moment, les religieux ont désormais leur mot à dire à travers une science plus réaliste combinant la foi et les mathématiques que nous appelons l'astrothéologie.

En science, le début de l'univers fait l'objet de plusieurs modèles. En réalité, nous pouvons dire que l'univers n'a pas commencé par deux ou plusieurs modèles. La vérité est que l'Univers n'a commencé que par un seul modèle ; le modèle biblique et torahnique qui constitue le fondement du Modèle Cosmologique Universel. Tous les autres modèles cosmologiques dits scientifiques, qui s'écartent du schéma biblique et torahnique, ne sont que des balbutiements.

Quand on voit un enfant avec macrocéphalie, les uns peuvent dire que sa mère l'a conçu par césarienne, d'autres diront que le médecin a pratiqué une grande épisiotomie. Mais qui peut réellement dire comment cet enfant est venu au monde avec une seule version ? Ce n'est que sa mère si elle est vivante ; dans le cas contraire, c'est le médecin ou les témoins. Et, si ces derniers ne sont pas là, il y a les documents hospitaliers.

Pour un cas concret, un jour, on a posé à ma mère la question : « Pourquoi ton enfant est toujours solitaire ? » Elle a répondu : « Il ne voulait même pas naître, il a fait onze mois dans le ventre ». Les autres pouvaient spéculer, mais elle avait sa propre explication.

Pour le cosmos dont Dieu est le géniteur, malgré notre séparation et nos ruptures de communication avec Lui à cause de nos péchés, nous avons néanmoins la chance d'avoir un document hospitalier qui nous parle de sa naissance et accessible à tous ; c'est la Bible et la Torah. L'histoire de la création contenue dans la Bible et la Torah n'est pas écrite par un prophète qui recevait des révélations comme nous, qu'on peut mettre en doute, mais par quelqu'un auquel il est écrit de lui :

Gn 33 : 11 « *L'Éternel parlait avec Moïse face à face, comme un homme parle à son ami* ».

Même Jésus-Christ fut cloué sur la croix pour avoir osé, selon les Juifs, contredire les lois qu'avait laissées Moïse. Ceux qui veulent comprendre plus sur Moïse n'ont qu'à lire le livre « Noé à Barack Obama » de la collection « Les versets des savants ». Donc, je disais que le cosmos n'est né que par un seul modèle qui est l'histoire de la création contenue dans les chapitres un et deux de la Genèse dans la Bible et la Torah, écrit par Moïse et commenté par d'autres prophètes dans d'autres livres.

Dans les facultés des théologies, on enseigne aux étudiants du mensonge autour de cette histoire, soit disant qu'elle vient de la tradition orale, de la Mésopotamie et de Babylone. Si on applique un tel raisonnement à l'époque où cette histoire était écrite, ça ne colle pas, parce qu'à ce moment-là, la pensée et les idées ne circulaient pas comme de nos jours. Même quand Moïse avait instauré « œil pour œil, dent pour dent », il ne savait pas que dans une autre contrée, le roi Hammourabi avait aussi instauré la même Loi. Alors que les étudiants des théologies disent à leurs professeurs de ne plus venir faire des analyses sur le schéma biblique et torahnique de la création. Ce dont ils ont besoin, c'est de comprendre comment les choses se sont passées physiquement en s'inspirant de cette histoire. Et le Modèle Cosmologique Universel répond à cette préoccupation.

## 1.2. Le développement des pensées classiques

### 1.2.1. Le modèle de l'Univers statique

En 1917, Albert Einstein a proposé un modèle de l'Univers fondé sur sa théorie de la relativité, qualifié de modèle statique. Il démontre que la gravitation est en réalité une force fictive provoquée par la courbure de l'espace-temps. Persuadé que l'Univers ne peut être que statique, Einstein suppose alors l'existence d'une force de répulsion entre les galaxies qui contrebalancerait la force d'attraction gravitationnelle. Il introduit pour cela une « constante cosmologique » dans ses équations – dont le rôle est de s'opposer à cette attraction gravitationnelle qui justifiait le mouvement des planètes, conduisant ainsi à un univers statique.

### 1.2.2. La découverte d'Edwin Hubble et l'expansion de l'Univers

En 1920, Edwin Hubble fut le premier à découvrir qu'il y avait d'autres galaxies en dehors de la Voie Lactée. Il constata que certains s'éloignaient du lieu où il les avait photographiées en remarquant que leur lumière virait vers le rouge. Il conclut que les galaxies s'éloignaient les unes des autres. Il démontra ainsi que l'Univers est en expansion (et donc non statique). Le fait fut reconnu par Albert Einstein qui confiera plus tard que sa théorie cosmologique a été la plus grande erreur de sa vie. Ce fut aussi la confirmation du modèle d'Univers en expansion.

Hubble remarqua aussi que, plus qu'une galaxie est lointaine, plus sa vitesse est grande. Il conclut, et c'est prouvé, que la vitesse d'éloignement d'une galaxie est proportionnelle à sa distance. Cette importante relation fut à l'origine de la loi des décalages vers le rouge ou loi de Hubble.

### 1.2.3. Le modèle de l'Univers en expansion

Le modèle d'un Univers statique ne faisait déjà pas l'unanimité et était rejeté par des savants tels que l'astronome néerlandais Willem de Sitter en 1917, le mathématicien russe Alexandre Friedmann en 1922 et l'abbé belge Georges Lemaître en 1927 qui professèrent des modèles non statiques de l'Univers.

L'abbé physicien belge Georges Lemaître, se référant aux conclusions de Hubble, sans s'appuyer sur la Bible et la Torah, émit l'idée que si l'Univers est en expansion, c'est qu'il a commencé par un point. Il développa ainsi la théorie d'atome primitif. Selon cette théorie, les galaxies sont des fragments qui ont été projetés par l'explosion de cet atome, d'où l'expansion de l'Univers. Mais sa théorie fut mal accueillie.

En effet, Lemaître avait déjà opté pour des modèles d'univers à passer temporel fini et à singularité initiale. Certains l'ont pour cela accusé de concordisme, c'est-à-dire d'avoir subi l'influence de ses convictions religieuses. Comme on le voit, le modèle d'atome primitif, suivi de l'expansion, décrit un univers extrêmement chaud et dense dans sa phase initiale et rempli de rayonnement. Cela rappellerait, déclaraient ses détracteurs, le « *fiat lux* » de la *Genèse.*

Einstein lui-même a réagi négativement à ce modèle en déclarant : « Non, cela rappelle trop la création ». Le célèbre astrophysicien Arthur Eddington, ayant pris cette idée en horreur, proposa en 1930 un modèle où la valeur de la constante cosmologique était spécialement ajustée de manière à décrire un Univers sans « atome primitif suivi de l'expansion », infini dans le passé et dans le futur. (Cf : WWW Futurascience, JP LUMINET, Singularités et temps zéro).

En effet, quand un religieux dit une vérité même scientifique, on le traite toujours d'avoir fait intervenir la foi, d'où le mépris de la science. L'abbé physicien belge Georges Lemaître répondit à ses détracteurs que sa théorie n'avait rien à voir avec la foi et que c'était scientifique. Heureusement pour lui, en tant qu'astronome, sa théorie fut remarquée et soutenue par le russe Friedmann. Et, sachant que les Russes n'avaient rien à voir avec la Foi, sa théorie eut des soutiens.

En plus, la suite des événements donna raison à Lemaître : l'abondance observée des éléments légers, la découverte du rayonnement de fond cosmologique et de ses propriétés, les âges des étoiles, l'évolution des galaxies... Tous ces résultats militent en faveur d'une phase très chaude de l'univers primordial, et donc du modèle du Big Bang qui sera retenu comme nom à la place du modèle d'atome primitif suivi de l'expansion.

Donc, ce n'est pas étonnant que les écrits des hommes religieux tels que le Rév. Dr. Sun Myung Moon (1920-2012), qui a émis des lois naturelles de physique dans les « Principes de la Création » basés sur l'Univers, restent encore inconnus des astrophysiciens. Ayant fait les études d'ingénierie au Japon, s'il avait mis le chapitre du Principe de la création en dehors du livre du Principe divin et l'avait intitulé Les lois physiques de la création, à ces jours, il ferait déjà débat auprès des savants.

Pour les scientifiques actuellement, la théorie de l'abbé G. Lemaître de l'atome primitif a été confirmée par les observations d'Edwin Hubble en 1929 où il a constaté que les galaxies s'éloignaient les unes des autres. Mais, en tant que religieux et astronome, il savait déjà que si c'est Dieu qui a créé l'Univers, elle ne pouvait commencer que par une boule qui a connu l'éclatement après.

La religion, derrière le pape Pie XII, a voulu lui soutenir, mais il refusa cela en disant qu'il n'y a rien d'inspiration religieuse à sa théorie et que son raisonnement était scientifiquement fondé. Mais est-il qu'étant le premier à en parler de l'atome primitif, il aurait dû aussi être le premier à découvrir le Big Bang dans la Bible et la Torah s'il avait reconnu que sa source d'inspiration venait de Dieu.

1.2.4. Le modèle de l'Univers stationnaire

Les théories sur les origines de l'Univers faisant de plus en plus rage, en 1948, les astronomes anglais Hermann Bondi, Thomas Gold et Fred Hoyle présentent un autre modèle de l'Univers : le modèle de l'Univers stationnaire. Le fondement de ce modèle est d'abord philosophique et postule que l'Univers ne peut être apparu soudainement. Leur modèle constitue une extension du « principe cosmologique » de Friedmann tout en introduisant le mot « parfait ». D'après le « principe cosmologique parfait » de Bondi, Gold et Hoyle, l'Univers a le même aspect à tout moment et à n'importe quel point. Malgré son expansion, il n'a pas de commencement et n'aura pas de fin, car les pertes des éléments subis sont compensées par la création d'autres éléments.

Comme je l'ai dit, ce modèle disputa la place dans la science avec le modèle de l'Univers en expansion. La découverte de l'expansion de l'Univers a prouvé que celui-ci n'était pas statique. Dans un premier temps, c'est cette seconde hypothèse d'un Univers stationnaire qui fut la plus populaire.

L'une des raisons de ce succès est que dans ce modèle, appelé théorie de l'état stationnaire, l'Univers est éternel, car la disparition des matières est compensée par la création des nouvelles matières. À l'inverse, dans l'hypothèse du Big Bang, l'Univers a un âge fini si on évalue son taux d'expansion. Les modèles du type Big Bang étaient donc en difficulté vis-à-vis de telles observations. « *Ces difficultés ont disparu à la suite d'une réévaluation plus précise du taux d'expansion de l'Univers* ». (cfr : WWW.Wikipédia : BIG-BANG).

#### *1.2.4.1. La théorie du big bang contre la théorie de l'état stationnaire*

À partir des années 1930, on sait, grâce aux travaux de Lemaître et de Hubble, que l'univers est en expansion. On se pose donc les questions suivantes : Qu'est-ce qui cause cette expansion ? Qu'est-ce qu'il y avait au début de cette expansion ? Est-ce que, si l'on remonte le temps, l'univers était de plus en plus condensé ?

En 1948, deux théories rivales étaient formulées pour répondre à ces questions. La première est la théorie de *l'état stationnaire.* Pour les partisans de cette théorie, l'univers est en expansion, mais même si son volume augmente au cours du temps, il aura toujours la même densité, parce qu'il y a une création continue de matière.

La deuxième est la théorie de la *nucléosynthèse primordiale,* formulée par trois scientifiques américains : Robert Herman, George Gamow et Ralph Alpher. Pour les partisans de cette théorie, comme l'univers est en expansion, cela signifie qu'il était, par le passé, beaucoup plus dense et chaud qu'aujourd'hui. On peut même remonter à une époque où l'univers était tellement chaud qu'il devait s'y produire des réactions de fusions thermonucléaires, comme au cœur des étoiles. C'est pour se moquer de cette théorie de la nucléosynthèse primordiale et de l'atome primitif que Fred Hoyle prononça, en 1950, le nom de *« Big bang »*, expression qui, malgré son ironie, a fini par désigner la théorie de la nucléosynthèse primordiale.

### 1.2.5. Le modèle standard

Le modèle standard est issu de la théorie du Big Bang. Mais revenons d'abord sur ce dernier nom.

Le Big Bang est une théorie scientifique expliquant les premiers instants de l'Univers. Il s'agit du commencement de l'expansion de l'Univers, il y a environ 13,7 milliards d'années, lorsque l'Univers était extrêmement dense et chaud. Ce n'est pas le début de l'Univers comme on le dit souvent, car la science ne spécifie pas ce qu'il y avait avant (ni même s'il y avait un avant). Il est devenu une théorie scientifique parce que c'est en partie confirmé par certaines observations astronomiques et de calcul mathématique. Aujourd'hui, la Bible et la Torah, à travers le verset Ge 1 : 6-7 « ...*Dieu sépara les eaux d'avec les eaux...* » confirment aussi cette théorie du big-bang.

Par conséquent, il devient un phénomène naturel ayant caractérisé à un certain moment l'Univers à son début. Le concept général du Big Bang, à savoir que l'Univers est en expansion et a été plus dense et plus chaud par le passé, est attribué au Russe Alexandre Friedmann, qui l'avait proposé en 1922, cinq ans avant Lemaître d'après nos recherches. Mais actuellement, cette théorie est beaucoup plus associée à Lemaitre, car c'est lors de sa confrontation avec Fred Hoyle que ce nom a été prononcé pour la première fois.

Donc, Le terme *Big-bang* a été utilisé pour la première fois en 1950. Au début, avons-nous dit, ce fut le physicien anglais Fred Hoyle qui a prononcé ce terme pour se moquer de cette nouvelle théorie cosmologique. Ce physicien croyait, comme beaucoup d'autres scientifiques de cette époque, que l'Univers avait toujours été le même et professait l'idée d'un Univers stationnaire.

La théorie du Big Bang fut confirmée en 1965 après la découverte du rayonnement fossile. En effet, selon l'étude du savant américain d'origine russe George Gamow (entre autres) vers les années 1950, l'Univers devait être empli d'un rayonnement qui devrait être émis lors du Big Bang et qui le perd au fur et à mesure de son expansion. Ce rayonnement est appelé aujourd'hui fond diffus cosmologique, ou parfois rayonnement fossile dont la température actuelle est de 2,7 kelvins, conformément aux prédictions de Gamow.

Depuis lors, tout le calcul des savants s'est concentré pour expliquer l'Univers à partir du Big Bang, ainsi que des phénomènes qu'on y découvre. Cela forme de nos jours le modèle standard, terme inspiré du modèle standard en physique des particules. (Cf : www. Wikimedia ; modèle standard).

Il est aussi qualifié de standard parce qu'il est jugé comme étant suffisamment cohérent et stable pour faire l'objet d'un consensus parmi les spécialistes du domaine.

### 1.2.6. Le Modèle Cosmologique Universel

J'ai conçu ce modèle en 2010 en voulant satisfaire ma curiosité. Ma préoccupation était de connaitre pourquoi le schéma de la création biblique et torahnique n'était jamais cité dans les livres scientifiques. Même dans l'histoire de la cosmologie, on n'en parlait pas, jusqu'à qualifier son auteur de mythe. Dans les réseaux sociaux, les athées qualifient même ce schéma de conte de fée. Toutes ces qualifications étaient une blessure pour moi.

Dans le souci de vérifier pourquoi ce schéma était rejeté par la science, j'ai tiré la chronologie scientifique de l'évolution de l'univers pour la comparer avec les étapes de l'apparition des choses selon la Bible et la Torah.

Au départ, le seul fait frappant est que tous les modèles reconnaissent que l'homme est la dernière créature, comme classé aussi dans la Bible et la Torah. Mais, en ce qui concerne le début de l'Univers, il n'y avait aucun point commun. La science exhibait un nom qui m'était complétement inconnu : « le Big Bang ». Les scientifiques l'exhibaient même pour démontrer que l'Univers est le fruit du hasard.

En effet, le terme « Big-bang » fait beaucoup plus allusion à quelque chose d'accidentel, de non programmé, alors que les croyants attribuent toutes les manifestations sur la création de l'Univers à la volonté divine.

Ma question fut : « Si Dieu est le créateur de l'Univers, alors pourquoi la Bible et la Torah n'ont pas parlé de ce phénomène ? » Deux ans durant, j'ai fait des efforts pour mieux comprendre ce phénomène et toutes les propriétés constatées dans l'univers qui le confirment. En 2012, en ouvrant cette fois-ci la Bible avec les yeux d'un cosmologue, car j'avais déjà acquis un peu de connaissance, je découvrais, noir sur blanc, que ce phénomène de big-bang est réellement biblique et torahnique.

Dans la Bible et la Torah, il est connu par la phrase « la séparation des eaux d'avec les eaux » (Gn 1 :6) qui a eu lieu au second jour de la création. Donc, pour la Bible et la Torah, le Big Bang n'est qu'un phénomène transitoire et non le début de l'Univers. Ainsi, je déduis que le premier jour de la création concernait l'avant Big Bang. Ces découvertes historiques surprirent Dieu lui-même, car c'est pour la première que quelqu'un vient de découvrir d'une manière rationnelle que le schéma biblique et torahnique de la création est fondé. C'est par là qu'il m'apparaîtra et me donnera l'injonction de faire comprendre cela au monde comme étant le seul schéma cosmologique auquel tout le monde devra s'en inspirer.

Selon ma compréhension, cela voudrait dire qu'il y a des limites sur lesquelles la science devrait se baser pour étudier l'univers. Pour la théologie, c'est « *au commencement Dieu créa le ciel et la terre* » (Gn 1 :1-1), mais pour l'astrophysique, c'est « *au commencement la terre fut invisible et vide* » (Gn 1 :2). Pour un astrothéologien, il faut une connaissance complète de ces deux versets de Gn 1 :1-2.

Gn 1 :1 *Au commencement, Dieu créa les cieux et la terre. 2. La terre était invisible et vide.*

(Bible version Septante).

J'avais demandé un jour à un physicien français par e-mail s'il peut me dire quelque chose à propos des énergies qui agissaient avant le Big Bang. Il m'a répondu que l'avant Big-bang est une « aporie », un mot que je m'étais précipité d'aller voir au dictionnaire Grand Robert qui le définissait ainsi : *« difficulté d'ordre rationnel paraissant sans issue, contradiction insoluble ».* J'ai compris directement que je ne devrais compter sur personne pour développer mes raisonnements sur l'avant Big Bang.

Pendant 10 ans, j'ai fait des recherches pour transposer le langage religieux en langage scientifique afin de convaincre les savants sur la véracité de cette déclaration divine.

Au fil de ces recherches, telles que transcrites dans mes précédents livres, je confirme que c'est réellement Dieu qui est le Créateur de l'Univers. L'histoire de la création biblique et torahnique cachait un grand schéma scientifique restitué dans ce livre sous un nouveau modèle cosmologique dénommé « le Modèle Cosmologique Universel ».

C'est ce modèle qui fait désormais transiter le récit de la création biblique et torahnique, de la cosmogonie à la cosmologie et fera désormais l'objet d'étude approfondie par les scientifiques et les théologiens. Auparavant, les théologiens ne se limitaient qu'à analyser le schéma biblique et torahnique, notamment sur son origine et ses contradictions. Mais, pour le moment, le but sera de l'expliquer en se référant au Modèle Cosmologique Universel. Ainsi, l'avènement de l'astrothéologie moderne, dont je suis l'inventeur, constitue une nouvelle révolution, tant dans la cosmologie que dans la théologie.

Pour résumer, le Modèle Cosmologique Universel qui restitue l'histoire de la création biblique et torahnique, reconnait 3 étapes pour l'évolution de l'univers.

1) L'univers a commencé par le néant, le chaos et le vide, définis bibliquement et torahniquement par la phrase « une terre informe et vide » (Ge 1 :2). Quelque chose qui est informe et vide, c'est tout simplement quelque chose qui est matériellement inexistant. C'est comme un gaz incolore dans le vide ou dans l'espace.

C'est dans cet univers qu'une énergie qualifiée de l'esprit de Dieu s'est mise à se mouvoir sur la matière originelle qualifiée de l'eau jusqu'à son échauffement (et la lumière fut) (Ge 1 :5). C'était pendant la période de l'avant Big Bang.

2) S'étant condensé à l'extrême par la déflation cosmique, il y eut une expansion qualifiée de big-bang par la science et de la séparation des eaux d'avec les eaux par la Bible et la Torah (Ge 1 :6-7). L'instant du Big Bang.

3) Après vint l'après Big Bang reconnu bibliquement, torahniquement et scientifiquement, suivi de la création des astres jusqu'à nos jours. (Gé 1 :9-31).

Telles sont les grandes lignes du Modèle Cosmologique Universel. Donc, le Modèle Cosmologique Universel est le seul modèle qui vient de dévoiler la ligne de départ de l'univers, en passant par le Big Bang jusqu'à ces jours, en s'inspirant du schéma biblique et torahnique de la création, selon l'injonction divine.

# Chapitre II
# L'astrothéologie

(Astronomie et Théologie)

*"L'escalier de la science est l'échelle de Jacob,*
*il ne s'achève qu'aux pieds de Dieu...*
La science sans religion est boiteuse,
la religion sans science est aveugle."
***( Albert Einstein :***
http://evene.lefigaro.fr/citations/albert-einstein ?page=1*)*

Cette expression d'Albert Einstein démontre l'importance de l'astrothéologie, qui est le mariage entre l'astronomie et la théologie ou l'unité entre la science et la religion.

L'astronomie est la science qui étudie les positions relatives, les mouvements, la structure et l'évolution des astres. Mais tout ceci ne fait souvent partie que des effets. Pour remonter à l'origine ou à l'origine des origines et connaitre la cause, il faut, comme l'a dit Albert Einstein, emprunter l'échelle de Jacob jusqu'au pied de Dieu. Je peux le faire, mais mon temps ne me le permet pas, car je ne suis pas un chercheur professionnel. Pour gagner ma vie actuellement, je travaille dans une structure qui me prend tout mon temps. Peut-être un jour, je deviendrais complétement libre pour consacrer tout mon temps à mes recherches.

Toutefois, nous nous efforçons de remonter à l'origine pour expliquer la cause et cela ne peut se faire sans la théologie.

Astronomie et théologie appliquées à l'univers ont engendré le Modèle Cosmologique Universel.

Pour démontrer la supériorité de la Bible et de la Torah sur les modèles cosmologiques scientifiques, nous devrons d'abord présenter le modèle biblique et torahnique que j'appelle le schéma biblique et torahnique de la création. Étant donné que nous le restituons selon la science contemporaine, nous l'avons baptisé « le Modèle Cosmologique Universel ». Ceci pour éviter que les gens fassent des observations en utilisant le mot « Bible et Torah », qui garde son absolutisme.

Ainsi, un jugement tel que « je ne suis pas d'accord avec le Modèle Cosmologique Universel » est mieux que d'entendre quelqu'un dire « je ne suis pas d'accord avec la Bible et la Torah ». Ainsi, c'est pour épargner au mot « Bible et Torah » de telles phrases que nous avons baptisé notre restitution et développement du nom de « Modèle Cosmologique Universel ».

# Section 1
# La Bible et la Torah

## 1.1. La différence entre la Bible et la Torah

La Bible est un grand livre qui est en fait une collection de différents écrits rassemblés en un. Elle est divisée en deux grandes sections, à savoir **l'Ancien Testament qui comprend l'histoire providentielle d'Israël, les écrits de Moïse appelés le Pentateuque, des différentes prophéties, et le Nouveau Testament** qui comprend le témoignage de Jésus comme Christ et Seigneur, y compris les épitres des apôtres.

La Torah qui est utilisée dans le judaïsme **reconnaît comme authentiques uniquement cinq livres du Premier Testament contenus dans la Bible ou le Pentateuque de Moïse**.

Le Premier Testament est composé de cinq livres majeurs :

- **La Genèse**
- **L'Exode**
- **Le Lévitique**
- **Les nombres**
- **Le Deutéronome**

En réalité, **« Torah » n'est rien d'autre que le mot hébreu qui désigne ces cinq premiers livres**.

(Cfr : https://www.maxisciences.com/savoir/histoire/quelle-est-la-différence-entre-la-torah-et-la-Bible et la Torah_art45922.html)

Les chrétiens utilisent le mot grec **Pentateuque** pour désigner l'ensemble de ces cinq livres bibliques. Pour les Juifs, ces derniers **constituent la Torah**, qui se traduit par « **enseignement** », « doctrine » et « loi ».

### 1.1.1. Correspondance des noms entre la Bible et la Torah

Dans ce livre, nous allons utiliser les noms de livres qui sont contenus dans la Bible. Du moins, les mêmes versets sont contenus dans la Torah dans la correspondance des chapitres ci-dessous.

| | Pentateuque (Ancien testament) | Torah |
|---|---|---|
| 01 | Genese | Berechit |
| 02 | Exode | Chemot |
| 03 | Levitique | Vayikra |
| 04 | Nombre | Bamidbar |
| 05 | Deuteronomme | Devarim |

## 1.2. Le modèle biblique et torahnique

Le modèle biblique et torahnique, c'est l'histoire de la création telle que racontée dans la Genèse dans la Bible et dans Berechi dans la Torah. Les restitutions qui sont faites dans les livres de la collection "Astronomie et Théologie" d'une manière scientifique ont pour nom le Modèle Cosmologique Universel.

Le schéma de la création dans la Bible et la Torah n'avait jamais attiré l'attention des scientifiques et faisait rarement l'objet des sermons. Dans les librairies, jusqu'à l'apparition des livres de la collection « Astronomie & Théologie », on n'en trouvait nullement qui en développait le thème. La raison est très simple ; cette histoire fait partie du domaine scientifico-religieux et pour la sonder, en plus de la connaissance biblique et torahnique, il faut la connaissance des notions préliminaires de la cosmologie et du principe de la création contenues dans le livre du Principe divin du Rév. Dr. Sun Myung Moon.

Étant la première personne dans l'humanité à s'être forcée pour apprendre ces trois connaissances à la fois jusqu'à l'apparition de mes livres, on comprend pourquoi je suis le premier à faire la symbiose. C'est pour dire que la compréhension de l'histoire de la Genèse sur la création de l'Univers d'une manière scientifique n'était pas aussi facile qu'on le croit, sauf après avoir eu connaissance de mes recherches.

Ainsi, les branches telles que les notions préliminaires de la cosmologie, de l'astronomie, de l'anatomie des êtres vivants, le principe divin du couple Moon et le schéma biblique et torahnique sur la création restituée scientifiquement dans le Modèle Cosmologique Universel doivent être incluses dans tous les enseignements théologiques, philosophiques et de la science exacte. Sans cela, les raisonnements philosophiques émis par ces derniers resteront toujours partiels.

Ces disciplines font partie de l'astrothéologie. Il s'agit de branches qui permettent à un théologien ou à un philosophe d'avoir son mot à dire sur la science. Sans cela, il risque de s'engager dans un débat sans comprendre ce qu'il va dire, comme l'a dit saint Thomas d'Aquin. "*De même, lorsqu'une vérité est scientifiquement démontrable, celui qui ne la connaît que comme une opinion, pour une raison qui n'est que plausible, ne la comprend pas...* » **(Saint Thomas d'Aquin)**

## 1.3. La cosmologie et l'universologie

**La cosmologie est l'étude du** cosmos. Or, le point de vue du Cosmos selon la science physique est différent du point de vue de la théologie.

Pour la science, le cosmos représente l'univers pris dans sa globalité. Les dimensions ou les frontières de l'univers sont inconnues. Dans l'espace, l'univers s'étend vers des zones sombres dont on ne peut voir au-delà. Ainsi, en parlant de l'univers dans sa globalité, on fait la différence entre l'ensemble de tout ce qui existe, comprenant la matière, l'énergie et les êtres vivants et la partie de l'univers sombre qui s'étend vers l'infini selon les actuelles observations. Donc, pour la science, le cosmos représente l'univers physique.

Pour la théologie, par contre, selon le principe de la création du Rév. Dr. Sun Myung Moon, le cosmos représente l'univers physique et la sphère spirituelle ou le monde spirituel. Cette conception du cosmos est la plus populaire, car approuvée par plus de 6 milliards de croyants de toutes les religions confondues.

Selon la science, la cosmologie se définit comme la **science qui étudie la structure, l'origine et l'évolution de l'Univers considéré dans son ensemble**. En tant que telle, la cosmologie se distingue de l'astrophysique, qui étudie les systèmes particuliers que l'on trouve à l'intérieur de l'univers. Par exemple, l'étude des étoiles, des galaxies, des amas de galaxies, de leur structure, de leur évolution, etc., est l'objet de l'astrophysique. Par contre, l'étude de la taille de l'univers, de son âge, de son expansion, de sa forme géométrique, etc., est l'objet de la cosmologie.

Vue du point de vue physique et théologique, cette définition de la cosmologie pose problème. Cette définition scientifique exclut la sphère spirituelle. Par contre, selon l'astrothéologie, cette définition n'est pas la définition de la cosmologie, qui englobe l'étude de l'univers physique et de la sphère spirituelle ; mais de l'universologie.

Pour l'astrothéologie, la cosmologie se définit comme étant la science qui étudie le cosmos, c'est-à-dire l'univers et la sphère spirituelle. L'étude de l'univers physique se fait à travers l'astronomie, et l'étude de la sphère spirituelle se fait à travers la théologie, notamment dans le Principe de la création du Rév. Dr. Sun Myung Moon, contenu dans le livre du Principe divin. Les deux études prises ensemble forment l'astrothéologie. Ainsi, le schéma qui décrit l'univers selon l'astrothéologie a pour nom le Modèle Cosmologique Universel.

# Section 2
# Le Modèle Cosmologique Universel

## 2.1. Généralité sur Le Modèle Cosmologique Universel

Le Modèle Cosmologique Universel est la restitution analytique du schéma biblique et torahnique de la création. Analytique est définie en philosophie comme étant une déduction à partir de principes fondés sur l'expérience et l'observation (Dicos encarta). Il constitue le point de départ auquel chacun peut faire ses recherches et tirer des commentaires et des conclusions sur le schéma biblique de la création. C'est pour dire que personne, ni même moi, n'a le monopole d'analyser le modèle biblique et torahnique. Ce dernier est l'ensemble de tous les modèles qui appuient le schéma biblique et torahnique sur la création de l'univers. J'ai dit que ce qui est contenu dans la collection « Astronomie et Théologie » a pour nom « le Modèle Cosmologique Universel » auquel tout le monde peut s'en inspirer et l'enrichir, avons-nous dit.

Ma seule avance par rapport aux analyses qui viendront après, pour appuyer le schéma biblique et torahnique de la création, est celle d'avoir ouvert la porte et de le faire agréer scientifiquement, même si les arguments sont consignés dans des simples livres de lecture. C'est ma seule façon d'entrer partout et d'enseigner l'humanité sur ce modèle qui fait l'unanimité de tout le monde, même si la science est encore en retard pour la jonction entre l'avant Big-Bang et le Big-Bang.

Ma grande contribution est celle aussi d'avoir expliqué clairement les mots, les noms et les phrases qui faisaient passer le schéma de la création biblique et torahnique pour un jeu de magicien avec des phrases comme « Dieu dit, Dieu fit, Dieu créa ».

## 2.2. Le champ du Modèle Cosmologique Universel

Le champ du Modèle Cosmologique Universel constitue l'étendue du domaine de l'étude qu'elle couvre. Nous avons dit que le Modèle standard étudie le domaine de la physique macroscopique, tandis que la mécanique quantique étudie le domaine de la physique microscopique, dont le résultat ne permet pas qu'il soit intégré dans le Modèle standard. Chaque modèle a son champ d'étude.

Le Modèle Cosmologique Universel constitue la restitution scientifique du schéma de la création biblique et torahnique. Son champ couvre et étudie les événements à partir du moment où le mot terre (univers) fut prononcé pour la première fois dans la Bible et la Torah à travers sa définition d'une « terre informe et vide » (Ge 1 : 2) désignant l'Univers.

« *Informe et vide* » veut dire quelque chose qui n'avait encore aucune existence matérielle, sinon elle ne sera jamais informe et vide. Cette étude commence au niveau des origines jusqu'à la création de l'homme et tente aussi de percer le mystère du « pourquoi ».

Le Modèle Cosmologique Universel qui démontre la supériorité de la Bible et de la Torah sur les modèles cosmologiques scientifiques balaye les zones d'avant le Big Bang, d'une terre informe et vide, appelée vide quantique, en passant par le Big Bang jusqu'à l'homme. Quel autre modèle pouvait lui imposer ?

Il ne reste plus qu'aux astrophysiciens, eux qui sont les spécialistes de cette science, pour offrir un plan à partir des pièces détachées, de revoir tous les modèles et de recoller chaque morceau à sa place. Et, à la fin, ça sera l'aboutissement au Modèle Cosmologique Universel.

## 2.2. Le champ de Moïse

### 2.2.1. Rayon d'action

Ge *1 :1-2 « Au commencement, Dieu créa les cieux et la terre. »*

**Gn 1 : 2** *La terre était informe et vide : il y avait des ténèbres à la surface de l'abîme, et l'esprit de Dieu se mouvait au-dessus des eaux.* **3** *Dieu dit : Que la lumière soit ! Et la lumière fut.* **4** *Dieu vit que la lumière était bonne ; et Dieu sépara la lumière d'avec les ténèbres.* **5** *Dieu appela la lumière jour, et il appela les ténèbres* *nuit. Ainsi, il y eut un soir, et il y eut un matin : ce fut le premier jour.*

Nous avons développé en détail toutes ces structures d'avant Big Bang dans le livre « Avant Big Bang à la lumière » de la collection « Astronomie et Théologie », éd. Librinova, Paris, 2024.

Le champ de Moïse, avons-nous dit, couvre toutes les recherches sur la période de l'avant Big Bang. C'est le premier savant qui en parla effectivement et dont les écrits sont contenus dans la Bible et la Torah. C'est ce qui a fait de ce schéma un schéma spirituel et dont la science n'a pas voulu prendre en considération. Mais, à travers sa restitution dans le Modèle Cosmologique Universel, le voile vient d'être levé et on se retrouve en présence d'un schéma scientifique.

# Chapitre III
# L'univers

# Section 1
# Généralité sur l'univers

## 1.1. Contenus de l'univers

L'**Univers**, au sens cosmologique, est l'ensemble de tout ce qui existe, qu'il soit visible ou invisible. Quand on dit invisible, c'est-à-dire qui ne peut être vu qu'à travers les appareils. Mais de quoi est fait notre univers ? Comment s'est-il créé et s'est-il évolué ?

Premièrement, l'univers serait constitué d'étoiles, de gaz chaud ou froid. De calculs gravitationnels ont révélé la présence d'une matière noire, invisible et toujours inconnue, et d'une énergie noire encore plus mystérieuse. Le résultat est que 97 % de la composition masse-énergie de notre univers serait inconnue.

Deuxièmement, au sujet de sa formation, scientifiquement, l'univers serait né d'une singularité. Une singularité est une région de l'espace où la force de gravitation devient infinie. Cette singularité a pour nom le Big Bang, où toute la matière et l'espace-temps étaient réduits à un point. D'où vient cette singularité, comment s'est-elle créée, est-elle réelle ou est-elle le fruit d'une connaissance physique insuffisante ? Ces questions sont encore sans réponse claire en science. Par conséquent, l'apparition même du Big Bang est un mystère jusque-là pour la science.

Je suis le premier à avoir découvert dans la Bible et la Torah comment l'univers a évolué à partir du vide jusqu'au Big Bang. Je suis aussi le premier à avoir offert une explication sur le mécanisme qui aurait provoqué le Big Bang dans ce livre. Même si mes explications peuvent être sujettes à des discussions, mais jusque-là, j'attends ne fut-ce que la reconnaissance internationale d'être le premier à avoir découvert la description et l'existence de l'avant Big-bang dans des écrits antiques que sont la Bible et la Torah.

La collection d'Astrothéologie étant inédite, mes livres ne sont pas encore dans les rayons des éditions traditionnelles.

Troisièmement, au sujet de l'évolution de l'univers, grâce entre autres à l'observation du Fond diffus cosmologique, qui est la première lumière de l'univers, on sait que ce dernier a évolué d'un état de gaz quasi-homogène pour arriver à une répartition inhomogène de la matière caractérisée par des filaments de matière remplis de galaxies qui se croisent en formant des amas entourés de vide.

Je suis aussi le premier à découvrir toujours, dans la Bible et la Torah, la source de cette première lumière de l'univers appelée fond diffus cosmologique et à décrire scientifiquement son émergence.

Tout savant qui lira ce livre avec beaucoup d'attention fera un grand bond en avant dans la cosmologie en essayant de me compléter, tout comme moi, aujourd'hui, je développe les pensées de Moïse. Plusieurs chercheurs ont passé leur temps à critiquer son schéma de la création. Il fut même qualifié de mythe dans les encyclopédies alors qu'il m'était apparu pour me donner l'injonction de dire à tous de s'inspirer de son schéma de la création. Il est venu me blâmer, car j'avais commis la gaffe d'écrire que le schéma des écrits sacrés était semblable aux schémas scientifiques. C'était en 2012 à Matadi, chef-lieu de la province du Kongo Central en RDC.

Dans les écrits bibliques, Moïse, qu'on qualifie de mythe, était aussi apparu à Jésus sur le Mont de la Transfiguration pour lui dire que le chemin de la croix était devenu irréversible. Aucun théologien n'a jamais su cela. Si nous aurons la grâce de la vie, du temps et des moyens, nous allons développer cela un jour dans notre prochain livre qui s'intitulera : « Les calvaires de la Sainte Vierge Marie et les doctrines mal interprétées ».

Lisons :

**Lc 9. 28** *Environ huit jours après qu'il eut dit ces paroles, Jésus prit avec lui Pierre, Jean et Jacques, et il monta sur la montagne pour prier.* ***29*** *Pendant qu'il priait, l'aspect de son visage changea, et son vêtement devint d'une éclatante blancheur.* ***30*** *Et voici, deux hommes s'entretenaient avec lui : c'étaient Moïse et Élie,* ***31*** *qui, apparaissant dans la gloire, parlaient de son départ qu'il allait accomplir à Jérusalem.*

Donc, le schéma biblique et torahnique de la création offre

les limites où les astrophysiciens devraient commencer leurs recherches, et cela par une « *terre invisible et vide* » (Gn 1 :2, Bible version Septante) et là où l'évolution selon la science et la création selon la religion ont pris fin, à savoir : « *L'Éternel Dieu forma une femme de la côte qu'il avait prise de l'homme, et il l'amena vers l'homme.* » (Gn 2 :22).

Jusque-là, les chercheurs ne font que tourner en rond, croyant découvrir la vérité sur les origines de la création dans les météorites, alors que la Terre est un BICAME (big comet, astéroïde, météorite) et est la seule plate-bande de la vie pour l'univers. Toute la signature de la Création se retrouve dans le Système solaire, là où Dieu a concentré son attention. Les restes ne sont que des débris.

L'exobiologiste français François RAULIN, parrain du module Huygens qui était chargé de recueillir in situ des données sur l'atmosphère et la surface de Titan, un des satellites de Saturne, disait : *« L'important pour la recherche est de pousser la réflexion sur les conditions qui ont prévalu à l'émergence de la vie ici-bas, histoire de retrouver des situations comparables dans le cosmos". (Magazine Ciel&Espace n°392, janvier 2003, P.49, propos recueillis par Azar Khalatbari)*

Pour ceux qui veulent sonder jusqu'à l'origine du cosmos, à savoir « *Au commencement Dieu créa les cieux et la terre* » (Gn 1 :1), qui signifie qu'au commencement Dieu créa la sphère spirituelle et la sphère physique (univers) et comprendre les causes du fonctionnement de l'univers, ils n'ont qu'à apprendre le Principe de la création du Rév. Dr. Sun Myung Moon.

Bref, la cosmologie est une science encore jeune, en plein développement, qui requiert encore beaucoup de travail, d'observations et de connaissances dans plusieurs disciplines pour comprendre les mécanismes de l'univers. Moi, je viens de leur ajouter l'Astrothéologie (Astronomie & Théologie) qui est un regard vers les écrits sacrés, sans exception.

En effet, les anciens prophètes, les grands maitres et les philosophes antiques et du Moyen Âge entraient beaucoup plus dans la méditation pour sonder et dévoiler les mystères cachés dont la science aujourd'hui est en train de confirmer.

Donc, on considère scientifiquement que l'Univers est né à la suite d'une explosion géante ou d'une expansion fulgurante il y a 13,7 milliards d'années. Ce phénomène est connu, avais-je dit, sous le nom de Big Bang. Cette théorie a été évaluée à partir de :

- La vitesse d'éloignement des galaxies (constante de Hubble) ;
- De l'âge des roches et des météorites ;
- De la luminosité des étoiles.

Quant à l'hypothèse de l'explosion originelle (Big Bang), elle fut confirmée par les observations du rayonnement fossile en 1965.

Depuis le Big Bang jusqu'à ces jours, l'expansion de l'univers s'accélère par l'effet d'une énergie inconnue appelée énergie noire qui dans l'univers viendrait du vide – constante cosmologique. Cette énergie qui occupe 70 % de l'univers contribue à l'expansion et à l'éloignement des galaxies les unes des autres de plus en plus vite.

### 1.1.1. Les galaxies

Le nom Galaxie peut sembler nouveau pour certains lecteurs, comme il l'a été pour moi-même avant d'entreprendre mes recherches. Les galaxies sont ce que nous appelons dans le langage courant le monde et les autres mondes.

Notre galaxie à nous, soit notre monde, s'appelle la « Voie Lactée » ; *via lactica* en latin. Elle s'étend sur un diamètre d'environ 200 000 années-lumière. (Cf : Wikipédia.fr, Galaxies). Les autres mondes constituent d'autres galaxies. Dans la littérature astronomique, le mot « galaxie » écrit avec un G majuscule se réfère à notre galaxie (la Voie lactée), afin de la distinguer des autres galaxies ou des autres mondes selon le langage courant.

Que contiennent les galaxies ? On retrouve dans toutes les galaxies presque les mêmes ensembles et les mêmes éléments avec les mêmes phénomènes physiques que ce qu'on retrouve dans la Voie lactée. C'est ce qui confirme d'ailleurs que l'Univers a commencé par une matière condensée que Moïse et les grands philosophes antiques ont qualifiée des « eaux », et qui s'est explosée ; phénomène connu bibliquement et torahniquement sous le nom de la « *séparation des eaux d'avec les eaux* » et sous le nom de *Big-bang* selon la science.

L'ensemble des galaxies, y compris l'espace, forme l'Univers. On estime que le diamètre de l'Univers observable est de 100 milliards d'années-lumière. Celui-ci contient environ $7 \times 10^{22}$ étoiles, répandues dans environ 100 milliards de galaxies, elles-mêmes organisées en amas et superamas. Mais le nombre de galaxies pourrait être encore plus grand, selon le champ profond observé avec le télescope spatial Hubble. (Cf : https ://fr.wikipedia.org/wiki/Univers).

En plus, les galaxies ne sont pas que composées des étoiles, des planètes et des gaz. On y trouve aussi la matière noire qui est invisible. Notre galaxie, la Voie Lactée, compte en son sein, selon différentes sources scientifiques, entre 100 et 400 milliards d'étoiles. Il est difficile en effet de faire une estimation exacte, car elle est en constante évolution avec des millions d'étoiles qui naissent et d'autres qui explosent. Dieu lui-même savait que l'homme ne pouvait les compter (Ge 15 :5). On y trouve à peu près un minimum des 100 milliards de planètes.

Les galaxies contiennent aussi des planètes. Une planète, c'est comme notre Terre avec ses continents et ses océans. Mais il y a aussi des planètes qui ne sont constituées que de gaz comme Saturne, et d'autres de métaux, de pierres ou de glace.

Notre Galaxie La Voie lactée appartient au groupe local d'un amas d'une soixantaine de galaxies mesurant 10 millions d'années-lumière de diamètre, qui contient également la galaxie d'Andromède. Le groupe local fait quant à lui partie du superamas de la Vierge, lui-même inclu dans une structure encore plus grande, un superamas appelé Laniakea.

En outre, notre Galaxie n'est pas immobile dans l'espace. Elle se déplace à 630 km/s, soit 630 x 60 (1 minute) x 60 (une heure) ce qui donne environ 2,3 millions de kilomètres par heure. (Cf : futurasciences.com/sciences/definitions/Univers-voie-lactee-3729 par Floriane Boyer).

Les autres galaxies aussi ont une composition similaire que la nôtre. On y retrouve en leur sein des soleils, des étoiles, des exoplanètes, des éléments chimiques et des phénomènes semblables à ceux de la Voie lactée. L'Univers – dont l'extension réelle est encore inconnue – pourrait contenir jusqu'à 2 000 milliards de galaxies, chacune d'elles pouvant contenir 1 000 milliards d'étoiles. Mais cela ne pourra être confirmé qu'avec les observations de futurs télescopes.

La dimension des étoiles n'est pas comme les petites boules que nous voyons dans le Ciel. C'est à cause de leur éloignement qu'elles se présentent comme des petites boules lumineuses. Le Soleil lui-même est une étoile qui peut contenir plus de 1 million de fois notre planète Terre. Or, malgré sa grandeur, ce n'est qu'une étoile moyenne par rapport aux autres. Toujours dans notre galaxie, on trouve une étoile qui est 1000 fois plus grande que le Soleil et qui a pour nom Bételgeuse, rayonnant plus que 100 000 soleils réunis. (Cfr ; Bételgeuse : Wikipédia).

Donc, avec de telles dimensions confirmées par la science, philosopher sur l'origine de l'Univers, qui fait partie de mes recherches, et émettre un modèle comme le Modèle Cosmologique Universel, fait partie d'une grande invention, comme l'a dit Aurélien Barreau. (Cfr : **Aurélien Barrau :** *Big-bang et au-delà, balade en cosmologie*, éd. Dunod, Paris).

#### *1.1.1.1. La Voie Lactée*

Dans l'univers, on trouve des milliards de galaxies. La nôtre a pour nom La Voie Lactée. Elle contient des trous noirs, des étoiles, des exoplanètes, des planètes et différents corps célestes. Le Soleil lui-même fait partie des étoiles. Toutes les planètes qui sont sous l'influence gravitationnelle du Soleil sont appelées les planètes du Système solaire. Ils sont au nombre de huit, dont Mercure, Vénus, Terre, Mars, Jupiter, Saturne, Uranus et Neptune. Les autres planètes qui orbitent autour des étoiles, mais toujours dans la Voie Lactée, sont appelées des exoplanètes. La majorité des scientifiques estiment que certains d'entre eux peuvent abriter des vies, voire des êtres intelligents, appelés des extraterrestres.

Nous avons démontré dans nos précédents livres qu'une vie organisée ne se retrouve que sur la Terre, suite à la formule que j'ai découverte dans la Bible et la Torah, à savoir :

Vie = Poussière de la Terre + Souffle de vie (Gn 2 :7).

La majorité des planètes du Système solaire sont visibles à l'œil nu et se présentent comme des étoiles non luisantes au ciel. Cette brillance vient du fait qu'ils reflètent le rayon solaire et le renvoient à la Terre, comme le fait un miroir qui fait face au soleil tout en étant braqué sur quelque chose.

https ://www.podcastscience.fm/dossiers/2019/09/30/la-naissance-des-planetes/

Dans le système interne, il y a 4 planètes rocheuses ou solides. Ces 4 planètes sont de masses égales ou inférieures à la masse de la Terre, avec 5 % pour Mercure, 10 % pour Mars et 80 % pour Vénus. Au-delà, on a une ceinture d'astéroïdes entre Mars et Jupiter qui contient environ 4 % de la Lune en masse, donc pas énorme. Dans cette ceinture tourbillonne des cailloux et des rochers de différentes dimensions, avec Cérès par exemple, qui est une planète naine de 1.2 % de la masse de la Lune.

Et après, viennent les planètes gazeuses avec Jupiter (300 masses terrestres), Saturne (95 masses terrestres), Uranus (14 masses terrestres) et Neptune (17 masses terrestres).

Enfin, on a une autre ceinture de débris, la ceinture de Kuiper, qui contient entre un dixième et un quart de la masse de la Terre et aussi des planètes naines comme Pluton qui fait 18 % de la masse de la Lune.

Les ceintures d'astéroïdes et de Kuiper sont des ceintures de débris, c'est-à-dire ce qui reste une fois que le système est formé, avec pas assez de masse pour créer de vraies planètes. Pluton a été exclu en tant que planète à cause de sa petite dimension.

# Section 2
# Le Soleil ou l'Univers en miniature

(Documentaire recommandé : Le Soleil, source de vie et de danger {par Gary Wright})

L'étude du Soleil et sa connaissance devraient nous amener à connaître le fonctionnement de l'Univers. D'où, nous le surnommons l'Univers en miniature. Ainsi, dans cette section, nous étudierons le soleil dans sa globalité en tant que l'Univers en miniature. Il est déjà connu par les astronomes que c'est le micro-laboratoire pour connaître la physique des étoiles.

Comment pouvons-nous comprendre l'Univers en tant que laboratoire ? Jusque-là, le Soleil a été analysé en tant qu'astre en astrophysique et on croit comprendre beaucoup, bien que tous les corps de l'Univers possèdent toujours quelques mystères. Ici, nous allons l'analyser en tant que l'Univers en miniature. Et c'est à travers le Soleil que nous pouvons comprendre d'autres manifestations qui se déroulent dans l'espace. Donc, c'est une approche inédite, fruit de l'Astrothéologie.

## 2.1. Soleil ; micro-étoile et macrocosme atomique

Le physicien belge, l'abbé Georges Lemaître (1894-1966) disait : « Une cosmogonie vraiment complète devrait expliquer les atomes comme les soleils ». (Cf : Blandine Plucher, La physique quantique pour les nuls, éd. First, Paris 2018, p. 224)

En effet, si le Soleil est une micro-étoile, il est plutôt un macrocosme atomique. C'est à partir du Soleil que nous pouvons découvrir aisément les forces, les particules visibles et invisibles de l'atome à l'univers. Les éléments invisibles se libèrent après la fusion et la fission, si c'est possible, et peuvent devenir détectables sur des appareils perfectionnés après des millions d'années d'accumulation.

Dans la Bible, en Romains 1 :20, il est écrit : « En *effet, les perfections invisibles de Dieu, sa puissance éternelle et sa divinité, se voient comme à l'œil nu, depuis la création du monde, quand on les considère dans ses ouvrages. Ils sont donc inexcusables ».*

Dans le Principe de la création du Rév. Dr. Sun Myung Moon, on a pris comme cas de figure la création en général et l'homme en particulier pour expliquer Dieu et ce qui est invisible à Lui. Donc, pour comprendre le Cosmos, l'étude doit être faite dans l'homme intégral. Ce dernier, étant le cosmos en miniature, ne possède pas seulement les éléments chimiques, mais aussi les énergies et les matières invisibles qui deviennent organiques, c'est-à-dire visibles à l'intérieur de la cellule. C'est à la Science de pousser les recherches. L'Homme est aussi un être spirituel.

Mais pour ce qui est de l'Univers, comment pouvons-nous comprendre et analyser les phénomènes physiques se déroulant à l'intérieur et certains phénomènes qui sont dans notre atmosphère, mais dont la manifestation nous échappe encore ? C'est à travers l'étude de la seule étoile qui est proche de nous, à savoir le Soleil. L'option est déjà prise par plusieurs centres astronomiques du monde d'envoyer des sondes au Soleil et nous ne pouvons qu'encourager cela.

En effet, avec sa composition de fluide faite de plasma, le Soleil constitue pour nous le laboratoire naturel où nous pouvons comprendre les phénomènes se déroulant dans l'espace profond. C'est un vide coloré qui, avec sa rotation, en l'étudiant, nous aide à comprendre certains phénomènes qui se déroulent dans l'Univers. À l'intérieur du Soleil, si on peut y pénétrer, on verra tout le phénomène causé par les énergies sur la terre et dans l'univers.

Nous savons que, pour des réactions chimiques à basses énergies, l'étude se fait à partir des atomes comme si c'était les plus petits constituants de la matière. Mais pour des réactions thermonucléaires comme celles faisant briller le Soleil, on fait appel aux atomes conjointement avec les neutrinos qui seront considérés comme des particules élémentaires. C'est pour dire que même si le Soleil est considéré par certains comme une étoile de seconde ou de la troisième génération, l'étude de ce fluide intérieur peut nous amener à comprendre aussi ce qui a réellement explosé lors du Big Bang, qualifié par Moïse dans la Bible et la Torah « de la séparation des eaux d'avec les eaux ».

Donc, étant relativement proche de nous par rapport aux

autres étoiles, le Soleil nous fournit une occasion unique d'améliorer notre connaissance des astres tout en nous donnant des aperçus sur la nature de l'Univers.

## 2.2. La source de la lumière du Soleil

Le Soleil brille du fait des réactions de fusion nucléaire qui s'y déroulent à l'intérieur, tout en libérant de l'énergie. Suite à la gravitation en son sein, les noyaux d'hydrogène se compriment fortement et, en se fusionnant, ils produisent l'hélium, contribuant davantage à la libération d'une quantité d'énergie. Autrement dit, le Soleil transforme la masse en énergie par le biais de réactions de fusion nucléaire. En son cœur, qui est le siège de la nucléosynthèse, près de 620 millions de tonnes d'hydrogène sont transformées en chaque seconde en 615 millions de tonnes d'hélium. La différence de masse durant ce processus est convertie en énergie qui rayonne vers l'extérieur. C'est ainsi que le Soleil brille et c'est le même processus qui fait briller aussi toutes les étoiles.

En effet, le soleil est une boule de gaz, mais sa gravitation, en le comprimant, est tellement forte qu'il apparaît, vu de loin, comme un corps solide. En fait, c'est un astre bouillant d'un semi-gaz, semi-liquide appelé plasma. Pourquoi ne s'étend-il pas comme une rivière ? C'est parce qu'à son centre, il dispose d'un noyau où toute la matière se comprime sous l'effet de la force gravitationnelle. Ce phénomène entraîne des pressions si considérables qu'elles provoquent l'élévation de la température au cœur de son noyau à plus de 15 millions de degrés.

Dans le documentaire scientifique Toutes **les planètes du système solaire**, cette température fait un million d'années pour remonter jusqu'à la surface où elle ressort avec une chaleur de 6 000 degrés.

La chaleur ainsi produite est évacuée de deux façons : par rayonnement, comme pour la lumière solaire, ou par mouvements de convection qui se manifestent par des protubérances ou émissions de vent solaire.

### 2.2.1. Le paradoxe de l'atmosphère du Soleil

La chaleur du Soleil est créée à partir du centre, en son cœur, où la température atteint 27 millions de degrés Celsius. Et comme lorsqu'on s'éloigne d'un feu de camp, la température diminue au fur et à mesure que l'on s'éloigne du noyau.

La température de la surface du Soleil est d'environ 6 000 °C, ce qui signifie qu'elle est beaucoup plus froide que le noyau. De plus, le refroidissement se poursuit sur une courte distance au-dessus de la surface.

Mais plus haut, dans l'atmosphère, la température grimpe soudainement à plus d'un million de degrés ! Il doit donc y avoir quelque chose qui chauffe l'atmosphère du Soleil. Il s'agit d'un grand paradoxe.

En effet, Alors qu'il ne faut que huit minutes pour que la lumière du Soleil nous atteigne, en chauffant et en éclairant la terre, certaines matières et gaz dégagés par lui-même entrent en interaction avec la matière et le gaz environnant attirés par sa gravitation, créant une sorte d'effet de serre, comme le fait le gaz carbonique dans l'atmosphère terrestre. En bloquant ainsi la chaleur comme un couvercle, celle-ci s'élève parfois à plus de 2 000 000 degrés Celsius dans son atmosphère extérieure. La science parle de la couronne de gaz enveloppant le Soleil. Cette nouvelle explication, c'est nous qui l'offrons.

Mais, pour la science, ce chauffage de l'atmosphère externe du Soleil serait dû selon l'analyse de Soho - l'observatoire spatial du Soleil - au boucles de champ magnétique qui s'agitent à la surface de l'astre. (Cfr : Magazine Ciel&Espace n°332-janvier 1998 p.11).

Si les boucles se touchent, selon la déduction tirée des observations de Soho, elles peuvent provoquer des explosions soudaines d'énormes quantités d'énergie qui réchauffent l'atmosphère. Pourraient-elles être responsables du réchauffement de l'atmosphère ? S'agit-il d'une combinaison d'ondes et d'explosions, ou de toute autre chose ? Jusque-là, la science n'a pas encore un modèle établi et le paradoxe demeure toujours.

Selon notre hypothèse, la grande température allant au-delà de 1,5 million de degrés démontre effectivement qu'il y a une frontière sphérique qui bloque ses émissions, ce qui entretient sa chaleur de ne pas se dissiper au-delà d'une certaine sphère.

Donc, En ayant atteint cette très haute température, l'énergie fait éclater les nouveaux atomes, entraînant davantage la chaleur et les gaz chauffés à se libérer et à s'éjecter sous forme de plasma dans l'espace.

**L'image du Soleil**

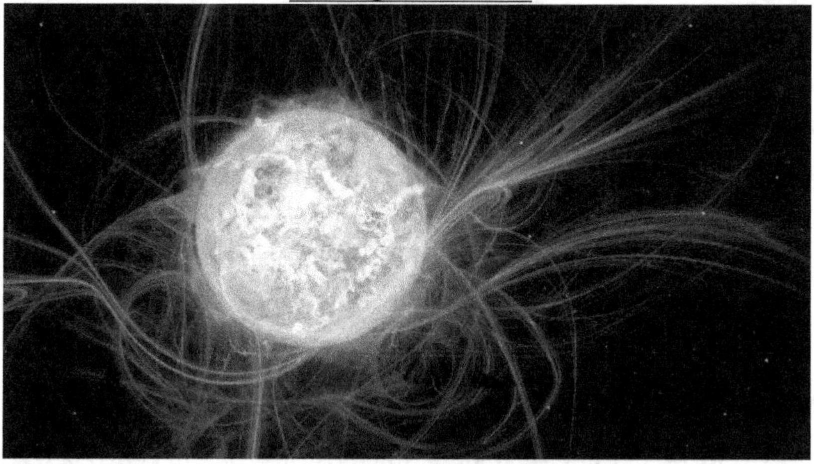

Crédit photo : Shutterstock
(Cfr : https://www.science-et-vie.com/ciel-et-espace/soleil-pourquoi-son-atmosphere-est-elle-significativement-plus-chaude-que-sa-surface-118469.html)

Voyons dans cette image sa structure interne et nous allons comprendre ce que la collision des champs peut créer dans un univers vide :

**Structure du soleil**

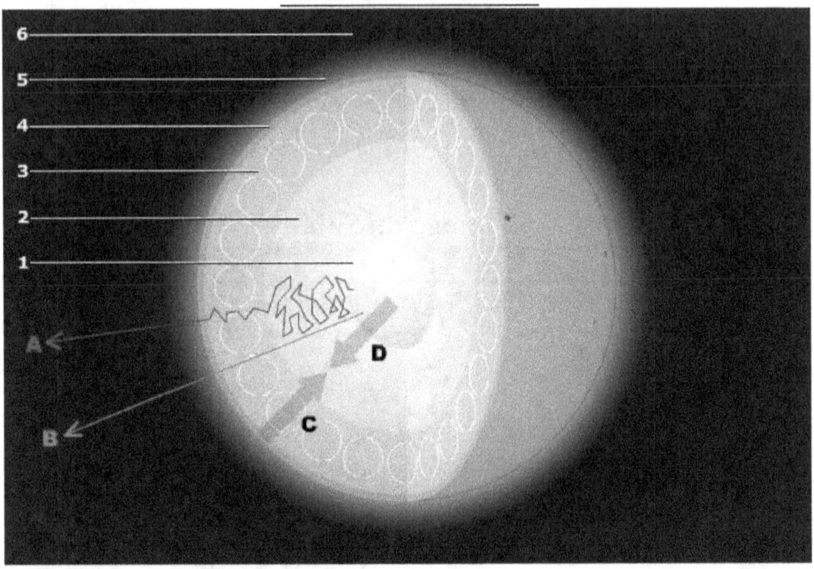


**Légende :**

1 - Cœur de l'étoile, siège de la nucléosynthèse (du centre à 0,25 rayon solaire).

2 - Zone radiative (entre 0,25 et 0,7 rayon solaire).

3 - Zone convective (de 0,7 rayon solaire jusqu'à la surface visible).

4 - La photosphère (environ 400 km d'épaisseur)

5 - La chromosphère (environ 2 000 km)

6 - La couronne solaire visible lors des éclipses totales

A - Parcours d'un photon depuis le noyau vers l'espace, très ralenti dans la zone radiative en raison de la densité de la matière.

B - Parcours d'un neutrino qui, interagissant très peu avec la matière, peut traverser l'étoile en ligne droite.

C - Compression due à la gravité.

D - Dilatation due à l'énergie produite au cœur de l'étoile.

(Source : http ://www.elementschimiques.fr/ ?fr/decouverte/origine-de-la-matiere).

## 2.3. Les Leçons tirées du Soleil

Si certaines théories et lois ont été tirées à partir du Soleil, par contre les leçons tirées du Soleil pour comprendre le fonctionnement de l'univers font partie de nos déductions inédites dans l'astrothéologie.

2.3.1. La gravitation crée des frontières

Donc, tout comme le Soleil et les autres étoiles, qui sont des planètes gazeuses et semi-solides, leurs frontières sont poreuses, c'est-à-dire perméables. Leurs bornes sont façonnées par la gravitation. La différence de températures entre le noyau et la surface fait que la couche supérieure acquiert une masse épaisse, formant la frontière. Il en est de même pour les astres de l'Univers entier. C'est **la première leçon** que nous tirons dans l'étude du Soleil.

2.3.2. Les lois de conservation

Cette leçon m'a permis de répondre à une autre question encore très importante, à savoir : « Comment le calcul astronomique tombe exactement comme si on était dans un univers fermé ". Par-là, la réponse sort aussi clairement. Nous avons soutenu que l'Univers est dynamique et connaît lui-même une rotation créée par des particules.

En effet, selon l'Astrothéologie, les particules ont eu même des rotations appelées spin. La fusion des particules forme l'atome, et la fusion de ces derniers forme la matière. La fusion de la matière forme les astres. Donc, les astres ayant leur source à partir des particules, c'est de là qu'émanent la source de leur rotation. D'où dans l'univers, tous les astres tirent la source de leur rotation à partir des particules. Ce qui rend tous les corps dynamiques dans l'univers et, par conséquent, l'univers lui-même.

Donc, pour l'univers, cette rotation crée une gravitation, formant une frontière superficielle, invisible à l'œil ou aux appareils, où meuvent les galaxies, si bien que son expansion n'a pas de conséquences sur son avenir. Cela a eu plutôt comme conséquence l'aboutissement des lois de conservation.

Les lois de conservation sont l'ensemble des lois physiques selon lesquelles certaines grandeurs mesurables demeurent constantes. C'est le cas des principes de l'isotropie et de l'homogénéité qui sont des lois de conservation issues de la forme symétrique de notre Univers. Le principe d'homogénéité de l'espace stipule que les lois de la physique sont les mêmes partout et en tout point de l'espace. C'est la loi de conservation de la quantité de mouvement. Le principe d'isotropie de l'espace signifie que toutes les directions de l'espace sont équivalentes pour les lois de la physique. C'est la loi de conservation du moment cinétique.

Ce fut le chimiste français Antoine de Lavoisier qui formula pour la première fois au XVIIIe siècle une loi de la conservation de la matière ou de la masse et qui s'articulait ainsi : « Rien ne se perd, rien ne se crée, tout se transforme ». Cela veut dire que dans une réaction chimique, la quantité totale de matière des composés dans un système fermé reste constante.

Cette loi fut suivie par la loi de conservation de l'énergie selon laquelle, dans un système fermé, l'énergie totale est conservée. Elle fut émise au XIXe siècle par les scientifiques Hermann von Helmholtz, Julius Robert von Mayer et James Prescott Joule. Cette loi constitue le premier principe de la thermodynamique. Elle fut enrichie par Albert Einstein en 1905. Il démontra dans sa Théorie de la relativité qu'il existe une équivalence mathématique entre la masse et l'énergie. D'où sa fameuse formule de $E = mc^2$. C'est la loi de conservation de l'ensemble masse-énergie.

Enfin, nous avons la loi de conservation de la charge électrique qui stipule que la somme des charges électriques portées par les particules d'un système fermé demeure inchangée avant et après la transformation. Plusieurs lois similaires s'appliquent également en physique des particules : conservation de la charge de couleur, de la charge faible, de l'hypercharge, de l'isospin, du nombre baryonique et du nombre leptonique. (Cfr : "conservation, lois de." Microsoft® Encarta® 2009 [DVD]. Microsoft Corporation, 2008).

Toutes ces lois de conservation font partie de la **deuxième** leçon tirée du Soleil sur sa forme, créé par la gravitation et dont nous la projetons sur l'Univers.

Mon hypothèse est que le calcul astronomique tombe exact parce qu'il y a quelque chose qui nous enferme. J'ai été surpris de constater que certains astrophysiciens pensent aussi que notre galaxie, la Voie lactée, serait enfermée par une sorte de bulle, ce qui rejoint effectivement ma conclusion. (Cfr : sciencesetavenir.fr/espace/astrophysique/hubble-bubble-notre-galaxie-est-elle-enfermee-dans-unebulle-les-explications-de-david-elbaz Par Olivier Lascar, le 03.01.2017).

*Image : Certains astrophysiciens pensent que notre Galaxies serait enfermée par une sorte de bulle.*

*Hubble Bubble : et si notre galaxie était enfermée dans une bulle ? © ESA/HUBBLE &NASA, ACKNOWLEDGEMENT : JUDY SCHMIDT (Sciencesetavenir.fr/espace/astrophysique/hubble-bubble-notre-galaxie-est-elle-enfermee ?)*

2.3.3. L'Univers est-il fini ou infini ?

Sans gravitation, le Soleil peut exploser et se déployer comme de la lave. Ainsi, c'est par sa force gravitationnelle en tant que liquide plasmatique qu'il s'est créé une frontière. Il en est de même pour toutes les étoiles et les planètes gazeuses.

Le système solaire lui-même, qui est composé de l'ensemble des astres qui sont sous l'influence de la gravitation du soleil, possède aussi une frontière poreuse appelée l'héliosphère.

Ces considérations nous amènent à faire notre choix sur les préoccupations de l'astrophysicien français J.-P. Luminet dans sa conférence documentaire" **La forme de l'espace ". Il** a proposé trois hypothèses à savoir :

– L'Univers est infini ;

– L'Univers est fini (sans borne), mais plus grand que l'Univers visible ;

– L'Univers est fini (sans borne), mais plus petit que l'Univers visible.

Selon l'astrophysicien français J.-P. Luminet, l'univers serai fini (sans borne), comme nous pouvons le lire :

*« Ce qui est certain, c'est que si l'Univers est fini, il n'a pas de bord. Sinon, qu'y aurait-il au-delà du bord, sinon l'Univers lui-même » ?* (Cf : futurascience.com/10 questions essentielles sur l'Univers/ le 19/08/2019).

Nous avons dit que toutes les questions d'astrophysique se résolvent actuellement sur la base de la mathématique. Ainsi, plusieurs équipes internationales d'astronomes ont publié les résultats de leurs recherches, aboutissant au même constat : l'expansion cosmique ne s'arrêtera jamais et nous vivons dans un Univers infini et éternel. (Magazine Ciel&Espace n° 332 – janvier 1998, p. 24)

Leurs arguments étaient basés sur trois paramètres, dits cosmologiques, dont les astrophysiciens pouvaient voir leurs déductions dans le même magazine. Ces trois paramètres de calcul sont :

– La constante de Hubble, qui détermine la vitesse d'expansion de l'Univers ;

– Les paramètres de densité Ω, qui traduisent la densité moyenne de matière dans l'univers ;

– La constante cosmologique qui est assimilée à un accélérateur d'expansion.

Toutefois, selon le même magazine, leurs résultats restent

à confirmer. C'est pour dire que la déduction du professeur Luminet n'est pas aussi à rejeter quand on sait que certains astres nous apparaissent après des milliers, voire des millions ou des milliards d'années, alors que dans un univers infini, ces astres devraient se cheminer indéfiniment sans retour.

Selon la troisième leçon que nous avons tirée du Soleil, notre déduction est que quelle que soit l'infinité de l'Univers selon la mathématique, la gravité, dans sa lutte avec l'expansion, crée une frontière poreuse, faisant comme si l'univers était fini (sans bornes), mais plus grand que l'Univers visible. C'est ce que l'astrophysicien français J.-P. Luminet qualifie de l'hypersphère dans la même conférence.

Nous définissons une frontière poreuse en astrothéologie comme étant une frontière dont seule la gravitation arrive à contenir un corps et à y donner une forme. C'est le cas des frontières des planètes gazeuses ou de la fin gravitationnelle d'une sphère telle que l'ergosphère, etc.

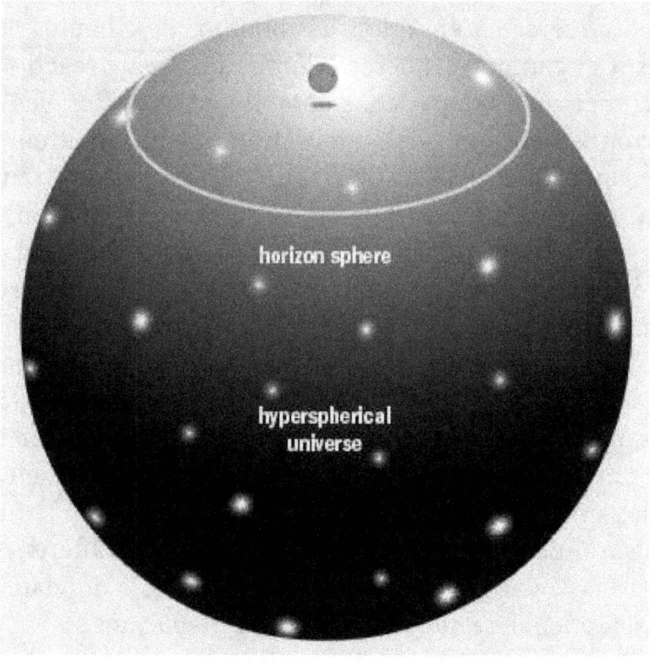

*(Dans un Univers qui serait fini mais sans bord comme une hypersphère, l'Univers observable ne représente qu'un sous-ensemble délimité par un horizon cosmologique au-delà duquel on ne peut pas voir. © Domaine public).*
(Cf : *futura-sciences.com/buildsv6/images/mediumoriginal/d/e/7/de7da23f61_65821_Univers-jeanpierre-luminet.jpg).*

2.3.4. Le paradoxe entre l'âge des Supernovas et des Pulsars

Parmi les leçons tirées du Soleil, nous offrons une hypothèse sur le paradoxe entre l'âge des Supernovas et des pulsars. Les supernovas sont des explosions des étoiles massives à la fin de leur vie. Elles se contractent sur elles-mêmes en un astre ultracompact et deviennent des étoiles à neutrons. Un faisceau lumineux émanant de leurs deux pôles balaie l'espace régulièrement comme un phare. On dit alors que c'est un pulsar.

Nous avons appris dans cette leçon que c'est dans le noyau ou le cœur du Soleil que se produisent les réactions thermonucléaires exothermiques (fusion nucléaire) qui transforment l'hydrogène en hélium produisant la chaleur et la lumière. L'énergie des photons de haute énergie (rayons X et gamma) libérée lors de ces réactions de fusion, met un temps considérable à traverser les zones de rayonnement et de convection avant d'atteindre la surface du Soleil. On estime que le temps de transit du cœur à la surface se situe entre 10 000 et 170 000 ans. (Cfr : https://sunearthday.nasa.gov/2007/locations/ttt_sunlight.php).

Cette distance et ces années que mettent la lumière pour parcourir du noyau au sommet, nous permettent de résoudre une énigme que nous avons découverte dans le « Magazine Ciel&espace n° 448/septembre 2007/ p. 40 – Le casse-tête des pulsars menteurs ». Dans ce magazine, les astrophysiciens se demandaient pourquoi il y avait un écart entre l'âge de la supernova du Sagittaire, observée par les Chinois en l'an 386, et son pulsar qui affiche un âge de 24 000 ans. Une différence aussi a été observée dans le pulsar qu'héberge "S 147" qui date de 620 000 ans, alors que sa supernova date de 30 000 ans.

Selon le modèle, le Pulsar et le vestige de supernova étant issus du même cataclysme devraient avoir le même âge. Devant ce paradoxe, les astrophysiciens sont restés perplexes.

Dans la leçon tirée du Soleil, nous découvrons que la lumière émanant de son noyau ou de son cœur fait entre 10 000 et 170 000 ans d'années pour rejoindre la surface. Il en est de même aussi pour les étoiles massives où leur lumière fait plusieurs années pour rejoindre la surface. Or, quand une étoile connait une supernova, la lumière émanant de son noyau ou pulsar n'a plus d'autre sphère à traverser pour rejoindre la surface. Par conséquent, l'âge de la lumière émanant du noyau devrait être plus vieux que le vestige de la supernova dont la lumière a connu quelque blocage d'années avant de ressortir.

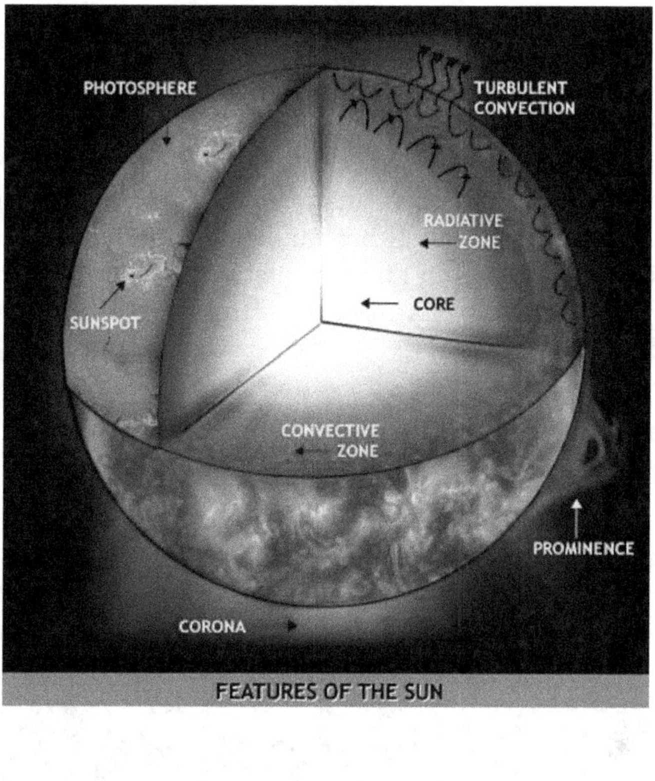


The interior of the sun consists of three major zones, each with its own unique properties. (Courtesy : Berkeley - SSL

Donc, l'écart constaté entre les âges de Pulsar et de Supernova n'est pas une erreur, mais, au contraire, cela va permettre de calculer le diamètre de ladite étoile avant son explosion et d'autres calculs qui lui sont liés. Aux astrophysiciens de prendre leur calculatrice.

## 2.4. La formation des trous noirs et l'émission des sursauts gamma

Ici, nous ne parlons pas de la formation des trous noirs, mais nous voulons parler de la leçon que nous avons tirée dans le Soleil pour la formation des cavités en son intérieur. L'étude du Soleil nous montre que ces cavités se forment à cause de la différence des tours et des tensions à différentes échelles, générant parfois des tornades plus grosses que la terre. Ainsi, cette leçon nous amène à la déduction que certains trous noirs supermassifs sont créés dans le vide par la différence des rotations des échelles dans l'Univers.

Par exemple, sur les astres massifs, il existe une différence de rotation entre l'équateur et les pôles. Dans le vide spatial, cette différence dans la frontière entre deux échelles provoque des sursauts gammas dont les astrophysiciens cherchent encore leurs sources et peut générer la formation des trous noirs inexpliqués. Cette hypothèse, nous la tirons du Soleil. Nous allons y revenir dans le point concernant l'univers électrique.

**Vue d'artiste du champ magnétique solaire**. © Werner Heil, domaine public

*(futurasciences.com/buildsv6/images/mediumoriginal/c/f/7/cf737b45f6_65457_soleil2fs.gif).*

En effet, le corps solide ne se disloque pas lors de leur rotation. La différence de la vitesse de leur rotation à différentes altitudes est due à leur forme. Mais les corps fluides, liquides ou gazeux, bien qu'ils soient maintenus unis par la gravitation, leur rotation est comme un courant d'eau à différentes échelles. Cela crée des frottements et génère des champs magnétiques. Et dans ces champs, il peut y avoir la formation des bulles des gaz générant des phénomènes décrits ci-haut, à savoir des tornades ou des tourbillons à l'intérieur. Ce sont ces bulles de gaz qui sont à la poussée des laves et qu'on constate lors des éruptions volcaniques. Cela est confirmé par les observations à travers cette phrase :

« *Par ailleurs, l'intérieur du Soleil est en agitation constante : des bulles de gaz naissent à 200 000 kilomètres de profondeur et remontent à la surface ; quand elles éclatent, c'est comme si l'on écoutait la sortie de tuyaux d'orgue* ». (Cf : futurascience.com/10 questions essentielles sur l'Univers/ le 19/08/2019).

Dans le vide spatial, ces phénomènes peuvent aussi être à la base des éruptions des sursauts gamma dues à l'interaction de leurs particules ionisées.

« L'ionisation est un *phénomène par lequel un atome, une molécule, un radical acquièrent ou perdent un ou plusieurs électrons et deviennent ainsi porteurs de charges électriques ». (Cfr : Dictionnaire Grand Robert).* ***C'est la quatrième leçon*** *que nous avons tirée du Soleil.*

En effet, lorsque les vents violents entraînés par des corps issus de deux sphères différentes entrent en collision, les brassages de leurs particules ionisées provoquent des ondes de choc violentes qui font grimper la température du gaz. Si ces corps compriment en plus ces gaz, cela peut générer un sursaut gamma dont on ne saura jamais la source.

### 2.5. Phénomènes électriques et autres dans le Soleil

Le soleil produit aussi les éruptions volcaniques se présentant sous forme de tempête solaire. C'est une projection de feu, provoquant l'éjection de la masse coronale et des éruptions solaires.

Dans les vagues terrestres, on le retrouve aussi dans la matière du Soleil appelée éjection de plasma. Et à l'intérieur du Soleil, on retrouve tous les phénomènes électriques naturels de l'Univers tels que la foudre et les éclairs, etc. Les astrophysiciens qui ont la connaissance de beaucoup des phénomènes mystérieux de l'Univers ont là un astre qui peut répondre à leurs attentes.

Étant composé de fluides, le Soleil a en lui les comportements de ce qui est visible comme un liquide et de ce qui est invisible comme le vent (gaz).

Donc, percer le mystère du Soleil, c'est faire son entrée dans le laboratoire naturel de l'Univers.

En conclusion, toutes les leçons tirées de l'étude du Soleil font partie pour nous des causes qui expliquent tous ces effets que nous venons de décrire. Et cela, à commencer par des lois de conservation jusqu'à la façon dont une zone de tourbillon peut se créer dans l'espace, et découvrir aussi comment l'espace devient un laboratoire où se créent des champs magnétiques, générant des phénomènes électromagnétiques tels que le sursaut gamma. Il y a encore beaucoup d'autres enseignements que les astrophysiciens auront à découvrir s'ils interrogeaient le Soleil comme je viens de le faire.

# Chapitre IV
# La création

# Section 1
# La création selon la Bible et la Torah

## 1.1. Signification des journées bibliques et torahniques

On ne peut comprendre ou restituer le schéma biblique et torahnique de la création sans connaitre la signification des journées bibliques et torahniques. C'est un grand débat dont les théologiens n'arrivent pas à expliquer aux scientifiques les contenus d'une journée biblique.

Étant donné que Moïse, le rédacteur de la Genèse, a parlé plus tard du jour qui a suivi les six jours comme d'un sabbat hebdomadaire, beaucoup de croyants et non croyants pensent que chaque jour de la création a forcément été de 24 heures. Or, Sabbat était l'accomplissement de tout ce qui est lié au nombre sept, comme nous pouvons le lire :

– Ex 20.11 *Car en six jours l'Éternel a fait les cieux, la terre et la mer, et tout ce qui y est contenu, et il s'est reposé le septième jour : c'est pourquoi l'Éternel a béni le jour du repos et l'a sanctifié.*

– *Lv* 23.3 *On travaillera six jours ; mais le septième jour est le sabbat, le jour du repos : il y aura une sainte convocation. Vous ne ferez aucun ouvrage : c'est le sabbat de l'Éternel, dans toutes vos demeures*

– Lv 25.3-4 *Pendant six années tu ensemenceras ton champ, pendant six années tu tailleras ta vigne ; et tu en recueilleras le produit. Mais la septième année sera un sabbat, un temps de repos pour la terre, un sabbat en l'honneur de l'Éternel : tu n'ensemenceras point ton champ, et tu ne tailleras point ta vigne.*

– Lv 25.8 *Tu compteras sept sabbats d'années, sept fois sept années, et les jours de ces sept sabbats d'années feront quarante-neuf ans.*

Nous avons largement expliqué les concepts « jours, nuits, matin et soir » dans nos précédentes publications. Nous avons dit que, malgré le verset biblique et torahnique : *« Mais il est une chose, bien-aimée, que vous ne devez pas* ***ignorer****, c'est que, devant le Seigneur, un jour est* ***comme*** *mille ans, et mille ans sont comme* *un jour »* (2 P. 3 :8), aucun théologien chrétien n'a pu faire un rapprochement entre ce verset et les journées dans le schéma de la création biblique et torahnique, croyant que cette dernière était l'œuvre d'une parole. Il a fallu une nouvelle révélation de Dieu au couple Moon pour que l'éclaircissement apparaisse en se basant sur ce verset.

En effet, le Rév. Dr. Sun Myung Moon est le premier religieux à les avoir associés au schéma biblique et torahnique de la création dans le Principe de la création ; branche du livre du Principe divin. Relisons les versets :

**Ps** 90 : ***4* « Car** *mille ans sont à tes yeux comme le jour d'hier, quand il n'est plus, Et* comme *une veille de la nuit. »*

**2 P 3 :** ***8*** *« Mais il est une chose, bien-aimée, que vous ne devez pas* **ignorer**, *c'est que, devant le Seigneur, un jour est* **comme** *mille ans, et mille ans sont comme un jour. »*

Il y a dans ces versets deux termes très importants, à savoir « **ignorer** » et « **comme** ». Tout d'abord, nous ne devrons pas ignorer la notion de temps. En second lieu, il y a le terme comparatif « **comme** » : « *Un jour pour Dieu est comme mille ans* ». Ici, on n'a pas utilisé le mot « **égal** », mais plutôt « **comme** ». Cela veut dire tout simplement qu'un jour biblique et torahnique peut représenter soit un millième de seconde, soit autant de jours, soit autant d'années que peut prendre un cycle ou une ère.

Ainsi, dire que la création a été faite en six jours bibliques et torahniques n'a rien à voir avec nos journées de vingt-quatre heures. Cela représente plutôt six grandes étapes qui, comme la science l'a découvert, ont pris **des millièmes de seconde, des millions, voire des milliards d'années**.

En plus, le récit biblique et torahnique n'exclut pas la possibilité que durant chaque « **jour** », ou période de création, certains des actes créateurs majeurs se soient produits de façon graduelle plutôt qu'instantanée. D'où les termes « **soir et matin** » utilisés pour passer d'une période à l'autre.

Enfin, on notera que dans la Genèse, Moïse a écrit que l'Univers a eu un commencement et que les choses et la vie ont apparu par étapes, graduellement sur plusieurs périodes. Comment Moïse a-t-il eu accès à des informations scientifiques aussi précises ? Ce n'est que, selon la Bible et la Torah, le Créateur de toutes ces œuvres, Dieu, qui le lui a révélé selon ce qu'il est écrit :

Ge 33 : **11** « *L'Éternel parlait avec Moïse face à face, comme un homme parle à son ami* ».

## 1.2. Le schéma de la création selon la Bible et la torah

Le schéma de la création selon la Bible et la Torah constitue la théorie de base du Modèle Cosmologique Universel.

1.2.1. L'énoncé de base du Modèle Cosmologique Universel

Le Modèle Cosmologique Universel sur lequel seront basées toutes les analyses qui suivront auprès des différents savants et philosophes, s'énonce ainsi :

« Au commencement, l'univers était informe et vide (Gn 1 :2). Étant donné d'une part une énergie qualifiée de ténèbres par la Bible et la Torah dans l'abîme, et de l'autre part l'esprit de Dieu ou un vent de Dieu sur la matière originale appelée « eaux » (Gn 1 :2), il y eut réchauffement et production d'un rayonnement qualifié de lumière (Gn 1 :3). Du début de l'Univers dans le néant, dans le chaos et dans le vide jusqu'à la production de la première lumière ou rayonnement, c'est la période que la Bible et la Torah appellent 'jour' (premier jour) ; une période qui a duré un temps non quantifiable jusque-là **(Gn 1 :5)**.
La Bible et la Torah précisèrent en outre que cette nouvelle énergie ou ce rayonnement avait un effet sur les ténèbres. Elle est venue la contrecarrer, ainsi que la matière invisible qui était déjà en action dans l'Univers primitif. C'est ce qui est exprimé à travers la phrase « **Dieu sépara la lumière d'avec les ténèbres** » (Gn 1 :4). Et pour montrer que ces deux énergies vont accompagner désormais le destin physique de l'Univers, Dieu appela, par manque des mots scientifiques appropriés à cette époque-là, les ténèbres « nuit » et la lumière ou nouveau rayonnement « jour », cela (Gn 1 :5).

La matière originelle ou « eaux », selon le terme biblique et torahnique, continuant son cycle de réchauffement après la production de la lumière (**que la lumière soit et la lumière fut**), il y eut un éclatement, une expansion ou une expulsion dans l'abîme (Gn 1 :2) de ce que la science qualifie de « big-bang » et la Bible et la Torah de **« séparation des eaux d'avec les eaux » (Gn 1 :7)**. Cette période évolutive de réchauffement des matières (eaux) qui va de la production de la lumière ou premier rayonnement jusqu'au Big Bang, fut qualifiée par la Bible et la Torah **de deuxième jour (Gn 1 :8)**. Et puis vinrent le **troisième jour et le quatrième jour qui marquèrent le début de l'après Big-bang** et qui furent des périodes de formation des astres (Gn 1 :9-19) à partir de la même matière ou eau selon la Bible, la Torah et le Coran (Gn 1 :6).
Après vint le **cinquième jour biblique et torahnique**, c'est l'ère qui vit l'apparition des êtres vivants, à commencer par les êtres microscopiques sous-marins jusqu'aux oiseaux. (Gn 1 :20-23)
Et, à la fin ou au **sixième jour biblique et torahnique**, il y eut l'apparition des mammifères jusqu'à la formation de l'homme. (Ge 1 :1-30 ; Ge 2 :1-7).

## Section 2
## La création selon la science

La création selon la science a été souvent incomprise par les communs de mortel. Ainsi, c'est à travers les versets bibliques et torahniques que nous voulons la faire comprendre à nos lecteurs.

## 2.1. Conception de la création biblique et torahnique par rapport à la science

Voyons si la conception biblique et torahnique de la création diffère de celle de la science.

*Ge 1 :1 Au commencement, Dieu créa les cieux et la terre.*

*Ge 1 :2 La terre était informe et vide : il y avait des ténèbres à la surface de l'abîme, et l'esprit de Dieu se mouvait au-dessus des eaux.*

*Ge 1 :3 Dieu dit : Que la lumière soit ! Et la lumière fut (rayon cosmique)*

*Ge 1 :6 Dieu dit : Qu'il y ait une étendue entre les eaux, et qu'elle sépare les eaux d'avec les eaux (Big-bang)*

*Ge 1 :9 Dieu dit : Que les eaux qui sont au-dessous du ciel se rassemblent en un seul lieu, et que le sec paraisse. Et cela fut ainsi.*

*Ge 1 : 10 Dieu appela le sec terre, et il appela l'amas des eaux mers. Dieu vit que cela était bon.*

*Ge 1 :14 Dieu dit : Qu'il y ait des luminaires dans l'étendue du ciel, pour séparer le jour d'avec la nuit ; que ce soient des signes pour marquer les époques, les jours et les années ;*

*Ge 1 :24 Dieu dit : Que la terre produise des animaux vivants selon leur espèce, du bétail, des reptiles et des animaux terrestres, selon leur espèce. Et cela fut ainsi.*

*Ge 2 :19 L'Éternel Dieu forma de la terre tous les animaux des champs et tous les oiseaux du Ciel,*

*Ge 2 : 7 L'Éternel Dieu forma l'homme de la poussière de la terre, il souffla dans ses narines un souffle de vie et l'homme devint un être vivant.*

Ces versets, qui au départ n'attiraient pas l'attention des religieux, sont au contraire très fantastiques pour les faire connaître aux savants.

En Gn 1 :1, on nous parle de la création du monde spirituel (les Cieux) et de l'univers (la terre). Le verbe « créer » démontre que cela a eu un commencement. La création de l'Univers visible est étudiée aujourd'hui dans la physique et la mécanique quantique. Dans le Modèle Cosmologique Universel, ils font partie de la physique de la création qui étudie comment les choses se sont évoluées dans l'avant Big Bang.

En Genèse 1 : 2, ci-dessus, on nous parle d'un univers vide

et sans forme, ténébreux et des autres énergies (esprit de Dieu), actionnant les particules originelles (eaux).

Dans les versets (Ge 2 : 7 et 19) ci-dessus, si pour le Ciel et la terre, Moïse a parlé de la création ; pour les animaux et l'homme, il utilisa la phrase « forma de la (poussière) de la terre ». Or, les savants savent que la poussière de la terre (Univers) commence son cycle dans la nébuleuse. Pour les non-cosmologistes, nous leur disons que la nébuleuse est une concentration de gaz et de poussières observée dans le milieu interstellaire (entre les étoiles), désigné dans la Bible et la Torah par le mot étendue (Ge1 : 6).

Pour arriver jusqu'à la formation d'une étoile ou d'une planète, la nébuleuse doit traverser de nombreux cycles pendant plusieurs millions d'années. À chaque étape de son cycle, il est façonné, surtout dans les étoiles, pour se transformer jusqu'au niveau des molécules de vie. Et la terre fut l'endroit idéal où ces molécules sont devenues effectivement la vie compte tenu de toutes ces conditions selon les Principes anthropiques de Brandon Carter et dont l'idée principale, avons-nous dit, est confirmée dans les Principes de la Création, branche du Principe divin du Rév. Dr. Sun Myung Moon. C'est pour dire que les molécules de vie peuvent se retrouver partout dans l'univers, sans pour autant qu'il y ait la vie.

Il y a encore un point très important qui vaut à Moïse son appellation de savant des savants. Les scientifiques pensent que dans le schéma de la création biblique et torahnique, il n'y a que les verbes créer, faire et former sans tenir compte des phénomènes physiques ou chimiques essentiels. Or, Moïse évoqua dans Genèse 2 :4 la participation de l'eau liquide pour l'activation de la vie. Ainsi, le schéma de la création contenu dans La Bible et la Torah s'avère être à ce jour le premier schéma cosmologique par excellence, avons-nous dit. En effet, Moïse a évoqué la nécessité et la présence de l'eau liquide avant que la vie germe, et cela en 1500 ans av. JC. Lisons :

*Gn 2 :4 Voici les origines des cieux et de la terre, quand ils furent créés. Lorsque l'Éternel Dieu fit une terre et des cieux, 5 aucun arbuste des champs n'était encore sur la terre, et aucune herbe des champs ne germait encore : car l'Éternel Dieu n'avait pas fait pleuvoir sur la terre, et il n'y avait point d'homme pour cultiver le sol. 6 Mais une vapeur s'éleva de la terre et arrosa toute la surface du sol.*

*Gn 2 : 7 L'Éternel Dieu forma l'homme de la poussière de la terre, il souffla dans ses narines un souffle de vie, l'homme devint un être vivant.*

Cette nécessité de l'eau liquide avant que la vie germe est aussi appuyée par les scientifiques, comme nous pouvons le lire dans cette citation :

*« La glace d'eau ou la vapeur d'eau n'ont aucune valeur particulière pour la vie. En fait, l'intérêt de l'eau liquide réside dans sa capacité à favoriser les réactions chimiques. Seule l'eau sous l'état liquide peut donc engendrer des réactions chimiques nécessaires à la vie ... Grâce à sa polarité, l'eau peut ainsi dissoudre de nombreuses molécules, qui se retrouvent en présence sur tout le volume de solution : cela permet à ces molécules de se rencontrer au sein du liquide, et de réagir de façon efficace, ce qui explique l'importance de l'eau liquide dans le développement de la vie ».* (Cfr : L'eau liquide, source de vie dans l'Univers 17/01/2011 - Par Vincent Boqueho)

Comme on le voit, cette citation ou cet article confirme effectivement les versets précédents (Gn 2 :5). Tant qu'il n'y avait pas encore de l'eau liquide, la vie ne pouvait pas germer. Dans la Bible et la Torah, l'eau de pluie symbolise que la terre s'était libérée de ses glaciations dues aux paradoxes du Soleil jeune et de la Terre boule de neige. (cfr : Phanzu F. *La cosmologie selon les modèles biblique et antique*, ed. Librinova, Paris 2024, Pp 140-145)...

Autres commentaires :

*« Il faudrait a priori trois ingrédients nécessaires mais peut-être pas suffisants pour que la vie apparaisse. Le premier ingrédient est la chimie du carbone, elle est Universelle puisque le carbone fait partie des éléments fabriqués naturellement par les étoiles, il y en a donc un peu partout dans l'Univers. Le deuxième ingrédient est l'eau, ce mélange d'hydrogène et d'oxygène est abondant dans l'Univers, il y a donc de l'eau un peu partout. Le dernier ingrédient est l'énergie qui est présente surtout au voisinage des étoiles ».*

(10/12/2014 - Par Jonathan SARE, Futura-Sciences).

L'explication sur le dernier élément confirme ce que la Bible et la Torah et le Principe divin du Rév. Dr. Sun Moon enseignent. Il ne s'agit pas de l'énergie au voisinage des étoiles, mais plutôt du souffle de vie comme étant l'énergie première universelle que Dieu a dotée à chaque corps à travers les différentes étapes de la création. Le Rév. Dr. S.M. Moon fut le premier religieux à l'expliquer sous forme d'énergie. Donc, le dernier ingrédient, dont j'en ai déjà parlé, est l'énergie première universelle qui est dans chaque corps. Les versets et la phrase suivante les confirment :

Ge l : 2 « *l'esprit de Dieu se mouvait au-dessus des eaux* » ;

Ge 2 :7 « *L'Éternel Dieu forma l'homme (*la masse ou le corps*) de la poussière de la terre, il souffla dans ses narines un souffle de vie (énergie) et l'homme devint une âme vivante* ».

Dans ces deux versets, nous retrouvons les trois ingrédients principaux évoqués dans la citation ci-dessus pour qu'il y ait la vie, à savoir : la chimie du carbone (la poussière de la Terre), l'eau et l'énergie (le souffle de vie).

Dans le Principe divin, nous lisons ceci : « *La Force Première Universelle a son origine en Dieu et constitue la force que Dieu projette en chaque être au moment de sa création* ». (Cf : Principes divins, niveau 4, p. 21)

Donc, à la question de savoir s'il y a une différence entre le modèle de la création selon la Bible et la Torah et les modèles de la création selon la science, nous pouvons dire que la « poussière des étoiles » selon la science, « l'écume » du Big Bang selon Stephen Hawking, « la poussière de la terre » selon la Bible et la Torah, « la boue » selon le Coran, de laquelle les êtres vivants furent formés représentent les mêmes éléments. Les scientifiques se sont référés à l'origine en parlant de la poussière des étoiles, et les religieux à la finalité, en parlant de la poussière de la Terre ou de la boue.

Les éléments principaux sont le carbone et l'eau. Par l'eau, nous avons le mélange d'hydrogène et d'oxygène qui sont abondants dans l'Univers. Ainsi, nous voyons que Moïse n'a rien négligé dans la Bible et la Torah en parlant de la poussière de la terre et de l'eau et que la science l'a confirmé.

Ce que les cosmologistes ont pris comme un schéma incomplet

s'avère à ce jour plus complet qu'on ne le pensait.

Donc, la conception biblique et torahnique de la création et celle de la science se rejoignent, même si la pensée du fond diffère. La poussière de la terre veut dire les minéraux qu'on retrouve dans la terre. Par exemple, le corps humain est constitué d'environ $10^{29}$ (1 avec 29 zéros) quarks, particules constituantes du noyau atomique. (Cf : Blandine Plucher, la physique quantique pour les nuls, éd. First, Paris 2018, p. 154)

## 2.2. Big bang et création

L'exposition de la théorie du Big Bang permet de revenir sur une idée reçue selon laquelle le Big Bang serait la création de l'univers. La création peut avoir plusieurs sens, mais le plus souvent, on confond le big bang avec une création ex nihilo, comme si la matière de l'univers était apparue à partir de rien.

En réalité, le terme de big bang ne désigne pas l'apparition de l'univers et de sa matière : si une telle apparition a existé un jour, elle est hors de portée de nos instruments et de nos théories scientifiques. Ce que désigne le terme Big Bang, c'est cet état de l'univers où il était suffisamment dense et chaud pour que s'y déroulent des réactions thermonucléaires.

## 2.3. Synthèse sur la création entre le modèle biblique et torahnique et la science

| ETAPES | VERSETS | BIBLE ET TORAH | SCIENCE |
|---|---|---|---|
| 1er jour ou 1ère période | Gn 1 :1 | Au commencement, Dieu créa les cieux et la terre. | Au commencement Dieu créa la sphère spirituelle et la sphère physique |
| | Gn 1 :2 | La terre était informe et vide | La sphère physique ou l'univers était vide |
| | | il y avait des ténèbres à la surface de l'abîme | Un vide à l'horizon ténébreux |
| | | l'esprit de Dieu se mouvait au-dessus des eaux | Une énergie (l'énergie du vide) fructifiée sur les particules |
| | Gn 1 :3 | Dieu dit : Que la lumière soit ! Et la lumière fut. | Première Apparition d'un rayonnement ou lumière avant le Big-bang. Preuve du réchauffement de l'univers d'avant le Big-bang. |
| | Gn 1 :4 | Dieu sépara la lumière d'avec les ténèbres | Phénomène mystérieux entre 2 rayonnements |
| | | Dieu appela la lumière jour, et il appela les ténèbres nuit. ce fut le premier jour | Rayonnement fossile et énergie noire ? C'est la science qui viendra l'éclaircir un jour. |

| ETAPES | VERSETS | BIBLE ET TORAH | SCIENCE |
|---|---|---|---|
| 2ème jour ou 2ème période | Gn 1 :6-7 | Dieu dit : Qu'il y ait une étendue entre les eaux, et qu'elle sépare les eaux d'avec les eaux. Et Dieu fit l'étendue ! | — Big-bang<br>13,8 milliards d'années |
| | | Dieu appela l'étendue ciel. ce fut le second jour | Début de l'Espace ou du ciel physique (début de l'espace-temps selon le Modèle standard) |
| 3ème jour ou 3ème période | Gn 1 :9 | Dieu dit : Que les eaux qui sont au-dessous du ciel se rassemblent en un seul lieu, et que le sec paraisse. Dieu appela le sec terre, et il appela l'amas des eaux mers. | - 4,5 milliards d'années (les études scientifiques ont montré que l'eau est plus vielle que les planètes du système solaire) |
| | Gn 1 :10 | Puis Dieu dit : Que la terre produise de la verdure, de l'herbe portant de la semence, des arbres fruitiers donnant du fruit selon leur espèce et ayant en eux leur semence sur la terre. Ce fut le troisième jour | - Des plantes avec chimiosynthèse ont été découvertes dans le fond des océans.<br>- Des plantes avec photosynthèse n'apparaitront sur la Terre qu'au cinquième jour biblique (Gn 2 :4-5) |
| 4ème jour ou 4ème période | Gn 1 :14 | (Avec les eaux qui sont au-dessus de l'étendue) ; Dieu dit : Qu'il y ait des luminaires dans l'étendue du ciel, pour séparer le jour d'avec la nuit. ce fut le quatrième jour. | - 4,6 milliards d'années (le Soleil et les planètes du système solaire ont été tous éjectés par une même masse désignée par l'eau à la 3ème étape) |

| ETAPES | VERSETS | BIBLE ET TORAH | SCIENCE |
|---|---|---|---|
| 5ème jour ou 5ème période | Gn 2 :4-5 | **4** Voici les origines des cieux et de la terre, quand ils furent créés. Lorsque l'Éternel Dieu fit une terre et des cieux, **5** aucun arbuste des champs n'était encore sur la terre, et aucune herbe des champs ne germait encore: car l'Éternel Dieu n'avait pas fait pleuvoir sur la terre | -La vie végétale (plantes avec photosynthèse) et les êtres vivant marin et volant apparurent au cinquième jour biblique. |
| | Gn 1 :20 | Dieu dit: Que les eaux produisent en abondance des animaux vivants | |
| | Gn 1 :21 | Dieu créa les grands poissons et tous les animaux vivants qui se meuvent, et que les eaux produisirent en abondance selon leur espèce ; il créa aussi tout oiseau ailé selon son espèce. ce fut le cinquième jour | - Apparition grands animaux marins<br>- Apparition des êtres volants |

| ETAPES | VERSETS | BIBLE ET TORAH | SCIENCE |
|---|---|---|---|
| 6ème jour ou 6ème période | Gn 1 :24 | Dieu dit: Que la terre produise des animaux vivants selon leur espèce, du bétail, des reptiles et des animaux terrestres, selon leur espèce. Et cela fut ainsi. | - Apparition des grands mammifères |
| | Gn 2 :7 | - L'Éternel Dieu forma l'homme de la poussière de la terre<br>- il souffla dans ses narines un souffle de vie et l'homme devint un être vivant. | - Formation de l'homme<br>- Introduction de la divinité et tout ce qui est spirituel et immatériel dans l'homme |
| | Gn 2 :21-22 | **22** L'Éternel Dieu forma une femme de la côte qu'il avait prise de l'homme, et il l'amena vers l'homme. | Explication sur l'Apparition du sexe opposé en utilisant l'homme comme cas de figure. |
| | Gn 1 :31 | **31** Dieu vit tout ce qu'il avait fait et voici, cela était très bon. Ainsi, il y eut un soir, et il y eut un matin: ce fut le sixième jour. | |

# Chapitre V
# L'avant Big-bang

Nous avons dit qu'il y a un livre que nous avons consacré à l'avant Big Bang et qui a pour titre « L'avant Big Bang à la lumière », publié dans l'édition Librinova à Paris en 2024. Ici, nous offrons un petit résumé pour ceux qui n'ont pas encore lu d'autres livres de la collection « Astronomie et théologie ».

L'Univers connaît trois grandes périodes selon le Modèle Cosmologique Universel :

– L'avant Big Bang ;
– Le Big Bang ;
– L'après Big Bang.

# Section 1
# La signification du mot Big-Bang

## 1.1 Généralités

Le Big Bang représente l'instant zéro où l'univers actuel a commencé d'exister, selon les connaissances scientifiques actuelles. C'était l'éclosion de l'Univers condensé ou eaux, qualifié par la bible et la Torah de *« la séparation des eaux d'avec les eaux »* (Gn 1 :6).

L'avant Big Bang est une période qui n'est pas encore reconnue scientifiquement par la science. C'est dans le schéma de la création biblique et torahnique écrite il y a de cela 1500 ans av. J.-C. par Moïse que j'ai découvert son existence.

Alors que pour la science le temps et l'espace n'existaient pas pendant cette période, mais à travers la Bible et la Torah, nous découvrons que ce fut une période très mouvementée, qualifiée de premier jour, comme nous pouvons le lire :

***Ge 1 :2-5*** *« La terre était informe et vide ; il y avait des ténèbres à la surface de l'abîme, et l'Esprit de Dieu se mouvait au-dessus des eaux. 3 Dieu dit : Que la lumière soit ! Et la lumière fut. 4 Dieu vit que la lumière était bonne ; et Dieu sépara la lumière d'avec les ténèbres. 5 Dieu appela la lumière jour, et il appela les ténèbres nuit. Ainsi, il y eut un soir, et il y eut un matin : ce fut le premier jour ».*

Le champ de Moise couvre la période de l'avant Big Bang jusqu'à l'apparition du rayonnement émis par la première lumière biblique et torahnique et ses grandes implications dans l'Univers à travers la phrase biblique et torahnique : « *...Dieu sépara la lumière d'avec les ténèbres...* ». Ce n'est pas dans un raisonnement philosophique ou théologique qu'on peut interpréter cette phrase, mais ce fut des phénomènes physiques se déroulant dans l'univers avant le Big Bang ou « la séparation des eaux d'avec les eaux ». C'est pour cela que le développement ou les recherches sur le fondement du schéma biblique et torahnique de la création relèvent de l'astrothéologie.

## 1.2 Origine du mot Big-bang

Le mot ou le nom « Big Bang », qui auparavant n'était connu que des scientifiques, commence à devenir de plus en plus célèbre dans la littérature générale. Ce nom est même venu créer une séparation totale entre ceux qui pensaient que Dieu est le Créateur de l'univers et la science, où certains scientifiques le brandissent comme étant la création physique de l'univers sans l'aide d'un Créateur.

En principe, ils ont raison, car le Big Bang s'est déroulé sur quelque chose de physique dont la création remontait dans le temps. Le Big Bang fut une conséquence des phénomènes physiques qui s'étaient déroulés dans l'univers condensé. Mais comment on est abouti à cette condensation ? Il n'y a que la Bible et la Torah qui a offert la réponse.

D'abord, que signifie le Big Bang ? Le Big Bang représente l'instant zéro de notre univers. En effet, selon les théories admises, notre univers a commencé comme un atome, disons comme une graine pour ceux qui n'ont pas de notions de chimie, et a connu une expansion fulgurante, qualifiée de Big Bang.

Ce mot a été prononcé pour la première fois par le savant britannique Fred Hoyle en 1950 qui disait que l'univers n'a pas de commencement et n'aura pas de fin. Alors, pour se moquer des astrophysiciens qui disaient que l'univers a commencé comme un grain et a connu une expansion, il leur posa la question : « Vous voulez dire que l'univers a connu un big-bang ? » Depuis lors, ce mot est resté célèbre jusqu'à être coulé comme théorie valable concernant le début de l'univers.

Les observations et les preuves scientifiques ne font que confirmer cela, c'est-à-dire que notre univers a bel et bien commencé comme une graine et a connu une expansion fulgurante, qualifiée à ce jour de Big Bang.

Si cela fait partie du début de l'univers, pourquoi le schéma de la création biblique et torahnique, qui est le premier schéma cosmologique à décrire le début et l'évolution de l'univers, n'en a pas parlé ? Je suis le premier chercheur à avoir soulevé ce paradoxe, le premier à avoir mené des recherches, et ce que j'ai découvert m'a surpris et ne cesse aussi de surprendre tout le monde. La résolution de ce paradoxe marqua l'avènement du

Modèle Cosmologique Universel.

Le schéma de la Création biblique et torahnique contient beaucoup de mystères. Si je suis arrivé à percer quelques-uns, cela est dû à mes connaissances élémentaires de la cosmologie et du Principe de la création du Dr. Sun Myung Moon.

Nier à ce jour qu'il n'y a pas eu Big Bang, c'est comme nier que l'air n'existe pas. Le Big Bang a bel et bien eu lieu et fait effectivement partie de l'évolution de l'univers. Le cycle de son processus se perpétue entre la fin d'une étoile et qui donne naissance à d'autres étoiles. C'est comme la perpetuation de la vie selon chaque espèce. L'évolution de l'univers connaît trois grandes phases selon le modèle cosmologique. Il s'agit de :

– L'avant-Big-Bang ; caractérisé par une contraction des énergies jusqu'à atteindre un point de concentration minimal ;

– Ce point de concentration minimal constitue la deuxième phase appelée l'univers condensé, ressemblant à un atome primitif ou à une graine. Personne ne peut dire la dimension et la forme avec exactitude. Le Big Bang est associé à cette deuxième phase, car ce fut une phase de transit entre l'avant Big Bang et l'après Big Bang.

– Cet atome a connu une expansion jusqu'à ce jour dont le début fut qualifié de Big Bang. Et cette expansion constitue la troisième phase appelée l'après Big Bang.

Dans mes recherches, j'ai découvert que ce schéma qui est reconnu de nos jours par tous les savants confirme plutôt la Bible et la Torah, dont l'histoire de la création a été écrite il y a de cela 1500 ans avant Jésus-Christ. Lisons comment le savant des savants Moïse l'a présenté dans la Bible et la Torah :

Gn 1 :2 « *La terre était invisible et vide (Univers) : il y avait des **ténèbres** à la surface de **l'abîme*** et *L'esprit (un vent) de Dieu se mouvant au-dessus des eaux.* (Version Septante). **–Avant Big Bang**

**Ge 1 :** *6-8 « Dieu dit : Qu'il y ait une étendue entre les eaux, et qu'elle sépare les eaux d'avec les eaux. 7 Et Dieu fit l'étendue, et il sépara les eaux qui sont au-dessous de l'étendue d'avec les eaux qui sont au-dessus de l'étendue. Et cela fut ainsi.8 Dieu appela l'étendue ciel. Ainsi, il y eut un soir, et il y eut un matin : ce fut le second jour ».* ***– Big Bang***

Ge 1 : **9***Dieu dit : Que les eaux qui sont au-dessous du Ciel se rassemblent en un seul lieu, et que le sec paraisse. Et cela fut ainsi.*
10 *Dieu appela le sec terre, et il appela l'amas des eaux mers... 13 ainsi, il y eut un soir, et il y eut un matin : ce fut le troisième jour...*
*16 Dieu fit les deux grands luminaires, le plus grand luminaire pour présider au jour, et le plus petit luminaire pour présider à la nuit ; il fit aussi les étoiles. ;; 19 Ainsi, il y eut un soir, et il y eut un matin : ce fut le quatrième jour.* – ***Après Big Bang***

# Section 2
# Le commencement de l'univers selon la Bible et la Torah

## 2.1. Le commencement de l'Univers selon la Bible et la Torah

La plupart des modèles scientifiques ont offert une réponse quant à la façon dont l'Univers a commencé. Ces réponses sont divergentes les unes des autres. Or l'Univers n'est apparu qu'une seule fois ; cela veut dire qu'il ne doit aussi y avoir qu'une seule réponse. Toutes ces réponses divergentes sont les fruits des modèles cosmologiques scientifiques.

Personne pourtant n'a fait attention à la réponse du premier livre qui a offert un schéma cosmologique, à savoir, le schéma de la création biblique et torahnique. On l'attribue souvent au créationnisme, dont tous, religieux et scientifiques, ont confondu cette doctrine avec l'apparitisme de Jean 1 :3 (Dieu créait par la Parole).

Créer une chose ou un être ne veut pas dire le faire apparaitre. Toutes créations nécessitent un travail et même l'évolution est incluse à l'intérieur avant que l'être créé atteigne la maturité ou la forme finale. Alors, que dit la Bible et la Torah en ce qui concerne la création de l'Univers ? La réponse de tous est : « Au commencement, Dieu créa les cieux et la terre » (Gn 1 :1). La seconde question est : « Comment Dieu a-t-il créé l'Univers ? » Pour le Vatican ou le Saint-Siège, c'est à la science d'offrir la réponse, mais pour le Modèle Cosmologique Universel, la Bible s'interprète d'elle-même, comme l'a dit le célèbre évangéliste américain Victor Paul Wierwille. Donc, c'est à la Bible d'offrir la réponse.

Ainsi, selon la Bible et la Torah, le commencement de l'Univers est décrit de la manière suivante :

Gn 1 :1 *Au commencement Dieu créa le ciel et la terre.* 2 ***Or la terre était invisible et vide ;*** *les ténèbres étaient au-dessus de l'abîme, et* ***l'Esprit de Dieu était porté sur les eaux.*** (Bible version Septante)

Gn 1 : *1 Au commencement, Dieu créa les cieux et la terre.* **2** ***La terre était informe et vide*** **: il y avait des ténèbres à la surface de l'abîme**, ***et l'esprit de Dieu se mouvait au-dessus des eaux***. (Louis Segond)

Gn 1 :1 *Au commencement Dieu créa le ciel et la terre. 2* ***La terre était informe et déserte****, et l'obscurité´ couvrait les eaux ; la force agissante de Dieu se déplaçait au-dessus des eaux ;* (Monde nouveau)

**Gn 1 :**1 *Au commencement, Dieu créa le ciel et la terre.* 2 ***Or la terre était vide et vague,*** *les ténèbres couvraient l'abîme, un vent de Dieu tournoyait sur les eaux.* (Bible de Jérusalem)

Berechit 1 :*1 Au commencement, Dieu créa le ciel et la terre. 2* ***Or la terre n'était que solitude et chaos ;*** *des ténèbres couvraient la face de l'abîme, et le souffle de Dieu planait à la surface des eaux.* (La Torah)

Si en théologie, de pareils changements des termes en gras ou des phrases n'ont aucune importance, mais en cosmologie, celui-ci est lourd de conséquences. Quand on dit « *Au commencement Dieu créa le ciel et la terre* », on est en théologie, mais quand on aborde le problème du commencement de la terre au verset 2, à savoir « ***la terre était invisible et vide*** », on entre en cosmologie et, là, chaque phrase diffère l'une de l'autre selon les différentes versions biblique et torahnique. Comment aboutir à créer l'unité de langage avec la science si au sein même de la religion chacun a sa version ?

Alors que la science se cantonne autour du Big Bang, pendant plus d'une année de mes recherches, je n'arrivais pas à comprendre le point de vue de la Bible et de la Torah sur le commencement de l'Univers. Je faisais mes analyses à partir des 3 versions bibliques que la religion nous présente, à savoir Louis Segond des protestants, Jérusalem des catholiques et Monde Nouveau des Témoins de Jéhovah. Leurs divergences me compliquaient la tâche, car ce sont eux qui ont traduit la Bible du langage original en langage courant. Finalement, je me suis rabattue vers la version Louis Segond en découvrant qu'une « **terre informe et vide** » signifie tout simplement que matériellement la terre n'avait pas d'existence ou était tout simplement invisible. C'est ce que j'ai développé dans mes travaux tout en concluant que, selon la Bible et la Torah, l'univers fut au départ vide, c'est-à-dire sans aucune structure à l'intérieur. C'est dans ce vide que les structures sont apparues aux troisièmes et quatrièmes jours bibliques et torahniques, et les êtres vivants à partir du cinquième jour biblique et torahnique.

Je pourrais même dire que ce point de vue sur le commencement de l'univers a été confirmé par le savant italien Gabriele Veneziano dans le Modèle cosmologique des cordes, sans même qu'il en soit conscient, qu'il a confirmé la Bible et la Torah en disant : *« L'univers nous vient d'un vide infini. » (Cfr :* http ://www.lalibre.be/archive/qu-y-avait-il-avant-le-big-bang ; publié le 15/12/2005. **Gabriele Venezian**o, interview par Guy **DUPLAT)**.

Alors que ma synthèse selon laquelle l'univers a commencé dans le vide a été critiquée par beaucoup de croyants se réclamant du créationnisme fixisme, c'est-à-dire que Dieu a créé les choses telles qu'on les voit aujourd'hui, et que du côté de la science aussi, on me taxa de faire du concordisme, voilà que je viens de découvrir une version biblique qui vient de me donner raison.

Cette version biblique manque de vulgarisation et elle m'était complètement inconnue jusqu'à ce que je la découvre par hasard un certain 25/08/2021, c'est-à-dire après la publication de mon premier livre qui avait pour titre « La cosmologie selon les modèles bibliques et antiques ». Il s'agit de la Bible version septante ou LXX ; traduite de l'hébreu en grec en 270 ans av. J.-C. par 72 juifs dont 6 traducteurs par tribu en 72 jours. D'où le nom de la version Septante. Elle fut traduite en français en 1870 par P. GIGUET. (Cfr : https ://fr.wikipedia.org/wiki/Septante)

Dans la Bible version Septante, nous lisons ceci en ce qui concerne les deux premiers versets de la Genèse : « *Au commencement, Dieu créa le ciel et la terre.* 2 ***Or la terre était invisible et vide...*** ». Alors, quel est ce scientifique ou athée qui me dira encore que j'ai fait du concordisme quand j'ai dit que *« une terre informe et vide »* signifie matériellement que l'univers était invisible à son commencement, car il était vide ? Et que voit-on dans le vide quand il n'y a rien ? On ne voit rien à part un espace qui s'étend à l'infini. Et l'on ne représente aussi rien, à part un témoin fictif.

C'est ce qu'a confirmé scientifiquement, comme je l'ai dit, le savant italien Gabriele Veneziano en disant que *« l'Univers nous vient d'un vide infini ».* (**Gabriele Veneziano**, interview par **Guy DUPLAT sur** www.lalibre.be/qu-y-avait-il-avant-le-big-bang ; publié le 15/12/2005).

Certes, pour les croyants, l'infini, c'est Dieu. Or, étant donné que l'univers vient de Dieu et que ce dernier est éternel, n'ayant ni commencement ni fin selon la religion, donc, le savant italien Gabriele Veneziano a effectivement raison de dire que « l'univers vient de l'infini ». Toutefois, cela ne change physiquement rien ni pour la religion, ni pour la science sur la nature de l'univers à son origine.

C'est cette version Septante qui a été torpillée par d'autres traducteurs qui ne comprenaient pas ce qui pourrait signifier *« une terre invisible et vide »* à cause du mot terre. Ils se demandaient comment « une terre pourrait être invisible et vide » ? Alors, ils ont fait appel à leur propre raisonnement en remplaçant » invisible et vide » par d'autres attributs au lieu de traduire fidèlement ce qui a été écrit.

Le mot univers n'existant pas à 1500 ans av. JC, Moïse l'a tout simplement défini par « *une terre invisible et vide* » pour marquer la différence avec notre planète « Terre » qui fut créée au troisième jour biblique et torahnique et qui est visible et a une forme.

En effet, quand on parle de terre, on voit **« la matière »**, dont le mot n'existait pas aussi dans l'antiquité. Donc une terre invisible et vide voulait tout simplement dire **« une matière invisible et vide »** ou **« une matière informe »**, c'est-à-dire dont on ne peut attribuer une forme. Ce qui veut dire une matière invisible.

Au début, j'avais dit que dans le schéma biblique et torahnique de la création, les journées bibliques et torahniques sont des périodes qui peuvent aller d'une milliseconde à plus d'un milliard d'années. En effet, 2 P3 :8 dit : « *Ne savez-vous pas que pour Dieu un jour est comme mille ans* ». Comme mille ans et non égal à mille ans, donc ça peut varier. Tout est question du temps de l'accomplissement d'un idéal. C'est cet accomplissement qui est qualifié d'un jour, quel que soit le temps que cela a pris, avant qu'on passe à un autre idéal, soit à l'autre jour.

### 2.1.1. Différence entre le ciel biblique et torahnique et le ciel géographique

Gn *1 :1 « Au commencement, Dieu créa* **le ciel** *et la terre ... Ce fut le premier jour.*

***Gn 1 : 6** Dieu dit : Qu'il y ait une étendue entre les eaux, et qu'elle sépare les eaux d'avec les eaux. **7** Et Dieu fit l'étendue, et il sépara les eaux qui sont au-dessous de l'étendue d'avec les eaux qui sont au-dessus de l'étendue. Et cela fut ainsi. **8** Dieu appela l'étendue ciel... Ce fut le deuxième jour.*

La signification du mot « ciel » semble être banale, et pourtant chaque personne n'a qu'une vision incomplète de ce mot.

Le 12 avril 1961, dans le cadre du programme spatial soviétique, Youri Alekseïevitch Gagarine, pilote et cosmonaute soviétique, après avoir effectué un vol dans l'espace au cours de la mission Vostok 1, prononça une phrase qui avait beaucoup plu aux scientifiques, à savoir : « J'ai sillonné le ciel, mais je n'ai pas vu Dieu ». Et, pourtant, les chrétiens prient « Notre Père (Dieu) qui est aux cieux ». Est-ce le même ciel ?

Pour éclaircir cette question, nous avons fait appel à notre connaissance élémentaire de la cosmologie et du Principe de la création du Dr. Sun Myung Moon. Le mot ciel, nous le retrouvons d'abord dans la première phrase biblique et torahnique où on lit : « Au commencement, Dieu créa le ciel et la terre ».

J'avais dit que les cieux auxquels il fait allusion dans le verset « Au commencement Dieu créa les cieux et la terre » sont le monde spirituel, tout comme « la terre » dans ce même verset représente le monde physique, défini par « une terre informe et vide », c'est-à-dire l'Univers. Donc, « Dieu créa les cieux et la terre » selon la Bible et la Torah veut dire « Dieu créa la sphère spirituelle et la sphère physique ». C'est dans ces cieux ou ciel, irréels pour la science, que toutes les religions situent les entités spirituelles invisibles : Dieu, les anges, les esprits errants, les paradis, l'enfer, le royaume des cieux.

Mais toujours dans le schéma de la création biblique et torahnique, si nous descendons un peu vers le bas (Gn 1 :6-8), on nous parle de « *la séparation des eaux d'avec les eaux* » ou big-bang selon les termes scientifiques. Après le Big Bang ou au Big Bang, l'univers était entré dans une phase expansive appelée par la Bible et la Torah étendue. Et la Bible et la Torah disent, c'est cette étendue qu'on appelle « ciel ». Là, maintenant, on est en face du ciel physique. Eux-mêmes, les scientifiques le confirment en parlant du début de l'espace-temps. C'est différent du ciel spirituel qui est mentionné dans le premier verset au premier jour, à savoir : « Au commencement, Dieu créa le ciel ».

Le ciel physique qui est mentionné au huitième verset du second jour, à savoir : *« Dieu appela l'étendue ciel »* est le ciel géographique. Il s'agit de l'espace vide visible par nos sens. Ce vide qui me sépare de l'autre, qui me permet de me mouvoir, ce vide qui contient tout ce qui se trouve dans l'univers. Le vrai terme du ciel physique, c'est le vide ou l'espace. Si nous les combinons, ça devient le vide spatial. Ainsi, Gagarine n'a pas sillonné le ciel, mais plutôt le vide spatial. Et, dans le vide spatial, on ne peut voir ni Dieu, ni les anges, ni les esprits errants.

Ainsi, la science doit laisser les mots « ciel ou cieux » aux religieux. Les religieux aussi doivent comprendre que les mots ciel et cieux n'ont rien à voir avec le vide spatial, ni avec le ciel bleu que nous voyons au-dessus de nos têtes. Il s'agit plutôt de la sphère spirituelle, auquel nos sens physiques ne peuvent ni voir, ni palper.

En conclusion, quand la Bible et la Torah et tous les livres sacrés parlent des « cieux ou ciel », ils se réfèrent à la sphère spirituelle, irréelle pour la science. Quand la littérature générale et la science parlent du ciel, elles se réfèrent au vide spatial ou au ciel géographique.

Beaucoup de croyants me posent la question : qu'est-ce que les astronomes cherchent là au ciel ? Je leur réponds : ils ne font pas des recherches au ciel, qui est un domaine spirituel. Leurs recherches se limitent dans le vide spatial. Certains scientifiques aussi me posent la question : nous sillonnons le ciel, mais nous ne voyons ni vos dieux, ni vos anges. Et je leur réponds : vous ne sillonnez pas le ciel, car ça fait partie du domaine spirituel. Vous sillonnez le vide spatial qui est physique, et là, on ne peut voir des êtres spirituels.

Ainsi, dans l'Astrothéologie, le ciel et le vide spatial sont deux mots différents. Le ciel, ça se réfère au domaine spirituel, invisible à nos sens, tandis que le vide spatial ou l'espace se réfère au monde physique perceptible par nos sens. Ainsi, nos avions et autres engins ne volent pas dans le ciel, mais dans l'espace. À la question de savoir le ciel, c'est où ? C'est l'espace spirituel qui contient et englobe l'espace physique.

2.1.2. Contenu d'une » terre informe et vide »

Ge *1 :1-2 « Au commencement, Dieu créa le ciel et la terre. La terre était informe et vide. »*

Nous avons dit qu'au commencement de l'Univers, il n'y avait qu'un vide, comme le dit la Bible et la Torah : « *La terre (Univers) était informe et vide* ». Mais qu'est-ce qui nous dit qu'on était en face des deux sphères où l'on pouvait faire la distinction entre la sphère spirituelle (les cieux) et la sphère matérielle (l'univers), d'autant qu'ils étaient pour un observateur fictif visiblement vides ? Et comment ce vide est-il rempli aujourd'hui des structures physiques ?

Les réponses nous viennent de la science, et cela à travers la physique quantique. En parlant d'une « terre sans forme et vide », donc matériellement inexistante, les physiciens ont constaté que le vide est rempli d'énergies physiques qui peuvent être virtuelles ou élémentaires. Virtuelles parce qu'ils sont impossibles à détecter. Là, c'est la réponse à la première question qui permettait de distinguer entre les cieux (spirituels) et la " terre informe et vide". Dans les cieux (spirituels), on retrouve des particules spirituelles qui ne peuvent pas être détectées physiquement. Or, à travers le rayonnement ou la projection divine, il s'est formé une sphère où ces particules sont devenues denses par rapport aux éléments spirituels, devenant ce qu'on appelle les particules virtuelles, contenues dans une terre informe et vide ou l'Univers à son début.

Pour le physicien et le philosophe français Étienne Klein, « *le vide n'est pas le néant, mais plutôt une sorte de prologue de la matière : pour peu qu'on lui donne de l'énergie, il est capable de produire des particules qu'en fait il contenait déjà, mais sous une forme larvée, virtuelle, seulement potentielle.* » (Cfr : Klein, Étienne, *Les secrets de la matière*, éd. Plon, Paris 2008, p.66).

À travers cette citation, à savoir en donnant de l'énergie aux particules contenues dans le vide, Moïse dans la Bible et la Torah l'a mentionné par le verset « *Un vent de Dieu* (énergie*) se mouvait au-dessus des eaux* (particules) ». Ceci dans l'avant Big Bang.

La seconde question était : comment ce vide est rempli aujourd'hui de structures physiques ? Cette question peut aussi se formuler comme ceci : « Comment pouvons-nous imaginer le début de l'Univers ? » Comme je l'ai dit, la réponse nous vient de la science dans la mécanique quantique. Mais nous avons préféré le développement du physicien chimiste **Ilya Prigogine** qui a écrit **dans le " Temps à devenir " :**

« Un *aspect essentiel est le passage de particules virtuelles à des particules réelles. Les particules virtuelles sont des particules qui se créent par paires, qui vivent un certain temps et puis se recombinent par suite du principe d'incertitude de Heisenberg. Les particules réelles, au contraire, ne doivent plus se recombiner ; elles ne sont plus tenues par un fil l'une à l'autre. Donc la création de l'Univers, la création de la matière telle que nous la connaissons, correspond avant tout à une création de possibilités, créant à la fois des phénomènes désordonnés et des phénomènes hautement organisés.* »

*(Cfr :* http ://www.matierevolution.fr/spip.php ?article38**Le vide, ... pas si vide, le**23/06/2010, par Robert Paris).

Pour les croyants, dans cette citation, le mot désordonné n'est pas propice au cas où cela contribue aux paramètres qui font que la vie soit possible sur une partie de l'Univers selon le principe anthropique.

Le vide étant donc plein de particules virtuelles, on comprend alors que le réel n'est autre phénomène qu'une transformation s'exerçant sur ces particules virtuelles par des processus qui sont encore à l'étude dans la mécanique quantique. Ainsi, à ce jour, aucun astrophysicien ne peut plus me contredire quand je dis que la physique quantique fait partie de la physique de la création.

En conclusion, nous pouvons dire qu'au tout début du cosmos, selon le langage biblique et torahnique, les cieux représentaient la sphère spirituelle et la terre informe et vide, la sphère physique ou l'univers. Si la sphère spirituelle est et reste invisible, la sphère physique était plutôt vide. La différence fut que la sphère spirituelle ou les cieux était constituée par des particules spirituelles, alors que la sphère physique (univers) ou une terre informe et vide était constituée par des particules physiques.

2.1.3. L'abime ou L'effondrement gravitationnel dans le vide

Gn 1 :2 *« Il y avait des ténèbres à la surface de l'abime » - « et l'esprit de Dieu se mouvait au-dessus des eaux »*. (Louis Segond)

En astronomie, un effondrement gravitationnel est une contraction soit de l'énergie, soit des particules, soit des matières sous l'effet de leur propre attraction gravitationnelle. Ayant acquis une surcharge dans l'espace, le corps s'effondre sur lui-même, en déformant le tissu de l'espace-temps, créant parfois un abîme.

Après une « terre invisible et vide », on nous dit qu'il y eut ***« des ténèbres à la surface de l'abime »*** (Gen 1 :2). Cette citation fait basculer le schéma de la création biblique et torahnique de la cosmogonie à la cosmologie. Par abime, on sous-entend un trou, mais pourquoi le savant Moïse a utilisé le mot « abime » ? Selon le glossaire biblique et torahnique, « *un abime est un trou dont on ne peut voir le fond et où il y a des phénomènes mystérieux (inconnus) qui se déroulent à l'intérieur, et que c'est une zone de non-retour une fois franchie* ».

Cette définition m'avait beaucoup surpris, car cela correspondait à la description des trous noirs qu'on découvre dans l'univers.

En effet, quand le savant John Wheeler en 1967 a fait des recherches sur les abîmes célestes, il les a surnommés des « trous noirs ». Et les trous noirs répondent effectivement à la définition d'abime. Cette fois-ci, c'est la science qui a manqué un nom pour désigner ces structures, tout comme la Bible et la Torah ont manqué le mot pour désigner « l'univers primitif » et à parler d'une « terre informe et vide ».

J'avais dit que le premier jour biblique et torahnique fait partie de l'avant-Big Bang. Or, tous les savants qui ont raisonné sur l'avant Big Bang ont parlé soit d'un effondrement (abime) comme le savant italien Gabriele Veneziano, soit d'un trou noir (abime)

comme le savant britannique Roger Penrose. Certains, comme le physicien français J.P. Luminet, ont émis l'hypothèse que l'univers serait issu d'un trou de verre qui est la sortie du trou noir. Et les récentes études faites à l'Institut Perimeter du Canada infirment qu'il y avait un trou noir avant qu'on aboutisse au Big Bang.

Ils ont tous, en fait, sans exception, confirmé le verset biblique et torahnique : « *Il y avait des ténèbres à la surface de l'abîme* », c'est-à-dire l'existence d'un trou noir ou d'une masse qui a creusé l'espace-temps. Et les ténèbres, c'est ce qui caractérise aussi les surfaces ou l'horizon des trous noirs. Comment était créé ce trou noir ou cet effondrement gravitationnel à l'avant Big Bang ? C'est ce que nous allons voir.

2.1.4. Des particules virtuelles aux particules réelles

Gn 1 :2 *« Un vent de Dieu tournoyait sur les eaux »*. (Bible de Jérusalem)

*Collision et fusion des particules par la gravitation*
(énergie du vide ou un vent de Dieu)

Nous avons dit, selon la Bible et la Torah, que le commencement de l'univers a été défini comme une *« terre invisible et vide »*, démontrant qu'il n'y avait rien. Dans le point suivant, on nous dit qu'un « *vent de Dieu se mouvait sur les eaux* ». Comment peut-il y avoir de l'eau dans un univers vide et invisible pour un témoin fictif ? Par-là, nous comprenons que même les eaux dont on parle ici devraient être aussi quelque chose d'invisible.

En effet, d'où est venue la matière qualifiée de l'eau dans un univers invisible et vide ? Les savants ont découvert que dans le vide même le plus complet, il y a de l'énergie. Et le langage ancien pour désigner l'énergie était l'esprit. Philosophiquement, une énergie active ou positive est qualifiée de Yang, tandis qu'une énergie passive est le symbole de la négativité ou Yin. Scientifiquement, on parle des particules virtuelles, formant des particules et des antiparticules. Le tout formant ce qu'on appelle en religion l'esprit de Dieu (V. Louis Segond) ou un vent de Dieu (V. Jérusalem).

Quand on dit esprit ou vent tournoyant ou se mouvant, on découvre qu'on est en face d'un phénomène physique et dynamique dont l'auteur l'a attribué à la puissance divine. Mais cela ne change pas de nature si la science la qualifie de l'attraction gravitationnelle. Dans une attraction gravitationnelle, on voit les corps se rapprocher ou se fusionner, mais on ne voit pas la force qui les fait rapprocher. C'est ainsi que Moïse a qualifié cette force de l'esprit divin ou un vent de Dieu, c'est-à-dire l'attribuant à Dieu. Mais ce fut un phénomène physique.

Selon les expériences du CERN au Laboratoire de la physique nucléaire (LHC en Suisse), la compression de l'énergie crée la matière. Et, dans un univers informe et vide, il n'y avait que de l'énergie dont la compression se manifestait parfois sous forme de particules virtuelles et qui s'entrecroisait selon le principe d'incertitude. Leur compression selon la phrase biblique et torahnique « *un vent de Dieu se mouvant sur les eaux* » les a transformées des particules virtuelles aux particules réelles.

Noter que la création des particules virtuelles à partir de l'énergie et son évolution en particule réelle sont encore à l'étude. Donc, ce que je présente fait encore partie des hypothèses. Mais bibliquement, tous ces processus étaient décrits dans le verset : « *Un vent ou un esprit de Dieu se mouvait sur les eaux* ».

Donc, la phrase biblique et torahnique qui décrivait ce qui

s'est passé dans une terre invisible et vide est la suivante : « Un vent ou un esprit de Dieu se mouvait sur les eaux ». Pour son développement scientifique, nous nous sommes référés à la théorie des cordes de Gabriele Veneziano qui s'articule ainsi : *« À l'origine, l'univers était toujours vide. Dans ce vide, la gravité a fini par prendre le dessus et la matière (les particules) a commencé par s'agglomérer. La densité de la matière est telle dans certaines régions qu'elle forme un trou noir incroyablement massif, dont l'intérieur connait un processus d'expansion »*. (Cfr : LES SECRESTS DE L'ESPACE « HORS-SERIE » N° 7 ; Les mystères de l'Univers, p.13).

Voilà comment s'est formé l'abîme, auquel il est écrit : *« Il y avait les ténèbres dans la surface de l'abîme »*. Et c'est dans cet abîme que les processus ayant conduit les particules virtuelles aux particules réelles ont eu lieu.

En conclusion, *« un vent de Dieu se tournoyant dans les eaux »* était l'attraction gravitationnelle qui s'exerçait sur les particules virtuelles, jusqu'à culminer sur les particules réelles.

# Section 3
# La première lumière

Ge 1 : 3 *Dieu dit : Que la lumière soit ! Et la lumière fut.*

## 3.1. Les rayonnements célestes

J'introduis ce point pour mes lecteurs pour leur faire comprendre les différents rayonnements en provenance du ciel profond appelés rayons X et que ces derniers ne sont pas à confondre avec le rayonnement fossile appelé fonds diffus cosmologique.

Les rayons X ou rayons cosmiques ou fonds cosmique de rayons X proviennent souvent des étoiles, des galaxies, ainsi que dans des régions du cosmos où règnent des conditions extrêmes, très chaudes ou envahies par des champs magnétiques, tels que les trous noirs. La majorité est absorbée par notre atmosphère qui nous sert de boucliers protecteurs. Voilà pourquoi, plus qu'on se lève dans l'espace, sans protection, plus qu'on court le danger d'être bombardé par ces rayons qui traversent le corps sans même qu'on s'en rende compte.

Le fond diffus cosmologique ou rayonnement fossile, par contre, est dû au rayonnement qui emplit l'espace tout entier et n'est pas associé à un corps précis. Alors que les scientifiques n'ont pas encore découvert sa source, je leur informe que ce rayon est attribué à la première lumière citée dans la Bible et la Torah à travers la phrase : *« Dieu dit que la lumière soit ! Et la lumière fut »*. (Ge 1 :3-4).

### 3.1.1. Le rayonnement fossile

Ge 1 : 3 *Dieu dit : Que la lumière soit ! Et la lumière fut. 4 Dieu vit que la lumière était bonne ; et Dieu sépara la lumière d'avec les ténèbres. 5 Dieu appela la lumière jour.*

D'après plusieurs sources scientifiques, le rayonnement fossile appelé aussi fond diffus cosmologique est un rayonnement qui se retrouve dans toutes les directions du ciel. Il est interprété par la science comme étant un reliquat de la période d'intense chaleur qu'a connue l'Univers, 380.000 ans après le Big Bang.

L'extension de son rayonnement constitue à ce jour la limite de l'Univers observable. Il est lié à la période où l'Univers est devenu d'un seul coup transparent, soit 380 000 ans après le Big Bang. Il correspond donc exactement à la distance maximum depuis la Terre jusqu'à l'horizon cosmologique ; nom qui désigne la frontière de l'Univers observable.

En effet, ce rayonnement dont la température est uniforme à toutes les galaxies fut considéré comme étant la première preuve que le big-bang avait lieu et qu'au départ, l'univers était condensé et toutes les extrêmes avaient bénéficié d'une même température. Or, la Bible et la Torah, en parlant d'un *« vent de Dieu se mouvant sur les eaux »*, voulaient dire que pendant la déflation cosmique, la matière s'était rassemblée par ce que nous appelons la Force Première Universelle (énergie première), dont la science parle de super-force. Et comme résultat ou conséquence, les éléments se chauffèrent à l'extrême jusqu'à atteindre un point où ils émirent la première lumière qualifiée par la phrase biblique et torahnique : *« Dieu dit que la lumière soit et la lumière fut »* (Ge 1 :3) et cela avant le Big Bang.

Continuant son cycle de condensation et après avoir atteint une condensation extrême, ladite lumière ne put s'échapper comme dans un trou noir.

Après le Big Bang, comme je l'ai déjà dit, pour la science, il s'est de nouveau suivi une période d'obscurité, jusqu'à ce que la gravitation ait commencé de nouveau à fusionner les éléments et la lumière s'est mise à apparaître 380 000 ans plus tard. Les scientifiques surnommèrent cela le rayonnement fossile ou le fonds diffus cosmologique.

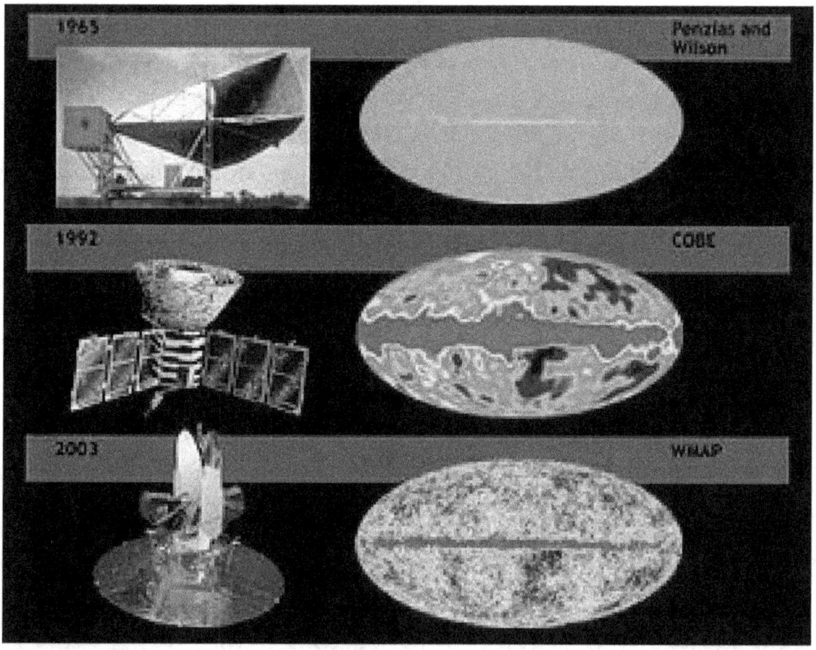


*Le fond diffus cosmologique, découvert en* 1965 *est le témoin le plus direct du Big-bang. Depuis, ses fluctuations ont été étudiées par les sondes spatiales* COBE *(*1992*),* WMAP *(*2003*) et* Planck *(*2009*). Article détaillé : WIKIPEDIA ;* Fond diffus cosmologique

Lisons quelques commentaires des savants et les nôtres sur l'interprétation du fond diffus cosmologique, issu de « la lumière soit et la lumière fut ».

### *3.1.1.1. Commentaire scientifique :*

Les images ci-dessus sont interprétées scientifiquement de la manière suivante :

*« Opérationnel depuis 1992, le satellite américain COBE (Cosmic Background Explorer), permet de dresser la cartographie du rayonnement de fond du ciel émis dans le domaine des micro-ondes, telle que représentée sur cette image. Prédis en 1948 par le physicien américain d'origine russe George Gamow et détecté en 1965 par les astrophysiciens américains Arno Penzias et Robert Wilson, le fond diffus cosmologique est* ***interprété*** *comme trace et preuve que*

*l'Univers primordial a connu une phase très dense et très chaude. Selon la théorie du Big-bang, ce rayonnement de micro-ondes à 3 K est un résidu de l'énergie régnant au moment de la formation des premiers atomes stables de l'Univers (découplage matière-rayonnement) — soit environ 300 000 ans après l'explosion primordiale. Ce fait d'observation constitue aujourd'hui l'un des piliers de la théorie du Big-bang, modèle théorique le plus vraisemblable pour décrire l'évolution de l'Univers. Sur l'image, les variations relatives de température (couleur rouge pour les plus chaudes, couleur bleue pour les plus froides) sont interprétées en termes de variation de densité de l'Univers primordial. Ces inhomogénéités de densité seraient à l'origine de la formation des galaxies observées aujourd'hui.* » (Cfr : Théorie du Big-bang : encarta© *Microsoft Corporation. Tous droits réservés)*

#### *3.1.1.2. Notre commentaire*

Pour nous, en analysant ces images, nous pouvons dire que nous interprétons le fond diffus cosmologique comme trace et preuve que l'Univers primordial a connu une phase très dense et très chaude.

En effet, selon le Modèle Cosmologique Universel, ce rayonnement de micro-ondes à 3 K est un résidu de l'énergie qui a régné avant le Big-bang (Dieu dit que : *« la lumière soit et la lumière fut »*) ; témoignant de la température extrême qu'avait acquise la masse « des eaux bibliques et torahniques » juste avant son explosion (Big-bang) ou son expansion (Ge 1 :2-3).

Certains savants et non pas les moindres, notamment Marc Kamionkowski, Adrienne Erickcek et Sean Carroll, ont émis un autre son de cloche par rapport à leurs collègues scientifiques, confirmant notre commentaire concernant l'interprétation de cette image. Lisons leur commentaire concernant la deuxième image :

*« Les observations de WMap indiquent qu'en moyenne, l'une des moitiés de la sphère céleste présente des fluctuations thermiques plus importantes que dans l'autre hémisphère... Il pourrait s'agir d'une fenêtre sur ce qui s'est passé non pas seulement pendant l'inflation mais même... avant le Big-bang ». (Cf : Futura-sciences.fr,* La bizarre asymétrie du rayonnement fossile : une énigme résolue ? Le 02/01/2009 par Laurent Sacco).

Avant eux, d'autres savants avaient aussi émis le même raisonnement. C'est le cas de cet article tiré dans futurascience :

« *Vers les années 1960, au moment de la découverte du rayonnement fossile, Robert Dicke et James Peebles, parmi d'autres pionniers de la cosmologie de l'époque, envisageaient notamment que les atomes d'hydrogène et d'hélium initiaux provenaient, peut-être, d'une phase antérieure de contraction de l'Univers observable (qui serait donc cyclique), et qui avait dissocié noyaux et électrons à hautes températures, avant que ne s'enclenche une nouvelle phase d'expansion, celle que nous observons* ». (Cf : Futura-sciences.fr, Premières étoiles de l'Univers : des signaux enfin détectés ! Le 02/03/2018, Laurent Sacco).

Comme on le voit, selon le modèle standard, avant le Big Bang, l'espace et le temps n'existaient pas, puis « boum ! », une masse chaude explose comme étant le début de l'Univers. Et, 380 000 ans plus tard, la lumière apparut connue sous le nom de rayonnement fossile (photo et commentaires ci-haut).

Dans le schéma de la création biblique et torahnique, par contre, restitué scientifiquement dans le Modèle Cosmologique Universel, il y a eu l'espace et le temps avant le Big Bang, même si c'est non quantifiable pour le moment. Cette première lumière a clôturé le premier jour de la création avant le Big Bang, même si elle s'est d'abord dissipée après les premiers instants du Big Bang. Donc, jusque-là, nous ne contredisons en rien la science.

En plus, si les savants l'ont découvert, c'est parce que Dieu, à travers Moïse, a dévoilé son caractère éternel en l'appelant « Jour » (Ge 1 : 5) pour démontrer que ça restera désormais attaché comme sceau à l'Univers, quelles que soient les fluctuations. D'où sa réapparition 380 000 ans plus tard après le Big Bang jusqu'à ce jour.

Donc, George Gamow ne l'a pas prédit, il l'a tout simplement rappelé, même s'il était ignorant de la Bible et de la Torah. C'est la même chose aujourd'hui, où mes raisonnements dans la chambre dans un pays d'Afrique où la cosmologie est inconnue m'amènent aux découvertes de ceux qui utilisent les mathématiques et les appareils. Je ne peux pas revendiquer ces découvertes personnelles comme mienne et je suis amené à utiliser leurs citations, car offrant plus de crédit.

Créer un Univers en soi dans sa chambre fait partie du quotidien de tous les astrophysiciens, comme nous pouvons le lire dans cette citation : « *Pour fonder sa théorie de la relativité, Einstein a proposé de se promener (seulement par la pensée, bien entendu) en accompagnant un photon lumineux.* » *(Cf :* http ://www.matierevolution.fr/spip.php ? article38**Le vide, ... pas si vide, le**23/06/2010, par Robert Paris).

À ce jour, toutes les expériences faites dans les grands laboratoires et les observations sur l'Univers ne font que confirmer sa théorie. Le problème pour nous dans les pays sous-développés est que quand on découvre quelque chose, même dans ces pensées, on ne sait pas comment les expérimenter, les répandre ou les publier.

Quand on va dans une revue universitaire, au lieu de s'intéresser à votre article ou découverte, il vous demande vos titres universitaires et vous rejette si vous n'êtes ni assistant, ni chef des travaux, ni professeur. Ceci crée le blocage des chercheurs autodidactes, attendez, par-là, le blocage des solutions à certains problèmes de l'humanité.

S'il s'avère que la science confirme ma prédiction selon laquelle le fond diffus cosmologique est la lumière d'avant Big-bang, auquel il est dit : « *Dieu dit que la lumière soit, et la lumière fut* ! », cela signifiera que certaines particules, voire éléments appelés « eaux » par Moïse ont été bel et bien formées avant le Big-bang, comme l'ont affirmé *Robert Dicke et James Peebles* au moment de la découverte du fond diffus cosmologique, à savoir :

« *Les atomes d'hydrogène et d'hélium initiaux provenaient, peut-être, d'une phase antérieure de contraction de l'Univers observable (qui serait donc cyclique), et qui avait dissocié noyaux et électrons à hautes températures, avant que ne s'enclenche une nouvelle phase d'expansion, celle que nous observons* ». (Cf : Futura-sciences.fr, Premières étoiles de l'Univers : des signaux enfin détectés ! Le 02/03/2018, Laurent Sacco).

Par conséquent, l'étude de ces fins rayons nous dévoilera beaucoup des codes de l'univers primitif sur l'avant Big-bang, et ceci marquera un grand pas pour le champ de Moïse comme étant la recherche des preuves d'avant Big-bang.

Comme nous l'avons déjà dit, tout rayonnement transporte le message de sa source émettrice. Or, dans les versets « *l'énergie divine (un vent de Dieu) se mouvant sur la matière (eaux) et la lumière apparut* » (Ge 1 :2-3), celle-ci devrait apporter les informations non seulement sur cette matière, mais aussi sur les énergies qui étaient en cause.

Aujourd'hui, selon plusieurs sources scientifiques, l'éclat issu du Big Bang a été immensément dilué par l'expansion de l'Univers. Pour les scientifiques, si l'on enlève la contribution des étoiles et des galaxies lointaines, le fond du ciel deviendra extrêmement sombre, mais il subsistera cependant un rayonnement résiduel, invisible à l'œil nu : c'est le rayonnement fossile. Voilà parmi les multiples raisons, ce qui prouve que ce rayonnement est la lumière dont la Bible et la Torah parlent. Mais comme je l'ai dit, c'est à la science de confirmer cela.

Comment les savants eux-mêmes expliquent la période sombre qui a suivi le Big-bang jusqu'à la réapparition pour nous, 380 000 ans plus tard, de cette première lumière que deviendra le rayonnement fossile ou fond diffus cosmologique ? Les éléments de la réponse, nous les tirons dans le documentaire scientifique **« Et la lumière fut : ou l'histoire du Big-bang » ;** conférence tenue par le Français Jean-Pierre MARTIN, physicien nucléaire et astronome (www.Planetastronomy.com) à travers les propos suivants :

– Une densité incroyable de la matière s'est retrouvée en un point (Ge 1 :2) ;

– La température est énorme (Ge 1 :5) ;

– La densité d'énergie est si grande que la matière qui essaye de se créer est détruite aussitôt par le rayonnement ;

– Il n'y a pas de lumière et les photons ne peuvent s'échapper, tellement l'univers était devenu opaque.

Et comme conclusion, le conférencier a dit : « *Ce n'est qu'une position confirmée par les faits aujourd'hui, mais qui peut être remise en question demain* ».

Dans les commentaires ci-dessus, empêché par « *l'opacité de l'Univers* », cela ne veut pas dire qu'il n'y avait pas encore la lumière.

### 3.1.2. Le fonds diffus cosmologique ; un reliquat de l'avant big-bang

Le fonds diffus cosmologique, appelé aussi le rayonnement fossile, est la première lumière qui est apparue dans l'univers. Pourquoi les fluctuations de cette lumière emplissant tout l'univers sont devenues les témoins de son origine, que ça soit pour les partisans de l'univers d'avant Big Bang et ceux d'après Big Bang ? Y a-t-il une similitude entre cette lumière qui est apparue 380.000 ans après le Big Bang et la lumière qui est évoquée dans la Bible et la Torah dans le verset *« Dieu dit que la lumière soit et la lumière fut ? »* (Gen 1 :3).

Nous avons dit que tous les phénomènes rapportés dans le premier jour biblique et torahnique ont eu lieu dans l'avant Big Bang. Les études scientifiques, par contre, ont démontré que la première lumière appelée fonds diffus cosmologique est apparue dans l'après Big Bang. Il faut noter que ce sont les propriétés de cette lumière qui sont venues confirmer le Big Bang. Le reliquat de cette lumière emplit jusqu'à ce jour l'univers avec un rayonnement électromagnétique très homogène observé dans toutes les directions du ciel.

Cette première lumière n'est pas issue d'un astre, mais d'une grande chaleur et sa température diminue au fur et à mesure que l'univers prend de l'expansion. Quel est cet évènement qui a su produire cette grande chaleur après le Big Bang, à part le Big Bang lui-même ? Aucun. C'est pour dire que l'explication que les scientifiques proposent concernant l'origine de cette lumière est un tâtonnement, car cette lumière n'est pas apparue 380.000 ans après le Big Bang, mais nous disons qu'elle était plutôt réapparue. C'est pour dire que son origine remonte à l'avant Big Bang et serait effectivement le « cri de Dieu », selon l'expression du physicien américain Robert A. *Millikan* qui ne savait pas qu'il avait prédit quelque chose de vrai.

En effet, le premier cri de Dieu mentionné dans la Bible est effectivement *« Dieu dit : que la lumière soit et la lumière fut »*. Le physicien américain Robert A. *Millikan* qualifiait le rayonnement fossile de premier cri de l'Univers. Il croyait (et ce, jusqu'à la fin de sa vie) que le rayonnement cosmique était constitué de lumière, d'où le terme rayonnement.

(Cfr :https://www.refletsdelaphysique.fr/articles/refdp/pdf/2013/01/refdp201332p8.pdf)

Mais est-ce que cette lumière est réellement apparue par un cri magique de Dieu ? Non. L'expression « Dieu dit » veut dire que cela faisait partie du schéma de l'univers dont l'auteur, qui est le savant Moïse, a attribué sa création à Dieu. Ainsi, toutes les brisures des symétries ont eu pour expression « Dieu dit », alors que la science parle du « hasard ou de la force de la nature ».

D'ailleurs, même les astrophysiciens ne parlent pas souvent de l'origine du fonds diffus cosmologique, mais plutôt de son apparition 380.000 ans après le Big Bang. Cette lumière était la conséquence physique du verset biblique et torahnique qui dit : « *La terre était informe et vide : il y avait des ténèbres à la surface de l'abîme, et l'esprit de Dieu se mouvait au-dessus des eaux* » (Gen 1 :2). L'explication scientifique de ce verset nous la retrouvons dans la théorie des cordes du savant Gabriele Veneziano qui s'annonce ainsi : *« L'univers a commencé dans un vide infini (la terre était informe et vide, selon la Bible et la Torah). Et, au cours de son évolution, les forces de la nature (un esprit de Dieu selon la Bible et la Torah) ont fusionné les particules (eaux selon la Bible et la Torah), jusqu'à aboutir à un effondrement gravitationnel devenant un trou noir (un abîme selon la Bible et la Torah) ». (Cfr :* https://www.pourlascience.fr/sd/cosmologie/l-univers-avant-le-Big Bang-2971.php

Tous les scientifiques savent que la contraction de gaz dans l'espace produit la chaleur et finit par émettre la lumière. C'est ce que le savant Gabriele Veneziano a omis de mentionner dans sa théorie, alors que Moïse l'a mentionné dans la Bible et la Torah par le verset *« Dieu dit que la lumière soit et la lumière fut »*, démontrant le grand réchauffement durant les processus de contraction des particules qui a fait jaillir la lumière. Ces processus de contraction et de réchauffement ont continué jusqu'à ce que même la lumière fut confinée dans l'univers condensé comme dans un trou noir. Elle ne réapparaitra que 380.000 ans plus tard quand l'univers a pris de nouveau de l'expansion et les scientifiques l'ont qualifiée du fonds diffus cosmologique.

Tel est l'origine de ce rayonnement fossile ou de la première lumière que les savants américains Penzias et Wilson ont découvert en 1964.

3.1.3. Commentaires proches du Modèle Biblique et torahnique

Les commentaires ci-dessous sont proches du modèle biblique et torahnique qui ont clôturé l'ère moins un de l'Univers par l'apparition de la lumière suivie directement du Big Bang ou de la séparation des eaux d'avec les eaux selon la Bible et la Torah. Lisons :

***Ge 1 : 3*** *Dieu dit : Que la lumière soit ! Et la lumière fut... Ce fut le premier jour.* ***6*** *Dieu dit : Qu'il y ait une étendue entre les eaux, et qu'elle sépare les eaux d'avec les eaux.*

Dans le documentaire scientifique **« L'Univers – Les mystères du Big Bang »**, écrit par Laura Verkland Armstrong, nous avons noté les propos suivants : *« 380 000 ans après le Big Bang, le nuage s'est levé pour nous permettre de voir les structures. » Mais nous pensons que ces structures ont été créées dans la fraction de seconde qui a suivi le Big Bang".*

Autres commentaires scientifiques qui l'appuient :

*« Ce signal aurait été émis 380 000 ans après le Big-bang, lorsque la température du rayonnement a été trop basse pour pouvoir ioniser l'atome d'hydrogène, l'on dit alors que le rayonnement s'est découplé de la matière. Dorochkevitch et Novikov se basèrent sur le fait que le rayonnement était en équilibre thermodynamique avec la matière avant le découplage, et l'expansion a étiré le spectre. Ils en conclurent que le rayonnement fossile devait avoir un spectre de corps noir ».* (Cf : Techno-Science.net. Par Bongo, le 23/03/2014).

La science dans le modèle standard a appris à ne parler que de l'après Big Bang comme du commencement de tout. Voilà pourquoi dans le documentaire scientifique **« L'Univers – Les mystères du Big-bang »**, écrit par Laura Verkland Armstrong, l'orateur a mentionné « *de la fraction de seconde qui a suivi le Big Bang* ». Tous les savants savent que ceux qui parlent de l'avant Big Bang s'attirent la foudre du monde scientifique, car on ne sait le démontrer scientifiquement. Ainsi, si les scientifiques ne savaient pas où mettre la frontière sur l'apparition du rayonnement fossile, Moïse l'avait fait.

En plus, eux-mêmes, les savants ont rejeté la phrase biblique et torahnique « Dieu dit », car, disent-ils, dans cette phrase, les notions d'espace et de temps n'existent pas. Et maintenant, pour l'avant Big-bang ou le Big-bang, en disant que l'espace et le temps n'étaient pas séparés, ils viennent de retomber sans le savoir dans cette phrase de « Dieu dit » confirmant le verset décrivant le Big-bang : « *Dieu dit : qu'il y ait une étendue* (expansion*) entre les eaux, et qu'elle sépare les eaux d'avec les eaux* » (Ge 1 :6).

Toutefois, pour nous, dès qu'une chose se forme, le temps commence déjà à compter et la masse qu'a connue le Big Bang n'est pas apparue d'une manière spontanée, atteignant une densité opaque au même moment et « Boum ! ».

Pour cette période évolutive d'après Big Bang, en passant par la formation de la première génération d'étoiles, jusqu'à l'aboutissement de ce que Dieu attendait, c'est-à-dire la formation des galaxies selon le principe anthropique, Moïse dut le contenir entre un « soir et un matin ».

Enfin, dans mes recherches, je suis tombé sur les propos d'un savant français qui confirment à 100 % ce que je dis sur l'apparition du rayonnement fossile avant le Big Bang. Il s'agit de l'astronome Jean Heidmann. Ces propos furent tirés lors de l'émission réalisée le 06/06/1979 par TF1 (**Collection : À la poursuite des étoiles**). Écoutons sa réponse à propos du rayonnement fossile :

*« Et ce rayonnement qui est observé actuellement sous forme d'ondes radio, de quelques centimètres de longueur d'onde, s'interprète tout à fait naturellement dans le cadre de la théorie du Big-bang comme étant* ***le reliquat, la relique du rayonnement à très haute température qui existait quand l'Univers était très condensé et très chaud****. Donc on imagine, qu'au début, il y a une quinzaine de milliards d'années, l'Univers était très chaud parce que très condensé donc il était bourré d'un rayonnement encore plus fort ».* Et, la lumière est réapparue selon notre conclusion.

Pour moi, ces propos, découverts un certain 30/01/2018, closent et ouvrent le débat si le rayonnement est une lumière d'avant ou d'après Big Bang. L'astronome Jean Heidmann, dont je ne sais pas si j'interprète ces propos de travers, nous montre que c'est un rayonnement qui vient de l'avant Big-bang, confirmant la phrase biblique et torahnique *« Dieu dit que la lumière soit, Et, la lumière fut* », avant la « séparation des eaux d'avec les eaux » ou Big-bang.

Ainsi, le schéma décrit par Moïse dans la Bible et la Torah fait de lui le savant des savants, car le meilleur que les gens peuvent accepter, même les non croyants, tel que restitué scientifiquement dans ce livre, schéma baptisé le « Modèle Cosmologique Universel ». Le schéma biblique et torahnique de la création devient ainsi et il était déjà le schéma par excellence en cosmologie. Tous les croyants devraient applaudir cela, car notre Père céleste, Dieu, vient de récupérer sa place de Créateur et de propriétaire de l'univers dans les cœurs des gens.

# Section 4
# Le rayonnement fossile est biblique et torahnique

## 4.1. La détection de la lumière d'avant Big-bang

« *...Dieu dit : Que la* ***lumière*** *soit ! Et la* ***lumière*** *fut » (Ge 1 :3)*
Comme je l'ai dit, le rayonnement fossile est cette lumière ou énergie qui est apparue avant le Big Bang selon le verset biblique et torahnique : « *...Dieu dit : Que la* ***lumière*** *soit ! Et la* ***lumière*** *fut » (Ge 1 :3).* Toutes ses recherches ou ces découvertes d'avant Big Bang, nous l'avons baptisé « la recherche du CHAMP DE MOISE ».

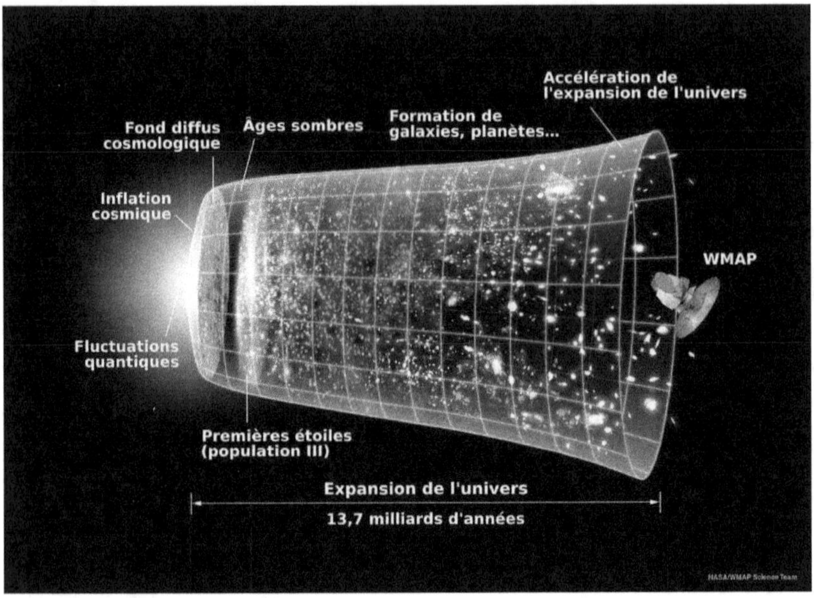


***(Futurasciences.com/buildsv6/images/mediumoriginal/4/3/4/434bad3ced_65472_intro.jpg © Domaine public).***

Selon le Modèle Cosmologique Universel, la première lumière de l'univers a été émise avant le Big Bang ou la séparation des eaux d'avec les eaux. Appelons cela l'énergie X avant que la science confirme notre déclaration.

Donc, dans le Champ de Moïse, nous rechercherons d'abord le rayon ou l'énergie X qui détient la clé des explications de plusieurs énigmes physiques de l'univers d'avant Big Bang. Pour nous, nous infirmons que cela existe et est décelable. Cet élément X a déjà été prédit par Moïse et l'a décrit de la manière suivante :

Ge 1 :2 ...*L'esprit (un vent) de Dieu se mouvant au-dessus des eaux...* 3 *Dieu dit : Que la* ***lumière*** *soit ! Et la* ***lumière*** *fut.* 4 *Dieu vit que la lumière était bonne ; et Dieu sépara la lumière d'avec les* ***ténèbres****.* 5 *Dieu appela la lumière jour, et il appela les ténèbres nuit. Ainsi, il y eut un soir, et il y eut un matin : ce fut le* ***premier jour****.*

Le mot « esprit » est inscrit dans la version Louis Segond et le « vent », c'est dans la Bible de Jérusalem. Pour les scientifiques, c'est le mot « vent » qui est le plus convenable, tandis que pour les théologiens, c'est le mot « esprit », mais le vrai terme scientifique fut dévoilé pour la première fois par le Rév. Dr. Sun Myung Moon sous le nom de la Force Première Universelle émanant de L'Énergie Première Universelle.

Nous avons déjà donné des explications à plusieurs reprises concernant ce verset énigmatique d'une apparition de lumière sans astre et là où les études devraient être faites. Mais, ici, nous voulons parler pourquoi la détection de cette lumière apparue avant Big Bang est très capitale pour la cosmologie et qui viendra redresser plusieurs théories. En plus, la détection de cette lumière répondra à plusieurs questions qui laissent encore certains savants sceptiques, dont :

– Quelle est la force qui a provoqué le Big Bang ?

– Quand est-ce que la matière noire et l'énergie noire sont-elles apparues ?

– Et quelle est la nature de l'énergie noire qui s'est séparée avec cette énergie X ?

Si les études ou les recherches de l'impact sur l'univers de fond diffus cosmologique, des neutrinos et des ondes gravitationnelles ne peuvent répondre à ces questions, alors la science, qui est en retard par rapport à la religion, a encore beaucoup à faire. Elle doit percer la bulle originelle pour découvrir ce nouveau rayon X qui fut la première lumière de l'Univers. Désormais, le point de départ des études en cosmologie devient le Modèle Cosmologique Universel.

En plus, dans le documentaire scientifique « **Que pensez-vous de la déclaration de Stephen Hawking ?** », l'astrophysicien Hubert Reeves a dit : « *La science peut nous dire comment ça marche dans l'univers, mais elle ne peut pas dire l'interprétation des faits qu'on observe* ». Or, quand la lumière ou l'énergie d'avant Big Bang est apparue, une action très importante a été décrite que la science est appelée à interpréter : « *Dieu sépara la lumière d'avec les ténèbres* » (Ge 1 :4).

Donc, c'est la découverte de cette lumière qui permettra aussi de comprendre les ténèbres ou tout ce que l'astrophysique qualifie des noirs, tels que l'énergie noire et la matière noire.

L'énergie de la première lumière d'avant Big Bang, connue de nos jours sous le nom du rayonnement fossile, emplit aussi l'Univers comme l'énergie noire et est active. Dans la Bible et la Torah, Dieu a appelé cette lumière d'avant Big Bang « jour » pour deux raisons : démontrer son caractère éternel et sa visibilité (même s'il faut des appareils pour la détecter) par rapport à l'énergie noire qui fut qualifiée des ténèbres.

Donc, le mot « noir » que la science utilise pour dire que c'est invisible a déjà été utilisé par Moïse par le mot « ténèbres » et Empédocle l'a qualifié depuis l'antiquité de « Discordes », c'est-à-dire l'énergie qui sépare.

Comment pouvons-nous détecter ces énergies d'avant Big Bang ? En nous basant sur le Principe de la création, chapitre du Principe divin du Rév. Dr. Sun Myung Moon, qui stipule ainsi :

« *Pour qu'un être existe, il faut de l'énergie, et celle-ci ne peut être produite que par l'action de donner et recevoir. Toutefois, aucune réciprocité n'est possible sans être au moins deux. Un mouvement en ligne droite* (les rayons par exemple et c'est moi qui le dis) *ne peut se maintenir perpétuellement. Pour qu'un être puisse avoir une nature éternelle (*les énergies comprises*), il doit décrire un mouvement circulaire ; or, pour qu'un mouvement circulaire se produise, une action de donner et recevoir est nécessaire* ».

(Présentation du Principe Divin, éd. Culture et paix, Paris, Pp 42-43).

Sur la base de la loi ci-dessus, en soupçonnant l'existence d'une énergie noire qui emplit l'Univers et dont les savants n'arrivent pas à détecter, les astrophysiciens qui étudient la question feront mieux de traquer l'énergie qui entretient l'action de donner et recevoir avec cette énergie noire et qui lui donne la force d'agir. Pour moi, il s'agirait de la « lumière » d'avant Big Bang, qui, en réapparaissant dans l'après Big Bang, les savants l'ont surnommé le rayonnement fossile ou fond diffus cosmologique. C'est comme l'existence de tornades et d'ouragans qui s'explique par le mouvement ascendant et descendant d'airs chauds et froids.

Tout au long de ce livre, j'ai dit que la meilleure façon de détecter l'énergie noire est de découvrir d'abord le rayon qui est apparu avant le Big Bang, c'est-à-dire cette « lumière » biblique et torahnique à laquelle il est dit : *« Dieu dit que la lumière soit et la lumière fut ! »* Il s'était passé un phénomène physique très important lors de l'apparition de cette lumière ; son interaction avec les ténèbres, siège de l'énergie noire. Cela est décrit par le verset « *Dieu sépara la lumière d'avec les ténèbres* ». Le nom de Dieu, avons-nous dit, n'est invoqué que pour démontrer que ce n'était pas le hasard de la nature. Mais le processus lui-même fut réellement physique.

Ce que je dis n'attirait pas auparavant l'attention des scientifiques, alors qu'il y a des choses qui nous échappent. Mais, une fois mis dans les tableaux de suppositions, l'homme arrive toujours à bout de ses recherches et à lever des voiles sur les zones d'ombre de l'Univers. Je demande toujours aux chercheurs de sonder mes écrits en profondeur, car eux, ils ont l'intelligence, le monopole et les moyens de passer aux cribles fin mes écrits à l'aide des calculs et des appareils.

Aujourd'hui, cette lumière biblique et torahnique vient d'être mise dans les tableaux de suppositions scientifiques appelées prédictions, bien que pour les croyants, cela n'est pas une prédiction, mais une réalité. Nous ne condamnons pas les scientifiques, nous leur laissons plutôt la confirmation des faits scientifiques décrits dans la Bible et la Torah au lieu de leur imposer la foi.

Enfin, une dernière confirmation pour clore ce dossier, spécifiant que le fond diffus cosmologique est apparu avant le Big Bang, nous la tirons dans le documentaire « **Cosmos – Au-delà du Big Bang** écrit par Matt Hickey. Il est dit ceci après le Big Bang : « *380 000 ans plus tard, la lumière voyage dans les pénombres et l'éclatement du rayonnement découvert par Penzias s'est produit alors* ».

Alors quand est-ce que cette lumière qui voyagea dans la pénombre après le Big Bang s'est-elle produite, alors qu'il était déjà confiné ou présent dans l'Univers condensé ? La réponse à cette question qui fait partie de la méditation de chacun et qui sera confirmée un jour par la science fait du Modèle Cosmologique Universel, qui est la restitution scientifique du schéma biblique et torahnique de la création de l'Univers, un modèle universel. Moïse étant le premier à décrire l'avant Big Bang, toutes les recherches basées sur cette période sont désormais qualifiées, avons-nous dit, des « recherches de Champ de Moïse ».

En conclusion, nous pouvons dire que le rayonnement fossile fut une lumière qui était apparue dans l'avant Big-bang et qui s'est retrouvée coincée dans l'univers condensé pour réapparaître de nouveau après le Big-bang. Cela est démontré d'une manière scientifique par Penrose et Minkowski à travers le *Diagramme de l'espace-temps de Minkowski.*

Voyons un peu ce diagramme de Minkowski sur l'apparition de la lumière avant le Big Bang et sa réapparition après le Big Bang :

*Diagramme conforme de l'espace-temps de Minkowski.*

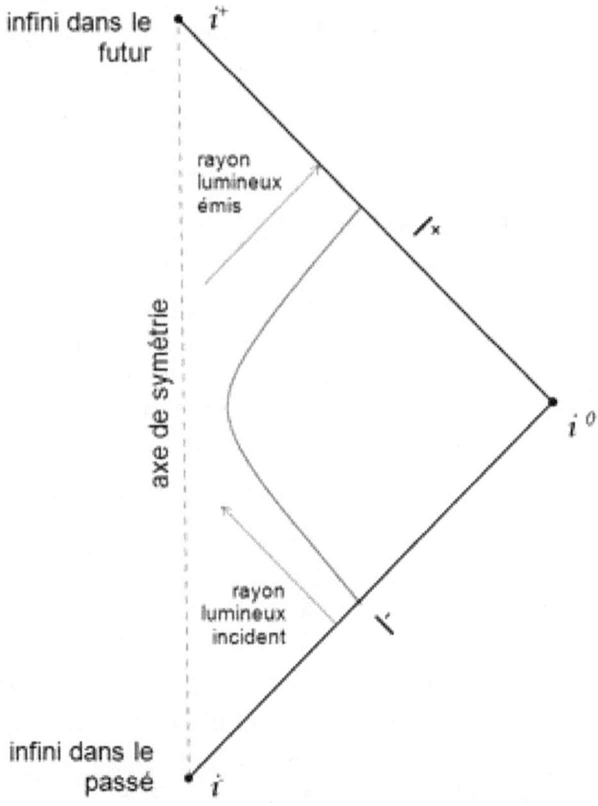

*« Le caractère conforme de cette représentation fait qu'un rayon lumineux en provenance du passé suit une droite inclinée à 45 degrés de la droite vers la gauche et qu'un rayon lumineux dirigé vers le futur suit une droite à incliner à 45 degrés de la gauche vers la droite. La courbe bleue représente la trajectoire d'un objet provenant de l'infini dans le passé et se prolongeant vers l'infini dans l'avenir ».*
(Diagramme de Penrose : Chaours.rv.pagesperso.orange.fr/physique/Stars/Black/penrose.htm).

<u>Notre interprétation du *Diagramme de l'espace-temps de Minkowski.*</u>

(Diagramme de Penrose : Chaours.rv.pagesperso.orange.fr/physique/Stars/Black/penrose.htm).

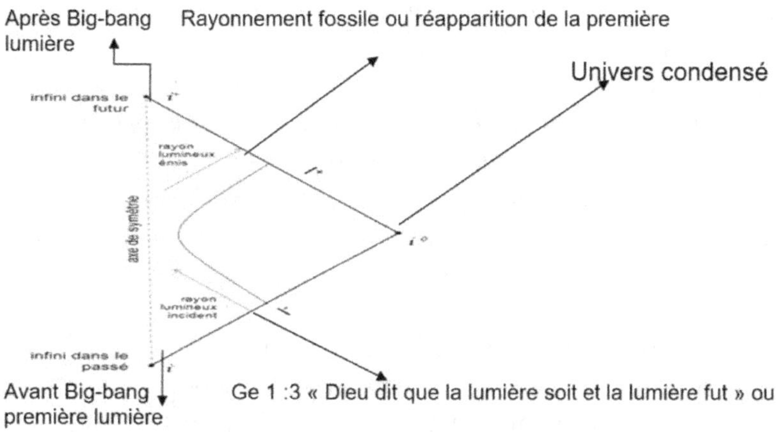


Notre interprétation du diagramme de Minkowski dans le cadre du Modèle Cosmologique Universel est presque la même que ce que leurs auteurs, **Minkowski et Penrose** ont démontré.

Ce schéma scientifique montre qu'il y a bien eu un rayon lumineux incident avant le Big Bang et que dans le point **io** où l'Univers s'est totalement condensé, rien ne pouvait plus être visible, ni même la lumière.

### 4.2. Preuve que le rayonnement fossile émane de l'Avant Big-bang et est la lumière fut !

(Cfr : tiré du livre « Avant Big-Bang à la lumière »)

Les preuves que le rayonnement fossile provient de l'avant-big bang, et que c'est cette lumière biblique et torahnique à laquelle il est dit : « *Que la lumière soit et la lumière fut !* » ne peuvent être découvertes qu'à travers ces propriétés. Nous en avons déjà parlé dans notre livre « Big Bang à l'homme ». Compte tenu de sa pertinence, nous jugeons bon de le rappeler dans ce livre qui démontre la supériorité de la Bible et de la Torah sur les modèles cosmologiques scientifiques. Parmi ces propriétés telles que découvertes par les scientifiques sans en tirer une déduction, nous avons :

1) Le rayonnement fossile est électromagnétique, c'est-à-dire qu'il est apparu sans la désintégration des éléments atomiques. Dans le cas contraire, il comporterait des noyaux atomiques comme les autres rayonnements cosmiques.

2) Selon Will Kinney, de l'université de Buffalo, « *les images du rayonnement fossile tel que prisent par les Télescopes, montrent qu'il est presque parfaitement uniforme, ce qui indique que l'univers primordial était quasi homogène et isotrope, c'est-à-dire identique dans toutes les directions. C'était un véritable choc : aucun processus connu ne permettait d'expliquer cette homogénéité de la matière d'un bout à l'autre de l'Univers* ». (Cfr : Magazine Epsiloon, Hors-serie n° 5, p.37, Paris 2022).

L'explication est que ce rayonnement, apparu pendant que l'univers se contractait dans la période d'avant-big-bang, s'est retrouvé condensé dans l'univers condensé. Cela a permis, selon le physicien italien Gabriele Veneziano, à toutes les extrémités de bénéficier d'une même propriété et température. C'est ainsi qu'on constate, malgré l'expansion de l'Univers, que ces propriétés lui sont collées et l'accompagnent.

Déjà dans la Bible et la Torah, il a été surnommé « jour », c'est-à-dire qu'il maintient l'avenir de l'univers, l'accompagnera, tout en l'empêchant, par des propriétés encore inconnues, de franchir l'échelle du zéro absolu. Dans l'astrophysique, on n'étudie pas le but de la création des éléments ou le pourquoi, mais ici, nous offrons un but que les savants pourront exploiter et découvrir davantage ce que ce rayonnement contient réellement.

Ce qui prouve encore qu'un tel rayonnement ne peut provenir que d'un univers énergétique est cet argument qui a été émis par le savant britannique Roger Penrose, Prix Nobel de la Physique en 2020, dans sa théorie des univers cycliques. Pour Roger Penrose, l'univers connaît plusieurs cycles de big-bang précédés par le phénomène suivant :

« *Avant qu'il puisse y avoir un nouveau big-bang dans un univers déjà existant, toutes les particules possédant une masse finiront par disparaître, transformées en rayonnement pur par le biais de la désintégration radioactive, ou du rayonnement de Hawking. On se retrouve alors avec un monde sans masse, qui ressemble beaucoup à la vision que nous avons des balbutiements de notre Univers lors de sa phase initiale, quand le boson de Higgs n'avait pas encore conféré leur masse aux particules* ». *(Cfr : Magazine Epsiloon, Hors-serie n° 5, p.40, Paris 2022*).

Par-là, nous déduisons que Roger Penrose a décrit l'état de l'univers d'avant Big Bang, ce qui prouve pourquoi le rayonnement fossile qui vient de cette sphère est purement électromagnétique. Lisons :

« *On se retrouve alors avec un monde sans masse, qui ressemble beaucoup à la vision que nous avons des balbutiements de notre Univers lors de sa phase initiale, quand le boson de Higgs n'avait pas encore conféré leur masse aux particules.* » (Cfr : Magazine Epsiloon, Hors-serie n° 5, p.40, Paris 2022).

Il y a encore d'autres preuves, mais nous avons regroupé ce qui confirme notre découverte faite à partir du schéma biblique et torahnique de la Création. C'est pour démontrer que le schéma biblique et torahnique de la création répond effectivement aux observations une fois son langage actualisé et que plusieurs scientifiques confirment ce qui est décrit à l'intérieur sans le savoir.

Nous avons dit que pour le schéma biblique et torahnique de la création, la première lumière biblique et torahnique a été émise dans l'avant big-bang caractérisé par la phrase « *Dieu dit : que la lumière soit et la lumière fut* ! ». C'est cette lumière qui, étant confinée dans l'Univers condensé, est réapparue de nouveau 380 000 ans plus tard dans l'Après Big Bang et porte le nom du rayonnement fossile ou fonds diffus cosmologique.

D'autres chercheurs attendent encore la mise en place du réseau de télescopes de nouvelle génération CMB-S4 et de l'observatoire spatial Lite-BIRD, pour avoir la confirmation que le rayonnement fossile provient de l'avant big-bang. Mais, déjà avec les preuves solides que nous avons réunies sans que d'autres astrophysiciens puissent les brandir, cela ne suffit-elle pas à relancer leurs calculs ?

# Section 5
# Les ténèbres biblique et torahnique

Gn 1 :2 « *La terre était informe et vide (Univers) : il y avait des* ***ténèbres*** *à la surface de* ***l'abîme*** »

## 5.1. Le paradoxe d'Olbers

Olbers s'est posé la question de savoir : « *Si l'Univers est rempli d'étoiles, d'où vient alors le ciel nocturne obscur* ? » Pour lui, si l'Univers était infiniment étendu et homogène, le ciel, nocturne ou pas, devrait être aussi brillant que le soleil ; ce qui n'est manifestement pas le cas. On aboutit donc là à un paradoxe, lequel tient son nom de Heinrich Wilhelm Olbers qui l'énonça par écrit dans les années 1820. Dans la cosmologie, il a fallu attendre plus d'un siècle avant que ce paradoxe ne trouve soi-disant une véritable solution.

L'explication retenue à la fin du XXe siècle a été développée par l'astronome américain Edward Harrison dans les années soixante. Pour lui, selon la théorie du Big Bang, l'Univers et les étoiles qu'il contient n'ont pas toujours existé. Et, comme la vitesse de la lumière est constante (300 000 km/s), suite à l'expansion de l'Univers, le rayonnement des étoiles les plus lointaines n'a pas encore atteint la Terre alors que certaines étoiles proches ont déjà cessé d'émettre, la durée de vie d'une étoile étant finie. Avec cette dernière assertion, pour les astrophysiciens, le paradoxe d'Olbers trouve sa résolution. (Cf : "Olbers, paradoxe d'." Microsoft® Encarta® 2009 [DVD]. Microsoft Corporation, 2008).

Dans le cadre du Modèle Cosmologique Universel, cette question, connue sous le nom du paradoxe d'Olbers, était déjà résolue dans le schéma biblique et torahnique de la création, et cela par Moïse il y a 1500 ans av. J.C. Pour la cosmologie moderne, l'avant Big Bang n'est qu'une aporie et ça n'a jamais existé. C'est ainsi que l'astronome américain Edward Harrison a pris comme référence la période du Big Bang.

Mais dans la Bible et la Torah, dans la période d'avant Big Bang, nous lisons ceci : « *La terre (Univers) était informe et vide : il y avait des* ***ténèbre****s à la surface de* ***l'abîme*** » (Ge 1 :2). Donc, nous voyons qu'avant le big-bang, avant toute création des éléments, l'état de l'Univers était déjà ténébreux, comme mentionné dans la Bible et la Torah. Si l'astronome américain Edward Harrison lisait la Bible et la Torah, il aurait pu commencer par évoquer ce verset et le terminer par sa réponse à savoir que, suite à l'expansion, même les étoiles qui se créent et meurent n'arrivent pas à combler ou à dissiper ces ténèbres originelles.

Comme nous allons le voir dans les points qui suivent, avant le Big Bang, l'état de l'Univers était ténébreux. C'est sur la base de la mouvance d'un vent de Dieu sur les eaux (particules originelles), qu'il y eut la première lumière, assortie par le verset « *Dieu dit : Que la lumière soit ! Et la lumière fut » (Ge1 :3).*

Mais, comme avant le Big Bang, l'Univers était dans un état de déflation, en se condensant à l'extrême, même cette lumière ne pouvait y échapper. C'est la période du confinement. Ce n'est qu'après l'inflation, quand l'Univers a commencé à vomir tout ce qu'il a pu créer comme particules avant le Big-bang, que la lumière a réapparu dans les ténèbres 380 000 ans après le Big-bang (la séparation des eaux d'avec les eaux) selon le calcul fait par les astrophysiciens. Ainsi, c'est à l'intérieur des ténèbres que les choses se créent, comme confirmé dans le documentaire scientifique « **Le mystère de l'Univers : la lumière et les ténèbres** ».

# Section 6
# La période d'avant Big-bang

## 6.1. La durée de la période d'Avant Big Bang

Combien de temps a duré la période d'Avant Big Bang ?

**Gn 1 :***1 Au commencement, Dieu créa les cieux et la terre.*
*2 La terre était informe et vide : il y avait des ténèbres à la surface de l'abîme, et l'esprit de Dieu se mouvait au-dessus des eaux.* ***3*** *Dieu dit : Que la lumière soit ! Et la lumière fut.* ***4*** *Dieu vit que la lumière était bonne ; et Dieu sépara la lumière d'avec les ténèbres.* ***5*** *Dieu appela la lumière jour, et il appela les ténèbres nuit. Ainsi, il y eut un soir, et il y eut un matin : ce fut le premier jour.*

Comme nous l'avons dit, le point ultime marquant la séparation entre l'univers d'avant Big-bang et d'après Big-bang fut le Big Bang. Pour calculer la durée des temps du Big Bang jusqu'à nos jours, les astrophysiciens se sont basés sur la distance qu'a parcourue la lumière de l'astre le plus éloigné jusqu'à nous, en prenant comme unité la vitesse de la lumière. Cela a donné comme résultat que le Big Bang ou « la séparation des eaux d'avec les eaux » selon les termes bibliques et torahniques a eu lieu à environ 14 milliards d'années. Ce résultat semble être confirmé de nos jours par l'étude du rayonnement fossile.

Ainsi, on s'est servi d'une référence visible pour calculer la durée de l'Univers observable. Mais qu'en est-il pour la durée de temps de l'avant Big Bang, dont la science n'a pas encore approuvé son existence ?

Ici, le point le plus éloigné de l'Univers de l'avant Big-bang à l'Univers condensé à l'extrême, c'est le Big-bang. Pour l'Univers d'avant Big Bang, le Big Bang constitue l'instant final. Étant donné qu'il n'y a aucun point de référence dans le commencement d'avant Big-bang, selon qu'il écrit : « *Au commencement, la terre était informe et vide* » (Ge 1 :1-2), c'est-à-dire un Univers où il n'y avait que le vide ou l'énergie, nous allons baser nos calculs sur le dernier phénomène que la science a découvert, à savoir le Big-bang témoignant de l'existence de l'Univers condensé.

Selon la science, la température soupçonnée de l'Univers condensé frôlait les $10^{15}$ degrés. Celle-ci a été atteinte pendant la déflation cosmique qui a commencé à partir du moment où l'Univers était encore informe et vide, jusqu'à sa condensation ou amenant ces énergies à se condenser. Ainsi, pour calculer la durée que ce temps a prise dans le Modèle Cosmologique Universel, je me suis basé sur les raisonnements ci-dessous, qui permettent aux astrophysiciens d'y mettre les formules.

Notre inconnu, soit **X**, est le temps zéro caractérisé par une température initiale. La première valeur connue, soit **Y**, c'est la température finale qui est d'environ $10^{15}$ degrés. La troisième valeur connue, c'est delta **Z**, qui est la vitesse avec laquelle la déflation s'est déroulée pour condenser l'Univers, en l'amenant à atteindre la température maximale d'environ $10^{15}$ degrés.

Dans un Univers d'avant Big-bang informe et vide avons-nous dit, les choses se sont déroulées avec une vitesse décroissante en commençants par la vitesse divine de **302.752 x 1018 km/s**. Cette vitesse est tirée de notre formule ci-dessous représentant le In :

**Divinité = In [(Ci .M) + (Po.Ne) + (Ms.Fe)]**
In : Invisible
Ci : Caractéristique intérieur
M : masse
Po : positivité
Ne : négativité
Ms : Masculinité
Fe : féminité

Ainsi pour résoudre notre équation, nous avons les éléments suivants :

**Y** = $10^{15}$ degrés
**ΔZ = 302.752 x 1018 km/s**
**X = ?** Où temps des premières collisions énergétiques dans un Univers informe et vide.

La réponse de Moïse à cette équation est **1, c'est-à-dire** que cela a pris une journée biblique et torahnique de **X à Y** (Ge 1 :5). À savoir qu'une journée biblique et torahnique n'a rien à voir avec nos journées terrestres (2 P 3 :8). Les astrophysiciens savent qu'il ne suffit pas seulement de prendre la calculatrice et de faire ressortir la réponse. Plusieurs facteurs doivent être pris en considération : notamment, dans l'inflation cosmique, il y a eu une réduction des chaleurs causée par un univers en expansion. Ici, connaissant **Y** qui est approximativement la valeur maximale, il y a une réduction des chaleurs en reculant de l'Univers condensé vers un Univers en déflation.

Dans la Bible et la Torah, il est écrit : « Au commencement, Dieu créa les cieux et la terre » (Ge 1 :1). En effet, le Cosmos a connu plusieurs cycles. Au départ, il n'y avait que la sphère céleste appelée cieux. Après plusieurs cycles, par la projection divine, caractérisée par des rayonnements, une partie des énergies spirituelles s'est mise à s'y densifier, créant ainsi la sphère dénommée par Moïse « une terre informe et vide » ou l'Univers. La première collision ou fusion de ces énergies l'a rendu encore plus dense, créant la première déformation du tissu de l'espace-temps ou l'axe sur lequel tout se déversait. Moïse a qualifié cela de la mouvance d'un vent de Dieu sur les eaux dans l'abîme. Donc, la réponse à l'équation ci-dessus ne concerne pas le début de l'Univers, mais le commencement des premières collisions dans la période d'avant Big Bang.

Jusque-là, c'est la science qui compliquait la Bible et la Torah, mais qui savait qu'un jour la situation se retournerait contre les scientifiques ? Le schéma biblique et torahnique de la création, rejeté jadis par la science et restitué scientifiquement dans le Modèle Cosmologique Universel devint les cibles à atteindre par les savants pour la compréhension de l'Univers.

Pour le savant italien Gabriele Veneziano, ce temps ne pourra être défini, car l'univers nous vient d'un vide infini.

# Chapitre VI
# Le Big-bang

https ://i.la-croix.com/729x0/smart/2014/11/14/1237059/-gravure -colorisee-XIXe-siecle-apres-Raphael-1483-1520_0.jpg. (La séparation des eaux d'avec les eaux)

*« C'est en observant des explosions d'étoiles survenues voici six à huit milliards d'années, lorsque l'Univers avait la moitié de son âge actuel, que deux équipes internationales de chercheurs ont acquis la conviction que nous vivons dans un Univers infini... et éternel. Cette découverte, probablement l'une des plus importantes de cette fin de millénaire, leur permet en outre de confirmer la validité de*

*la relativité générale et de renforcer encore un peu plus sa fille légitime, la théorie du big bang... ». (Cfr : Serge Brunier, magazine Ciel&Espace n° 338-janvier 1998, Pp 24-28)*

La Bible et la Torah avaient déjà parlé du Big Bang et de l'éternité de l'univers. La science n'est venue que les confirmer dans la continuité de l'article ci-dessus.

Gn 1 :2 « *La terre (Univers) était invisible et vide : il y avait des* ***ténèbre**s à la surface de* ***l'abîme*** et *L'esprit (un vent) de Dieu se mouvant au-dessus des eaux.* (Bible Version Septante)

**Gn 1 :** *6 « Dieu dit : Qu'il y ait une étendue entre les eaux, et qu'elle sépare les eaux » ou Big-bang selon le nom scientifique de ce phénomène.*

***Gn** 1 :7* ***Et Dieu fit l'étendue (ou Big bang), et il sépara les eaux qui sont au-dessous de l'étendue d'avec les eaux qui sont au-dessus de l'étendue.*** *Et cela fut ainsi.8 Dieu appela l'étendue ciel. Ainsi, il y eut un soir, et il y eut un matin : ce fut le second jour »*

***Ps 148 :5*** *Qu'ils louent le nom de l'Eternel ! car Il a commandé et ils ont été créés. 6* Il les a affermis pour ***toujours et à perpétuité ; Il a donné des lois, et il ne les violera point.***

Ce sont ces lois que les astrophysiciens sont en train de découvrir. Ce ne sont pas eux qui les ont créés, car beaucoup pensent que les découvertes des astrophysiciens sont leurs créations.

Le Big Bang représente l'instant zéro où l'univers fortement condensé a explosé. Actuellement en science, on ne parle plus de l'explosion, mais de l'expansion. Dans le schéma de la création biblique et torahnique, cela est représenté par la phrase « la séparation des eaux d'avec les eaux » (Ge 1 :6), démontrant qu'il y avait quelque chose d'homogène uni qualifié des eaux et qui s'est séparé. Les eaux du dessous servant à la création des choses spatiales non brillantes, y compris la terre, et les eaux du dessus, servant à la création des luminaires, c'est-à-dire tous ceux qui émettent la lumière.

Dans le schéma biblique et torahnique dont l'auteur n'avait pas notre vocabulaire scientifique, on nous dit dans la première phase que *« l'esprit de Dieu ou un vent de Dieu se mouvait au-dessus des eaux »*, qui scientifiquement fut l'étape de la contraction des énergies. Après que cela fut contracté jusqu'à un point minimal, on passa à la deuxième phase qui fut *« la séparation des eaux d'avec les eaux »*, c'est-à-dire le Big Bang. Ce n'est pas du concordisme ou un jeu de vocabulaire ou d'association des mots. C'est effectivement ça, les phases que l'univers a traversées. Après, la séparation « des eaux d'avec les eaux » fut suivie de l'expansion de l'univers que la Bible et la Torah appellent étendue. C'est la troisième phase qui est celle de l'après « *séparation des eaux d'avec les eaux* » ou de l'après Big Bang.

# Section 1
# Scénario du big bang

## 1. De l'univers condensé au Big Bang

Qu'avait-il à l'intérieur de l'Univers condensé ? Cette question reste encore une énigme pour la Science. Toutefois, certains savants parlent d'énergie concentrée ou d'énergie pure. Et qu'a-t-il eu directement après le big-bang ? Certains astrophysiciens soupçonnent quelque chose ressemblant à des plasmas.

Nous abordons cette question en nous inspirant du mot « eaux » que Moïse dans la Bible et la Torah a eu à utiliser.

Pour revenir à notre histoire de la création, nous mettons de côté les suppositions pour ne retenir que là où la Bible, la Torah et la science sont d'accord, à savoir qu'il y a eu bel et bien une séparation, une explosion ou une expansion dénommée Big Bang par la science.

Actuellement, le terme big-bang résume toute cette phrase ou tous ces phénomènes et nous l'avons adopté dans ce livre, pas en tant que circonstance due au hasard comme le qualifient les scientifiques, mais en tant qu'un résultat voulu par Dieu. J'insiste sur le mot « résultat », car le processus fut scientifique malgré l'expression « Dieu dit », pour démontrer que cela faisait partie de son plan.

Cet événement a eu lieu aux seconds jours de la création selon la Bible et la Torah, que la science qualifie de la fin de la première période de l'Univers. La matière originelle qui n'était autre que des particules qualifiées d'eaux par la Bible et la Torah était devenue compacte sous l'effet des réactions physiques créées par la force première universelle. Ceux-ci ont fini par former des bulles d'énergie. Ces bulles d'énergie particulièrement intenses étaient maintenues à l'intérieur de ce que Moïse a qualifié d'abîme jusqu'à atteindre une densité extrême. La chaleur étant devenue intense, l'énergie s'est mise à se libérer de ses contraintes. La flamme, devenant de plus en plus brillante, a fini par dégager d'énormes vagues de radiations

(Ge 1 : 3 *« Dieu dit : que la lumière soit »).* Maintenu parfois par la couche extérieure, le confinant dans une densité extrême, il eut explosion ou expansion, qualifié de big-bang par la science et de « la séparation des eaux d'avec les eaux » par la Bible et la Torah.

## 1.2. Les phases d'eaux biblique et torahniques

L'eau biblique et torahnique ou l'énergie pure a traversé trois phases, de l'avant Big-bang à l'après Big-bang.

– La phase initiale, dont Moïse la qualifia des « eaux », était composée des particules originelles.

– La seconde phase fut que ces eaux bibliques et torahniques, après avoir été confinées à l'extrême, ont explosé (Big-bang) et sont qualifiées par la Bible et la Torah de « séparation » et par certains scientifiques d'expansion.

– La troisième phase de ces « eaux » bibliques et torahniques fut la formation des astres.

Eaux ——————→ Eaux ——————→ Eaux (Gé1-19).
(Particules originelles)-----(Univers condensé : Plasma) (Astres)

### Première phase : particules originelles

Ge 1 :*2 La terre était informe et vide ; il y avait des ténèbres à la surface de l'abîme, et l'Esprit de Dieu se mouvait au-dessus des* ***eaux****.*

### Deuxième phase : univers condensé et Big-bang

Ge 1 :6 Dieu *dit : Qu'il y ait une étendue entre les eaux, et qu'elle sépare les eaux d'avec les eaux*. **(Univers condensé)**

*Ge 1 :7 Et Dieu fit l'étendue, et il sépara les* ***eaux*** *qui sont au-dessous de l'étendue d'avec les* ***eaux*** *qui sont au-dessus de l'étendue. Et cela fut ainsi.* **(Big Bang)**

### Troisième phase : les astres

Ge 1 :9 Dieu *dît : Que les* ***eaux*** *qui sont au-dessous du ciel se rassemblent en un seul lieu, et que le* ***sec*** *paraisse. Et cela fut ainsi.*

*Ge 1 :14 Dieu dit : Qu'il y ait des* ***luminaires*** *dans l'étendue du ciel, pour séparer le jour d'avec la nuit ; que ce soient des signes pour marquer les époques, les jours et les années ;*

Moïse explique en terme littéraire et religieux, ce que les savants expliquent dans des livres contradictoires en terme scientifique.

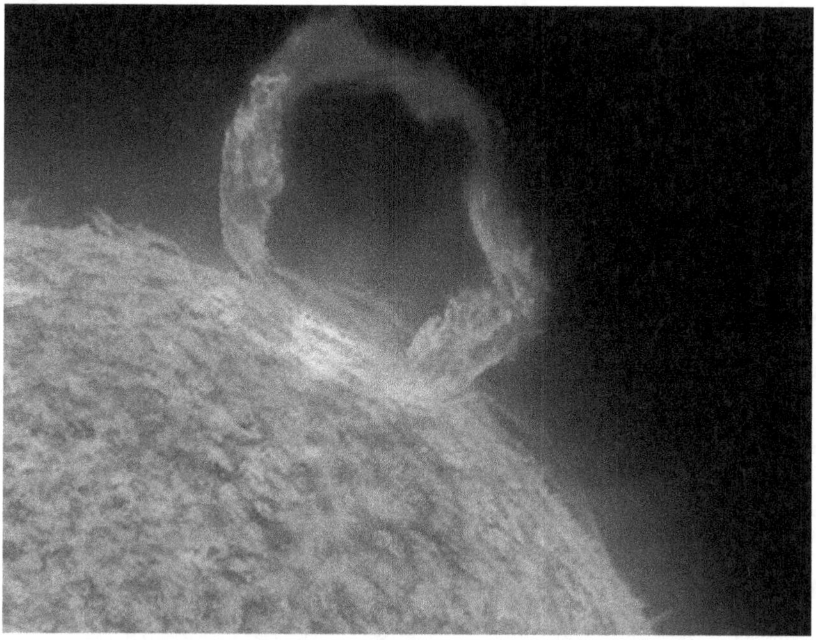

Le soleil est en état de plasma (Wikipedia)

## 1.3. La déflation et la gravitation

La déflation cosmique, qui est le contraire de l'inflation cosmique, est le phénomène qui a caractérisé l'Univers d'avant Big Bang. C'est le phénomène qui a permis aux particules originales de se fusionner jusqu'à aboutir à l'univers condensé. Les étoiles, par contre, commencent leur formation par la fusion des atomes d'hydrogène.

Il faut préciser que les particules originelles ont dû traverser plusieurs générations avant d'atteindre la maturité en émettant les premiers rayonnements qualifiés par la fameuse phrase de Moïse : *« Dieu dit : que la lumière soit ! Et la lumière fut »*, *clôturant* l'ère moins une de l'univers ou l'avant Big Bang. Cette lumière est bel et bien un phénomène physique et il appartient aux savants de s'y pencher dessous.

Pour les astrophysiciens, le Soleil fait partie de la deuxième, voire de la troisième génération d'une étoile. Si c'est vrai, pourquoi la Bible et la Torah n'en ont-elles pas parlé ? Parce que ce fut des étapes secondaires ou transitoires sur ce que Dieu visait et Moïse ne parlait que des objectifs atteints et palpables. Donc, même la science en disant que le soleil est une étoile de telle ou telle génération, c'est l'astrophysique. Les gens n'ont pas besoin de tel détail. Toutefois, nous en parlons enfin que la science sache que nous ne sommes pas ignorants de cela et nous venons de ressortir notre justification.

Un jour, les astrophysiciens apporteront les preuves scientifiques des arguments théoriques qui y sont transcrits dans la Bible et la Torah, éclairci dans le Modèle Cosmologique Universel. C'était les explications des grands termes contenus dans cet ouvrage qui leur manquaient, telles que jour, nuit, ténèbres, abîme, lumière, esprit de Dieu, etc. Et en parlant de l'apparition des animaux marins comme première créature dans le monde animal, cela englobe aussi les planctons, c'est-à-dire les archées, les bactéries, les cyanobactéries, les algues et en remontant la filière jusqu'aux hommes. (Ge1 :20).

Quel savant peut encore contredire à ces jours le schéma de la création biblique et torahnique ?

Pour conclure sur ce point, jusque-là, on n'a pas encore découvert sur une planète ou une étoile un élément qui ne se retrouve pas sur la terre, mettant en doute la théorie de Big-bang (séparation des eaux d'avec les eaux). Ainsi, on parle en cosmologie des deux grandes propriétés comme nous pouvons le lire dans cet article : *"Toutes les observations les plus récentes montrent, d'une part, que le cosmos, à une époque donnée, est effectivement homogène et isotrope à grande échelle."*

– isotropie : l'Univers a les mêmes propriétés dans toutes les directions

– homogénéité : la matière est uniformément distribuée sur tout l'Univers.

C'est ce qui atteste qu'il y a eu Big-bang d'un univers condensé pour la science que Moïse a qualifié des eaux dans la Genèse.

Ge 1 :*7 « L'Éternel Dieu forma l'homme de la* ***poussière*** *de la terre (de l'Univers)* ».

Car, après tout, c'est sur la terre que l'homme fut formé et non dans une étoile, même si les éléments se sont formés dans cette dernière.

# Section 2
# Preuves observationnelles du Big-bang

## 2.1 Preuves bibliques, torahnique et scientifiques du Big Bang

Les gens veulent me demander les preuves observationnelles bibliques et torahniques du Big Bang. Tout d'abord, le Big Bang n'est pas le nom d'une chose, mais ça représente un phénomène qui veut dire une expansion fulgurante. Dans le schéma biblique et torahnique de la création, ce phénomène s'est déroulé au second qui est différent de nos jours ordinaires. Les voici :

**Gn 1 :** *6 « Dieu dit : Qu'il y ait une étendue entre les eaux, et qu'elle sépare les eaux » ou Big-bang selon le nom scientifique de ce phénomène.*

*Gn 1 :9Dieu dit : Que les eaux qui sont au-dessous du ciel se rassemblent en un seul lieu, et que le sec paraisse. Et cela fut ainsi. 10Dieu appela le sec terre, et il appela l'amas des eaux mers. Dieu vit que cela était bon.*

*Gn 1 : 14 Dieu dit : Qu'il y ait des luminaires dans l'étendue du ciel, pour séparer le jour d'avec la nuit ; que ce soient des signes pour marquer les époques, les jours et les années ; 15et qu'ils servent de luminaires dans l'étendue du ciel, pour éclairer la terre. Et cela fut ainsi. 16Dieu fit les deux grands luminaires, le plus grand luminaire pour présider au jour, et le plus petit luminaire pour présider à la nuit ; il fit aussi les étoiles.*

La Bible et la Torah disent qu'avec **les eaux du dessous » la Terre émergea** » et avec **les eaux du dessus, les luminaires furent créés**. Et, de nos jours, les scientifiques nous confirment que, que ça soit la terre (formée par les eaux du dessous) et les luminaires (formés par les eaux du dessus), tous sont composés des mêmes éléments. La différence ne réside qu'autour de leurs états : solide, liquide et gazeux pour la Terre et certaines planètes, gazeux et poussiéreux pour certaines planètes et nébuleuses, fluide et plasma pour le Soleil et d'autres étoiles.

En conclusion, le premier jour biblique et torahnique regroupe les phénomènes qui ont eu lieu dans l'avant Big Bang. Dans le deuxième jour biblique et torahnique, on entre dans la phase de l'univers condensé, suivie du Big Bang. Et le troisième jour biblique et torahnique marque le début de l'après Big Bang jusqu'à la formation de l'homme. Donc, rien de ce que les scientifiques ont découvert jusqu'à ces jours ne contredit le schéma de la création biblique et torahnique. Nous avons déjà éclairci les jours bibliques et torahniques qui sont différents de nos journées ordinaires.

Je suis le premier à aboutir à ces découvertes après 10 ans de recherches faites d'une manière indépendante et objective. Ma motivation de départ n'était pas d'écrire des livres ou de faire du concordisme, mais de satisfaire ma curiosité en comparant le schéma scientifique et le schéma biblique, et de vérifier pourquoi le schéma biblique et torahnique de la création n'était jamais pris en compte dans la science, ni même dans l'histoire de la cosmologie. Mes travaux viennent de mettre fin aux rejets de ce schéma par les scientifiques.

Je suis aussi le premier à convaincre le monde entier avec une simple preuve observationnelle que le Big Bang est un fait réel, par la découverte scientifique de l'homogénéité de la matière dans l'univers.

## 2.2. Le Big-bang fut un rebond

**Ge 1 :** *6-8 « Dieu dit : Qu'il y ait une étendue entre les eaux, et qu'elle sépare les eaux d'avec les eaux. 7 Et Dieu fit l'étendue, et il sépara les eaux qui sont au-dessous de l'étendue d'avec les eaux qui sont au-dessus de l'étendue. Et cela fut ainsi.8 Dieu appela l'étendue ciel. Ainsi, il y eut un soir, et il y eut un matin : ce fut le second jour ».*

Selon la Bible et la Torah, c'est-à-dire selon la réalité telle que restituée dans le Modèle Cosmologique Universel, le Big Bang n'est pas le commencement de l'univers, mais un rebond, comme le confirme le verset ci-dessus. Dans ce verset, on voit que le phénomène que la science qualifie de Big Bang a eu lieu au second jour biblique et torahnique.

Ce phénomène trouve son essence au premier jour où il était écrit que « *un vent ou un esprit de Dieu se mouvait sur les eaux* » (Gn 1.2). Comme on le voit, le schéma de la création biblique et torahnique suit un acheminement logique en partant de l'origine jusqu'à l'homme tel que restitué dans le Modèle Cosmologique Universel.

Ainsi, le Big Bang n'étant pas le commencement de l'Univers, cette étape secondaire ou transitoire fut qualifiée scientifiquement de rebond, comme l'a prôné le physicien allemand Martin Bojowald. (Cfr : Martin Bojowald, *L'univers en rebond*, Folio Essais N° 575)

Si la Bible et la Torah sont les seuls livres qui donnent un schéma complet de l'Univers tel que restitué dans le Modèle cosmologique universel, du côté de la science, par contre, on doit recoller plusieurs morceaux pour faire ressortir un schéma de l'évolution de l'Univers.

## 2.3. La source du rayonnement fossile ou fond diffus cosmologique

Selon le Modèle de rebond, l'univers qui est issu d'un vide infini comme l'a souligné le physicien italien Gabriele Veneziano, la Bible et la Torah, a connu ensuite une phase contractive qualifiée de déflation cosmique dans le Modèle Cosmologique Universel.

En se contractant selon le Modèle Cosmologique Universel, la chaleur ne faisait qu'augmenter jusqu'à faire jaillir la lumière qualifiée par l'expression « *Dieu dit que la lumière soit et la lumière fut !* » Et, ayant atteint une condensation extrême, la lumière ne put s'échapper. C'est par là qu'il a connu le rebond, qualifié de big-bang, suivi de l'inflation et de la réapparition de la même lumière 380.000 ans après, connue à ce jour sous le nom du rayonnement fossile.

# Section 3
# L'énergie du Big-bang

## 3.1. Interprétation scientifique des forces d'activation du Big-bang

Jusqu'aujourd'hui, les scientifiques se posent la question : « D'où est venue cette force qui a provoqué le Big Bang ? » Dans cette section, nous offrons nos hypothèses en nous référant aux énergies décrites dans la Bible et la Torah.

Dans le modèle ekpyrotique, il est écrit ceci : « *Le modèle branaire peut donner lieu à des modèles non conventionnels concernant le Big Bang* ». Dans ce modèle, le big-bang serait un échange d'énergie monumental qui se produirait lorsque deux branes se touchent. L'une transmet une quantité phénoménale d'énergie et de matière sous forme très condensée à l'autre et l'autre fait de même. C'est cet échange d'énergie qui serait à la base du Big Bang selon cette théorie. (Cf : www.Wikipédia ;Brane - Big-bang et expansion de l'Univers).

Dans le Modèle Cosmologique Universel par contre, en nous référant aux versets bibliques et torahniques du premier jour, nous retrouvons trois forces agissantes au lieu de deux comme dans le Modèle Ekpyrotique. Lisons :

Ge 1 :2-4 *« La terre était informe et vide ; il y avait des **ténèbres** à la surface de l'abîme, et **l'Esprit** de Dieu se mouvait au-dessus des eaux. Dieu dit : Que la **lumière** soit ! Et la lumière fut. Dieu vit que la **lumière** était bonne ; et Dieu **sépara** la lumière d'avec les **ténèbres** ».*

Dans ces versets, nous avons la présence des trois grandes forces énergétiques qui sont entrées en action :

– Les ténèbres ; siège de l'énergie noire ;

– « L'esprit de Dieu » en train de mouvoir les particules (les eaux selon les termes bibliques et torahniques) ;

– L'apparition d'une lumière qui vient activer les ténèbres qui étaient auparavant latentes.

Je me posais la question de savoir comment trois différentes manifestations d'énergie pourraient se retrouver dans un même champ. Je ne trouvais pas de réponse en astrophysique, mais je l'ai plutôt découvert en chimie dans la théorie d'Eyring. Il s'agit de l'énergie d'activation (Ea).

Appliquée dans le domaine de la physique, cette découverte m'a permis de confirmer mes déductions sur l'énergie qui a déclenché le Big Bang, selon ce qui est écrit dans le schéma biblique et torahnique de la création. Pour la science, cette question reste encore pendante.

En effet, pour répondre à la question de savoir d'où est venue l'énergie qui a déclenché le Big-bang, la physique quantique enseigne qu'il y a d'autres formes d'énergie qu'on appelle des énergies du vide, selon le propos de l'astrophysicien Hubert Reeves dans le documentaire « **D'où provient l'énergie du Big-bang** ». C'est cette énergie du type quantique, enchaîna-t-il, qui s'est transformée en chaleur. Là nous sommes effectivement en face de la phrase biblique et torahnique : *« Dieu dit : Que la lumière soit ! Et la lumière fut »* (Ge :1 :3). Ce verset démontre l'état qu'avait atteint l'Univers avant le Big Bang, à savoir une chaleur extrême, selon les propos contenus dans ce documentaire.

En plus, en astrophysique, quand on parle des énergies du vide, on voit effectivement ce qui est invisible ou qui peut être hypothétique pour le moment. C'est ce que nous avons fait ressortir dans les versets bibliques et torahniques ci-dessus, à savoir : Esprit de Dieu, Lumière et Ténèbres.

Comme pour le Big Bang, la Bible et la Torah viennent encore confirmer les suppositions des savants. Comment la transformation de l'énergie quantique en chaleur (Et la lumière fut) fut la cause du Big Bang ? Je parle de la cause parce que nous sommes dans le domaine scientifique, mais pour les croyants, tout s'est passé selon la volonté de Dieu.

Pour répondre à cette question, je me suis inspiré de la théorie d'Eyring sur l'énergie d'activation (Ea). Mais qu'entend-on d'abord par énergie d'activation selon la science ?

L'énergie d'activation est une notion chimique introduite en 1889 par le scientifique suédois Svante August Arrhenius, et qui décrit l'évolution d'une vitesse de réaction chimique avec la température. En quelque sorte, c'est une énergie supplémentaire qui doit être apportée à un système chimique possédant déjà des énergies pour que la réaction ait lieu. Cette énergie doit être de nature thermique, c'est-à-dire se rapportant à la chaleur.

Dans la théorie d'Eyring (appelée théorie du complexe activé), l'énergie d'activation est l'enthalpie libre qui sépare l'énergie de l'état de transition et celle de l'état initial. (Cf : Wikipédia : L'**énergie d'activation)**.

L'enthalpie est définie par l'expression : $\boldsymbol{H = U + PV}$ Où $\boldsymbol{U}$ correspond à l'énergie interne du système, $\boldsymbol{P}$ à la pression et $\boldsymbol{V}$ au volume du système.

Tout ceci est schématisé et expliqué dans l'image ci-dessous tirée d'Encarta :

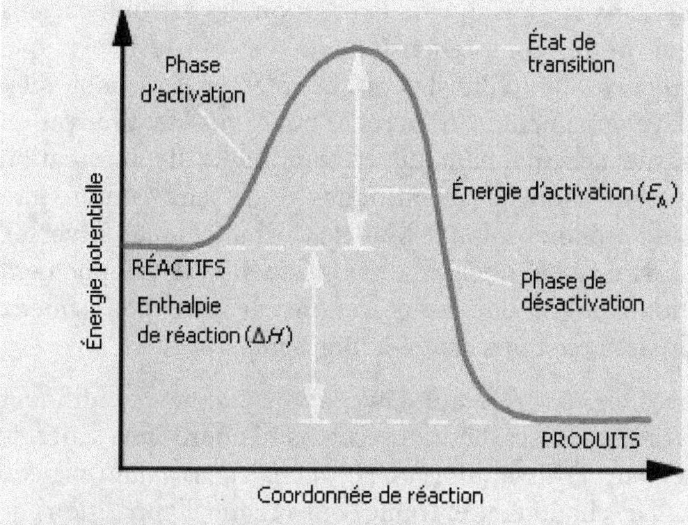



**Profil énergétique d'une réaction élémentaire exothermique**

*« Cette variation globale d'énergie potentielle correspond à la variation d'enthalpie entre les réactifs et les produits, appelée enthalpie de réaction (ΔH). Par ailleurs, pour passer de l'état initial à l'état final, le système doit acquérir un minimum d'énergie (phase*

*d'activation) pour initier la réaction : c'est l'énergie d'activation (E a). Le système passe ainsi par un maximum d'énergie et se trouve dans un état dit état de transition, qui correspond au moment où les réactifs forment un agrégat, appelé complexe activé, au sein duquel les liaisons sont en train de se rompre et de se former. Puis le système évolue vers son état final (phase de désactivation) dont l'énergie potentielle peut être inférieure à celle de départ (réaction exothermique avec dégagement de chaleur) ou supérieure (réaction endothermique avec absorption de chaleur) ».*



Source : Enthalpie." Microsoft® Encarta® 2009 [DVD]. Microsoft Corporation, 2008.

Appliqué dans la physique de la création, les astrophysiciens auront une autre compréhension de ce qui est expliqué ici par rapport aux chimistes et ce n'est pas à moi d'en faire le développement. Ce livre a pour but de prouver la supériorité du schéma biblique et torahnique de la création par rapport aux modèles scientifiques et de faire comprendre l'Univers aux profanes selon le Modèle Cosmologique Universel. C'est aux savants eux-mêmes de continuer le développement mathématique de ce que nous venons de dire pour mieux comprendre la force qui a activé le Big Bang.

Toutefois, en se référant aux explications scientifiques ci-dessus tirées d'Encarta, nous avons d'abord une énergie potentiellement croissante (*l'esprit de Dieu se mouvant sur les eaux*). Le chauffage extrême entraînant l'apparition de la lumière (*Et, la lumière fut*), comme énergie d'activation. Celle-ci entraînant l'Univers à l'état de transition (métastabilité ou Univers condensé). Les trois forces étant condensées, cela provoqua le processus de l'expansion de l'Univers ou le Big Bang. C'est ainsi que le Big Bang ou la séparation des eaux d'avec les eaux ne fut qu'une étape transitoire entre un Univers en déflation et un Univers en expansion.

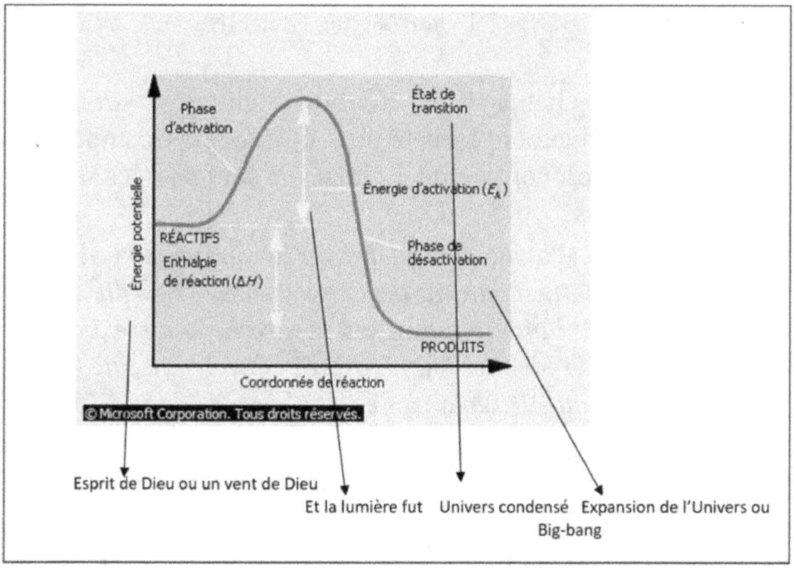


Ainsi, dans le schéma de la création biblique et torahnique, le Big Bang n'occupe pas le premier jour, mais le second jour ou la seconde période de l'Univers selon la restitution scientifique. Dans le schéma ci-dessus, l'univers condensé occupe l'étape du sommet, tandis que le Big-bang occupe le début de la phase de désactivation ***P*** à la pression et ***V*** au volume du système.

### 3.2. Dieu dit et la brisure des symétries

Lorsqu'on parle de symétrie en physique, il ne s'agit pas de celle des objets naturels. Il s'agit en fait de la symétrie des lois de la physique. Quand une chose évolue normalement selon ces lois, on dit qu'elle garde sa symétrie. Mais la brisure de symétrie constitue une transition ou un passage à une autre phase qu'on ne peut expliquer. C'est une explication que j'offre aux profanes et non aux physiciens.

On observe des brisures de symétrie en physique (de l'échelle microscopique jusqu'à celle de l'Univers), en chimie (dont de nombreuses transitions de phase) et en biologie (par exemple l'asymétrie gauche-droite chez les bilatériens). (Dfr : Brisure de symétrie — Wikipédia (wikipedia.org))

Revenons au schéma de la création biblique et torahnique restitué scientifiquement sous le nom du Modèle Cosmologique Universel pour voir comment les choses se sont passées selon les versets ci-dessous :

Ge 1 :1-6 : « *il y avait des ténèbres à la surface de l'abîme, et l'Esprit de Dieu se mouvait au-dessus des eaux. Dieu dit : Que la lumière soit ! Et la lumière fut… Dieu sépara la lumière d'avec les ténèbres… Ce fut le premier jour. Dieu dit : Qu'il y ait une étendue entre les eaux, et qu'elle sépare les eaux d'avec les eaux. Et Dieu fit l'étendue » (qui sépara les eaux).*

Dans ces successions d'événements, à la place de Dieu, les astrophysiciens parlent de la brisure spontanée de symétrie. Ça nous encourage quand même, car ils reconnaissent l'existence des événements en physique, en chimie et en biologie ayant nécessité une discontinuité causant des sauts inexpliqués. En biologie, par exemple, on constate dans l'évolution beaucoup de chaînons manquant des espèces inférieures aux espèces supérieures, qualifiés parfois d'accident mutationnel.

Pour revenir sur l'Univers, au départ, on avait à faire à une énergie passive, « les ténèbres », dans le vide et à une énergie active, qualifiée de « l'esprit ou un vent de Dieu se mouvant sur les eaux », c'est-à-dire sur la matière originelle. Cette mouvance exprimait une puissance énergétique qui entraînait la déflation cosmique de l'Univers, provoquant les collisions des matières originelles et son réchauffement.

Cette déflation a fait que la température de l'Univers d'avant Big Bang soit croissante. L'élévation exponentielle de la température a entraîné la matière originelle qualifiée des eaux bibliques et torahniques à se fusionner et à chauffer jusqu'à l'émergence de la première lumière sanctionnée par le verset biblique et torahnique : « E*t Dieu dit que la lumière soit, et la lumière fut* » (Gn 1:3).

Dans la vie courante, quand la lumière apparaît, les ténèbres s'effacent, mais ici, au tout début de l'Univers, on n'avait affaire qu'aux énergies. Ainsi, au lieu que les ténèbres s'effacent, il fut plutôt séparé de la lumière, démontrant que ce n'était pas une obscurité seulement. C'est cette lumière qui est venue jouer le rôle de la variation d'enthalpie et a fait que même les ténèbres soient devenues une énergie active en inversant les processus après une étape de métastabilité de l'Univers.

Donc, à travers le verset biblique et torahnique « *Dieu sépara la lumière d'avec les ténèbres* », nous voyons qu'une troisième énergie (la lumière) est entrée en jeu en activant les ténèbres, qui est venue inverser les processus après une étape de métastabilité et entraîner l'Univers à entrer dans l'inflation par le processus connu sous le nom de Big Bang par la science et de la séparation des eaux par les eaux par la Bible et la Torah.

Comme je l'ai dit, en astrophysique, ces phénomènes, causés par une brusque élévation des températures créant une discontinuité, sont connus sous le nom de la brisure de symétrie (Dieu dit). Donc, selon la physique quantique, il y avait déjà une forte activité énergétique bien avant le Big Bang. Sans l'énergie, le big-bang lui-même ne pouvait avoir lieu. C'est ainsi que certains savants disent que notre Univers est le résultat d'une étoile effondrée dans un autre Univers. D'autres astrophysiciens qui ne croient pas à l'avant-Big-Bang nous présentent parfois des schémas où tout est issu à partir du big-bang.

En conclusion, l'émergence de la première lumière biblique et torahnique démontrant l'élévation de la température et de la chaleur constitua effectivement l'énergie d'activation du Big Bang en face de l'énergie contenue dans les ténèbres, y compris l'énergie du vide ou l'esprit de Dieu. Ceci répond effectivement à la question que les savants se posaient : à savoir d'où est issue l'énergie qui avait activé le Big Bang.

# Section 4
# L'explosion des étoiles

## 4.1. Les étoiles ; reflets du Big Bang

Reflet est défini dans le dictionnaire Encarta comme un produit ou une illustration indirecte d'un phénomène. **(Cf : Microsoft® Encarta® 2009. Tous droits réservés)**.

Selon le Modèle Cosmologique Universel, le Big Bang reste un phénomène indiscutable. Si le big bang fut un phénomène unique, mais histoire est reflétée par l'évolution et la multiplication des étoiles, tout comme la multiplication de chaque espèce vivante est reflété par ces fruits. Le fruit du premier Homme, ce sont ces enfants.

Le Big Bang a produit les étoiles et chaque étoile, à la fin de sa vie, finit par s'éclater en produisant d'autres étoiles et les débris en s'agglomérant forment d'autres corps célestes tels que les planètes, les exoplanètes, les météorites et les comètes.

Ce point est très important pour les croyants pour comprendre d'où vient la multitude des étoiles et des corps qu'on retrouve dans le ciel. Lisons :

***Gn 1 :6*** *Dieu dit : Qu'il y ait une étendue entre les eaux, et qu'elle sépare les eaux d'avec les eaux.*

***Gn 1 :9*** *Dieu dit : Que les eaux qui sont au-dessous du ciel se rassemblent en un seul lieu, et que le sec paraisse. Et cela fut ainsi.* ***10*** *Dieu appela le sec terre, et il appela l'amas des eaux mers. Dieu vit que cela était bon.*

***Gn 1 :14*** *Dieu dit : (avec les eaux du dessus) Qu'il y ait des luminaires dans l'étendue du ciel, pour séparer le jour d'avec la nuit; que ce soient des signes pour marquer les époques, les jours et les années;* ***15*** *et qu'ils servent de luminaires dans l'étendue du ciel, pour éclairer la terre. Et cela fut ainsi.* ***16*** *Dieu fit les deux grands luminaires, le plus grand luminaire pour présider au jour, et le plus petit luminaire pour présider à la nuit; il fit aussi les étoiles.*

La Bible (Ancien Testament) et la Torah, écrites dans l'antiquité, sont allées d'une manière directe en disant qu'après la séparation des eaux d'avec les eaux, qui n'était autre que le

Big Bang, avec les eaux du dessous qui représentent les débris, la Terre fut créée, tandis qu'avec les eaux du dessus, les luminaires furent créés avec les étoiles.

Pourquoi la Bible et la Torah précisèrent-elles qu'il fit aussi les étoiles, qui font partie déjà des luminaires ? Parce que tous les luminaires qu'on voit dans le ciel ne sont pas tous des étoiles. Certains sont des corps célestes qui ne font que refléter la lumière du Soleil tels que la lune et les planètes, et d'autres, la lumière des étoiles telles que les exoplanètes et d'autres corps célestes.

Quel est encore cet astrophysicien de nos jours qui peut dire que son intelligence égale celle de Moïse, l'auteur du schéma biblique et torahnique de la création en le qualifiant de mythe ? À chacun d'y répondre.

Il faut que je précise aussi aux croyants profanes en astronomie que tous les minéraux qu'on retrouve sur la Terre sont fabriqués lors de la naissance des étoiles qui commencent par l'hydrogène (qui signifie ce qui génère de l'eau) jusqu'à la fin de leur vie qui se manifeste par une explosion qu'on appelle supernova. C'est pour cela que les astrophysiciens disent que l'homme est le fruit des étoiles en l'analysant en amont. Mais étant donné qu'il fut formé sur la Terre, la Bible et la Torah disent qu'il est la poussière de la Terre en l'analysant en aval.

*Gn 2 : 7 L'Éternel Dieu forma l'homme de la poussière de la terre, il souffla dans ses narines un souffle de vie et l'homme devint un être vivant.*

***Gn 3 :19** C'est à la sueur de ton visage que tu mangeras du pain, jusqu'à ce que tu retournes dans la terre, d'où tu as été pris ; car tu es poussière, et tu retourneras dans la poussière.*

Par-là, nous voyons que le schéma biblique et torahnique de la création est un schéma par excellence qui permet de mieux comprendre l'univers à travers sa restitution dans le Modèle Cosmologique Universel.

# Chapitre VII
# L'après Big-bang

L'après Big Bang représente la période qui a suivi le Big Bang jusqu'à nos jours. Dans le schéma de la création biblique et torahnique, cela commença à partir du troisième jour (Gé 1 :9). Nous en avons largement expliqué aux précédents livres de la collection « Astronomie & Théologie » Ici, nous voulons seulement exposer notre point de vue sur certaines questions, ayant une contradiction entre la science et les écrits sacrés dans l'après Big Bang. Comme nous l'avons dit, certaines ont déjà été résolues aux précédents livres.

Ge 1 : **9***Dieu dit : Que les eaux qui sont au-dessous du Ciel se rassemblent en un seul lieu, et que le sec paraisse. Et cela fut ainsi.*

Ge 1 : 10 *Dieu appela le sec terre, et il appela l'amas des eaux mers... 13 ainsi, il y eut un soir, et il y eut un matin : ce fut le troisième jour.*

*Ge 1 : 16 Dieu fit les deux grands luminaires, le plus grand luminaire pour présider au jour, et le plus petit luminaire pour présider à la nuit ; il fit aussi les étoiles.*

*Ge 1 : 19 Ainsi, il y eut un soir, et il y eut un matin : ce fut le quatrième jour.*

Pour philosopher sur l'univers, les prophètes et les philosophes antiques se sont servi des observations du système solaire. C'est par là aussi que nous focalisons notre attention en parlant de l'après Big Bang, comme l'ont fait la Bible et la Torah.

# Section 1
# Le système solaire

## 2.2. L'âge du système solaire, de la Terre et du Soleil

**L'âge du Système solaire confirme le schéma biblique et torahnique de la création**. Le système solaire contient un ensemble d'astres qui subit la gravitation du Soleil. Ces astres tournent tout autour du Soleil. **Ce système, avons-nous dit**, est composé, outre le Soleil lui-même et par ordre de distance croissante à celui-ci, de quatre planètes telluriques ou solides (Mercure, Vénus, la Terre et Mars), d'une ceinture d'astéroïdes composée de petits corps rocheux, de quatre planètes géantes (deux géantes gazeuses que sont Jupiter et Saturne, et deux planètes géantes de glaces que sont Uranus et Neptune) et de la ceinture de Kuiper, composée aussi d'objets glacés.

J'avais écrit dans d'autres livres que les étoiles sont les fruits du Big Bang, c'est-à-dire qu'à chaque explosion d'une étoile, il y a un nouveau processus de recréation des astres. C'est ce qui fait que les philosophes antiques sont arrivés à décrire le fonctionnement de l'univers entier en se basant seulement sur le système solaire.

Selon la science, toutes les planètes du système solaire ont été projetées par l'explosion d'une étoile, dont une partie des poussières et des gaz, ayant formé les nuages moléculaires, s'est effondrée gravitationnellement. 99 % des matières contenues dans le centre ont formé le Soleil. Les autres matières éparses représentant 1 % ont formé les planètes.

Les scientifiques évaluent l'âge du Système solaire à environ **4,6 milliards d'années**. Cela veut dire, selon l'hypothèse de sa formation, qu'aucun de ses astres ne peut avoir un âge au-delà de celui-ci. C'est ici que les choses deviennent très intéressantes.

Que dit le schéma biblique et torahnique de la Création en ce qui concerne l'origine du système solaire ? Par manque de termes scientifiques, Moïse a utilisé le nom « eaux » et a parlé de la *« Séparation des eaux d'avec les eaux »*.Des eaux du dessous, la terre se forma et des eaux du dessus, les luminaires furent créés

(Gen 1 :6-19). Cela veut dire que les planètes et les luminaires ont été tous formés par la séparation d'un même amas des matières que Moïse a qualifié des eaux, et la science de l'univers condensé.

*Gn 1 :6-9Dieu dit : Que les eaux qui sont au-dessous du ciel se rassemblent en un seul lieu, et que le sec paraisse. Et cela fut ainsi. 10Dieu appela le sec terre, et il appela l'amas des eaux mers. Dieu vit que cela était bon.*

*Gn 1 : 14 Dieu dit : Qu'il y ait des luminaires dans l'étendue du ciel, pour séparer le jour d'avec la nuit ; que ce soient des signes pour marquer les époques, les jours et les années ; 15et qu'ils servent de luminaires dans l'étendue du ciel, pour éclairer la terre. Et cela fut ainsi. 16Dieu fit les deux grands luminaires, le plus grand luminaire pour présider au jour, et le plus petit luminaire pour présider à la nuit ; il fit aussi les étoiles.*

L'âge du Soleil est estimé à 4,57 milliards d'années, alors que celui de la Terre à 4,54 milliards d'années, prouvant que ce sont des astres jumeaux. La création de ces astres très proches l'un de l'autre constitue une preuve observationnelle faite par les scientifiques eux-mêmes sans savoir qu'ils ont confirmé le schéma de la création biblique et torahnique.

En effet, de nos jours, les scientifiques nous confirment que, que ça soit la terre (formée par les eaux du dessous) et les luminaires (formés par les eaux du dessus), tous sont composés des mêmes éléments. La différence ne réside qu'autour de leurs états : solide, liquide, gazeux pour la Terre et certaines planètes. Fluide, gaz et plasma pour le Soleil et d'autres étoiles.

Tout dans le système solaire est issu des nuages moléculaires qualifiés par Moïse des eaux. Le nuage moléculaire est composé en grande partie de molécules d'hydrogène, ce qui signifie *« ce qui génère de l'eau »*. Donc Moïse, en qualifiant la masse originelle de l'eau, n'était pas loin de la science, car l'eau (H2O) est composée d'hydrogène et d'oxygène.

D'ailleurs, ce n'est que pour rendre la compréhension facile qu'on a traduit le mot utilisé par Moïse « eaux », car le mot grec original est ὕδωρ *(hudôr)* qui signifie hydro (cfr : eau ; Wikipédia), c'est-à-dire quelque chose qui génère de l'eau.

On comprend par-là que beaucoup des mots ont été

complétement dénaturés par leur traduction de la Bible et de la Torah hébraïque ou grecque en d'autres langues. Scientifiquement, selon la nucléosynthèse, toute la création après le Big Bang est issue de l'hydro, que Lavoisier a qualifié de l'hydrogène, confirmant ainsi la Bible et la Torah.

Nous-mêmes, aujourd'hui, sans être astronome, on ne peut expliquer l'origine des phénomènes célestes, ni même de la Terre. Comment Moïse est-il parvenu en 1500 ans avant Jésus-Christ ? Pour moi, c'est un savant inégalé jusqu'à ce jour et son nom devrait intégrer le monde scientifique comme étant le premier savant à avoir offert le premier schéma de l'univers. À savoir que je suis le seul à l'avoir éclairci et restitué scientifiquement dans le Modèle Cosmologique Universel.

# Section 2
# L'eau

## 2.1. L'origine de l'eau sur la terre

Dans la cosmologie, il est apparu que la Terre sèche a précédé l'eau. En parlant de la Terre sèche, nous voulons faire la différence entre les océans et les parties sèches.

Les astrophysiciens maintiennent que l'eau dans la planète Terre nous vient des corps célestes comme les comètes et les astéroïdes. Donc, pour eux, la partie sèche était déjà là. Cette version semble être en contradiction avec le verset biblique et torahnique qui dit que le sec est apparu dans l'eau, comme nous pouvons le lire :

Ge 1 :*9 Dieu dit : que les* ***eaux*** *qui sont au-dessous du Ciel se rassemblent en un seul lieu, et que le sec paraisse. Et cela fut ainsi.*

Donc, selon la cosmologie actuelle, la planète Terre était rocheuse (sec) et fut bombardée plus tard par des comètes glacées et les astéroïdes, lui apportant de l'eau. Or, selon les écrits bibliques et torahniques ci-dessus, le sec est apparu dans l'eau, semant la contradiction avec les scientifiques.

Selon le Modèle Cosmologique Universel, nous n'avons aucune preuve pour imposer notre argument. Mais, en nous référant au verset biblique et torahnique ci-dessus, nous pouvons dire qu'à un certain moment, même le sec fut couvert d'eau, c'est-à-dire qu'il était en état de poussières. Ce que nous savons est qu'au finish, c'est toujours la Bible et la Torah qui l'emporte, à moins que nous-mêmes soyons embrouillés par notre interprétation du mot eau après le Big Bang. Mais entrons dans les débats des scientifiques pour cette question en lisant cet article tiré de futurascience.com du 04/11/2014 écrit par Xavier Demeersman ; qui est venu apporter une contribution sur le sujet.

*« Au cœur de ce débat passionnant, une équipe de jeunes chercheurs du MIT (Massachusetts Instituteof Technology) et de la WHOI (Woods Hole Oceanographic Institution) estime avoir tranché la question (*sur la provenance de l'eau*). Leur étude a été*

*publiée dans l'édition du 31 octobre de la revue Science. La réponse à l'une des questions les plus fondamentales est que nos océans ont toujours été là (*ne sont pas venues des comètes*), argue Adam Sarafian qui a conduit ces recherches. Nous ne les avons pas obtenus d'un processus tardif comme cela était pensé précédemment ».*

Une autre réflexion parue récemment dans Futurascience confirme aussi ce qui vient d'être dit, comme nous pouvons le lire ;

« *On pouvait donc avancer qu'au tout début de l'Hadéen, voilà plus de 4 milliards d'années, du fait d'une activité volcanique beaucoup plus intense qu'aujourd'hui, le manteau de la Terre avait subi un phénomène de dégazage ayant conduit à l'émission d'importantes quantités de vapeur d'eau qui se sont ensuite condensées en pluies diluviennes pour former les océans de notre planète ».*

(www.futurascience : La Terre aurait gardé son eau malgré sa collision avec Théia, L. Sacco, le10/04/2018).

Et un troisième argument :

« *Les chercheurs ont confirmé le manque relatif d'eau dans l'astéroïde Ryugu ou, plus précisément, de minéraux hydratés, à l'aide de la caméra à lumière visible et du spectromètre dans la poche infrarouge de Hayabusa 2. Il s'agit d'une découverte surprenante, car on croit que l'eau de la Terre provient d'astéroïdes ».* (Cf : gurumed.org/2019/03/21/la-sonde-japonaisehayabusa-2-montre-que-lastrode-ryugu-est-tonnamment-sec).

Ces trois articles donnent raison à la Bible et à la Torah que l'eau sur la terre n'est pas venue des autres corps célestes. Mais faut-il pour cela rejeter l'argument selon lequel nos océans viennent de comètes ? Rien du tout dans la mesure où la planète Terre elle-même fut un BICAME (Big-Comète-Astéroïde-Météorite). Il suffit d'une variation de la distance terre-soleil pour qu'on se retrouve dans l'un de ces cas.

En effet, la planète Terre jouissant d'une position idéale par rapport à son soleil a su garder son eau. L'eau qui s'est condensée dans le disque des poussières était presque proportionnelle à cette dernière. En s'agglomérant par bloc, la masse solide qui s'est formée a commencé par flotter, formant le continent que la science a appelé la Pangée. Selon la science, « *l'existence de la Pangée est confirmée par la remarquable uniformité mondiale des fossiles d'animaux et de plantes terrestres datant du début du trias* ». (Cf : "Pangée." Microsoft® Encarta® 2009 [DVD]. Microsoft Corporation, 2008).

Et, plus tard, selon toujours la science, sous la poussée des courants de convection du magma dans le sous-sol, la Pangée, le continent unique, s'est lentement divisée en deux parties : la Laurasie et le Gondwana. Ce sont ces dernières qui se sont subdivisées aux continents actuels.

En plus, dans le documentaire scientifique « **Quelle est l'origine de l'eau sur la terre** », les eaux qu'on retrouve dans les comètes ont une composition chimique différente de celle de la planète Terre. Elles sont plus riches en deutériums (atome d'hydrogène constitué d'un proton, d'un neutron et d'un électron). Par conséquent, nos eaux ne proviennent ni des comètes, ni des astéroïdes.

La preuve scientifique, nous l'attirons toujours dans le même documentaire où on a évoqué un élément très capital qui nous a amenés à appuyer nos arguments ; il s'agit des cristaux de zircons.

Les grains de zircon, minéral exceptionnellement résistant, ont été retrouvés dans des roches plus jeunes que leur âge de 4,36 milliards d'années, dans l'ouest de l'Australie.

Alors que l'âge de la Terre est estimé selon différentes sources à 4,54 milliards d'années, l'étude sur les cristaux de zircon datant de cette époque a révélé qu'il s'est formé en présence de l'eau liquide. En d'autres termes, ce minéral s'est formé dans un milieu aquatique et pourtant son âge avoisine l'âge de l'apparition de la terre sèche. C'est pour dire que l'eau a précédé la terre sèche, comme mentionné par Moïse dans la Bible et la Torah (Ge 1 :9-10).

Le zircon était le seul minerai fossile qui pouvait confirmer qu'à cette époque, il n'y avait que les magmas rocheux, ce qui ne fut pas le cas. Cette étude a d'ailleurs changé les données chez les savants, comme nous pouvons le lire :

« *L'eau liquide existait sur la surface de la Terre, il y a plus de 4 milliards d'années. C'est l'étude de cristaux de zircon qui a permis cette découverte. Ces cristaux se sont formés au cours de l'Hadéen Eon, une période qui s'étale sur 500 millions d'années, de 4,5 à 4 milliards d'années. On relève la signature d'un isotope lourd de l'oxygène dans des cristaux de zircon de cette époque, un indice de présence d'eau liquide en surface il y a 4,3 milliards d'années... L'analyse chimique d'un cristal de zircon (zircon grain - W74/2-36) dont l'âge a été déterminé à 4,4 milliards d'années soit le minéral le plus vieux de la Terre connu à ce jour, indique que la Terre devait déjà être assez froide pour avoir de l'eau liquide soit une hydrosphère, il se pourrait donc que la vie soit plus ancienne qu'on ne le pensait ».* (Cf : futura-sciences.com/sciences/définitions/chimie-zircon-4668).

Voilà une preuve qui donne raison à Moïse en disant que le sec est sorti de l'eau, et cela par le verset suivant :

Ge 1 :*1 :9 Dieu dit : Que les eaux qui sont au-dessous du ciel se rassemblent en un seul lieu, et que le sec paraisse. Et cela fut ainsi. 10 Dieu appela le sec terre, et il appela l'amas des eaux mers.*

En disant que les eaux qui sont au-dessous du ciel se rassemblent en un seul lieu, on est là en présence du disque protoplanétaire (future planète) constitué des gaz et des poussières après des périodes successives du Big Bang aux supernovae des premières étoiles selon le modèle standard.

En présence d'interactions magnétiques et de températures très élevées, les gaz et les poussières présents se transforment ; des minéraux apparaissent par **condensation**. En cosmologie, le mot condensation est beaucoup plus utilisé pour décrire le phénomène physique du passage d'un gaz à un état solide et, par abus de langage, aussi à un liquide (liquéfaction). *(Cf : vinsvignesvignerons.com/Geologie/Une-breve-histoire-de-la-planete-terre*).

Les corps continuant de tournoyer autour d'eux-mêmes, conséquence des caractéristiques duales de Dieu, et autour du proto-Soleil (futur soleil, car à ce moment-là Moïse ne parle pas encore de la constitution du soleil), attirent poussières et gaz présents dans le disque protoplanétaire, en devenant de plus en plus gros, et formant au bout de milliers d'années des planétésimaux rocheux ou morceaux de planètes.

Les planétésimaux entrant en collision à leur tour, libèrent de l'énergie et forment progressivement les protoplanètes. C'est le phénomène d'accrétion ou de croissance des planètes qui aboutira après des millions d'années à la formation des planètes, dont la planète Terre, constituée des 70 % d'eaux liquides et des 30 % de la partie sèche, tout comme l'est l'homme, confirmant la phrase biblique et torahnique qui dit que « l'homme est formé de la poussière de la terre » (Ge 2 :7).

Tous ces processus scientifiques décrits ci-dessus sont contenus dans les versets suivants :

Ge 1 :*9 Dieu dit : Que les eaux qui sont au-dessous du ciel se rassemblent en un seul lieu, et que le sec paraisse. Et cela fut ainsi.*
*10 Dieu appela le sec terre, et il appela l'amas des eaux mers.*

Voilà une preuve qui donne raison à Moïse en disant que le sec est sorti de l'eau, et cela par le verset suivant :

Ge 1 :*1 :9 Dieu dit : Que les eaux qui sont au-dessous du ciel se rassemblent en un seul lieu, et que le sec paraisse. Et cela fut ainsi.*
*10 Dieu appela le sec terre, et il appela l'amas des eaux mers.*

Comme on le voit, le développement du schéma de la création biblique et torahnique et sa restitution scientifique dans le Modèle Cosmologique Universel ne requiert pas seulement l'assistance du Saint-Esprit, mais aussi la connaissance du principe de la création du Rév. Dr. Sun Myung Moon et de la cosmologie.

Et, toujours avec la participation de l'eau et des molécules de vie contenues dans la poussière, la vie est apparue ; c'est ce que Moïse a qualifié par la phrase *« Dieu dit : que les eaux produisent en abondance les animaux...* » (Ge1 :20).

Il faut noter que poussière de la terre ou des étoiles veulent dire les minéraux. Sur les 92 éléments naturels, les savants en ont trouvé près de 70 dissous dans l'eau de mer. (Cf : Melvin et G. Berger : Qu'est-ce qui fait onduler l'océan ? éd. Nouveaux Horizons – ARS, Paris 2012, p. 19)

Par sa position idéale par rapport au soleil, l'eau liquide sur la terre a pu favoriser la combinaison des molécules de vie allant jusqu'à l'apparition de la vie dans l'assemblage des poussières, et cela selon l'action et le plan de Dieu.

Jusque-là, l'assemblage des éléments jusqu'à l'apparition de la vie demeure encore un mystère pour la science, voire même pour la religion. D'où l'argument des chrétiens : « Dieu a créé par la parole » comme nous pouvons le lire :

*Jn 1 : **3** Toutes choses ont été faites par la parole, et rien de ce qui a été fait n'a été fait sans elle.*

Toutefois, dans le Modèle cosmologie Universel, nous disons qu'à l'intérieur de la parole divine, il y a des processus physiques qui échappent encore à la science. C'est ce qu'a aussi dit le pape François, à savoir, « *Les théories de l'évolution et du Big Bang sont réelles et Dieu n'est pas « un magicien avec une baguette magique* » pour faire apparaitre les choses. (SudOuest.fr Publié le 29/10/2014 par Ph.B.),

## 2.2. L'origine de l'eau dans d'autres contrées de l'Univers

Gn 1 : **6** *Dieu dit : Qu'il y ait une étendue entre les eaux, et qu'elle sépare les eaux d'avec les eaux.* **7** *Et Dieu fit l'étendue, et il sépara les eaux qui sont au-dessous de l'étendue d'avec les eaux qui sont au-dessus de l'étendue. Et cela fut ainsi.*

Il faut savoir que le mot « eau » a été utilisé par les traducteurs. Moïse a utilisé le mot grec hudôr, hudatos provient de la même racine ; en sont issus : Le préfixe hydr. Le préfixe hydro- qu'on retrouve par exemple dans hydrogène (du grec genos, générer : qui génère l'eau). Ce fut Lavoisier qui, sans savoir qu'il confirmait la Bible et la Torah, donna le nom d'hydrogène à ce premier élément chimique qui est répandu sur tout l'univers. Cela est attesté par ces premiers versets bibliques et torahniques.

*Gn 1 : **2** La terre était informe et vide : il y avait des ténèbres à la surface de l'abîme, et l'esprit de Dieu se mouvait au-dessus des eaux (hudôr).*

Hudôr veut dire tout ce qui peut générer l'eau comme hydrogène ou tout ce qui peut être généré par l'eau comme hydrocarbure, courant hydraulique, etc.

Par-là, nous déduisons que le schéma de la création selon la Bible et la Torah fait partie de la littérature scientifique. Ce sont les traducteurs qui en ont fait un conte de fée, comme le qualifient les savants par la méconnaissance des termes scientifiques utilisés en cosmologie, qui, d'ailleurs, à l'époque, n'existaient même pas. Donc, on ne peut pas aussi en vouloir aux traducteurs. Il appartient plutôt aux savants de comprendre à quelle époque ce schéma a été dévoilé.

Il est attesté à ces jours de la présence de l'eau, non seulement sur les planètes du Système solaire, mais dans les autres galaxies aussi.

En effet, la molécule d'eau, de formule H2O, est constituée de 2 éléments chimiques, l'hydrogène et l'oxygène. L'hydrogène est l'élément le plus abondant dans notre Univers ; il représente environ 75 % en masse de la matière de l'Univers observable (matière noire exclue). L'oxygène arrive en troisième place derrière l'hydrogène et l'hélium.

Par l'action des rayons cosmiques dans les milieux interstellaires, générant des réactions chimiques sur l'hydrogène et l'oxygène, la molécule d'eau peut se former directement sous forme de glace ou de vapeur. Ainsi, cette molécule est présente dans tout l'Univers, essentiellement sous ces deux formes. Mêlé aux grains des poussières interstellaires, par accrétion, il peut contribuer à la formation des planètes, des comètes ou d'autres corps célestes.

Tout comme sur la terre, il y a des endroits désertiques sans eau, il en est de même au Ciel. Si le corps céleste est bombardé par son soleil ou son étoile, il se crée un phénomène d'évaporation jusqu'à ce que l'eau s'amasse quelque part sous forme de vapeurs, de nuages ou de gaz, et la surface de ce corps devient désertique comme Mercure. Mais plus qu'on s'enfonce à l'intérieur de ce corps céleste désertique, dans la profondeur non chauffée, plus qu'on peut y trouver des traces d'eau, d'un liquide magmatique ou de méthane, qui est souvent une dégradation gazeuse des matières et molécules organiques.

Si le corps compact ou gazeux échappe au bombardement de son étoile ou de son soleil, il se crée soit un phénomène de glaciation, soit la planète reste gazeuse à cause de son éloignement. Bien sûr, nous ne pouvons passer notre explication comme étant absolue, car pour que les choses se passent ainsi, il faut que la nébuleuse ayant abouti à la formation du corps céleste contienne suffisamment d'eau et de poussières. L'eau ayant permis aux poussières de s'agglomérer selon les termes littéraires, et à son évaporation, nous obtenons des planètes telluriques ou des météores. Mais ces derniers peuvent aussi être des fragments planétaires.

Par contre, si la nébuleuse contient peu de poussières, alors la planète reste gazeuse quelle que soit sa distance avec son étoile ou se mute en comète s'il en est très éloigné. C'est le cas de l'exoplanète 51Pegasi b qui a conduit les astrophysiciens à revoir leur théorie, car ils ne s'attendaient pas à trouver une géante gazeuse aussi proche de son étoile.

# Section 3
# Dieu dit - Dieu fit - Dieu créa et la pluie des météorites

## 3.1. Les météorites

Les météorites représentent les fragments des roches qu'on retrouve dans les espaces interplanétaires. Ils peuvent être déviés de leur trajectoire et tomber sur la Terre ou sur une autre planète. En tombant sur une planète, si celle-ci possède une atmosphère dense, la météorite se chauffe et se transforme en une boule de feu. C'est ce que nous appelons souvent dans le langage courant « les étoiles filantes ».

Dans le passé, ces boules de feu revêtaient des significations spirituelles selon les civilisations. Par exemple, lors de la naissance de Jésus, les trois Mages utilisèrent la trajectoire d'une météorite pour localiser l'endroit où il était né. Le nom « météorite » étant récent, la Bible et la Torah parlent plutôt de l'étoile.

Mt 2 : *9 Et voici, l'étoile qu'ils avaient vue en Orient marchait devant eux jusqu'à ce qu'étant arrivée au-dessus du lieu où était le petit enfant, elle s'arrêtât. 10 Quand ils aperçurent l'étoile, les trois Mages furent saisis d'une très grande joie.*

En Afrique Noire, ces boules de feu ont toujours été assimilées aux déplacements des sorciers. En d'autres mots, à cause de l'ignorance, ces boules de feu qui ne sont que des météorites sont assimilées à des sorciers en Afrique noire.

## 3.2. Dieu dit - Dieu fit - Dieu créa

Aux précédents livres de la collection « astronomie et théologie », nous avons fait un parallélisme entre les expressions « Dieu dit – Dieu fit – Dieu créa » avec la brisure des symétries. Nous avons dit que ces expressions étaient à la base de la brisure des symétries que les évolutionnistes constatent au sein des êtres vivants. Dans ce livre, par contre, nous allons parler dans les phrases qui suivent de la manifestation physique de ces expressions dans l'Univers.

Nous savons qu'il est impossible pour la science de capter les cris de Dieu ou de retracer sa volonté. Mais chacune de ses paroles liées à la création a été toujours suivie par des manifestations physiques dont nous retracerons quelques-unes.

*Ge 1 :11 Puis Dieu dit : Que la terre produise de la verdure.*

*Ge 1.20 Dieu dit : Que les eaux produisent en abondance des animaux vivants...*

Scientifiquement, on sait que la vie biologique a pris naissance dans l'eau, avant de se répandre sur la terre ferme. Quand Dieu a décidé de créer (puis Dieu dit), ces événements se transforment sur la terre par certains phénomènes physiques. Plus près de nous, nous avons le déluge et la destruction de Sodome et Gomorrhe, même si ce sont des événements non scientifiques, car non prouvé historiquement. Mais, plus loin de nous, nous avons la pluie des météorites, c'est-à-dire par des bombardements des boules de feu sur la terre.

Un terrien dira que la terre est bombardée par le feu venant du ciel. Selon la science, ce sont ces météorites qui ont apporté de l'eau sur la Terre et d'autres ingrédients pour que la vie apparaisse. En plus, ces météorites avaient accru la chaleur de la terre pour que certains minéraux se mutent un jour en élément organique.

En effet, toutes ces pluies des météorites, combinées avec celle qui détacha une partie de la terre qui deviendra la lune, n'étaient pas dues au hasard. C'était pour que la vie germe dans cette planète.

Actuellement, dès qu'on découvre de l'eau quelque part en dehors de la planète Terre, les astronomes se mettent à courir pour y trouver la vie. L'eau seule ne suffit pas, il faut que la planète ait bénéficié d'un bombardement standard des météorites, comme ce qu'a subi la Terre. Sinon, c'est à l'homme qu'appartient d'y apporter la vie, selon le verset : « Soumettez l'Univers et dominez-le » (Ge 1 :28).

Revenons encore un peu plus près de nous en ce qui concerne le sixième jour de la Création. Lisons :

Ge 1.24 *Dieu dit : Que la terre produise des animaux vivants selon leur espèce... 26 Puis Dieu dit : Faisons l'homme à notre image... 31... Ce fut le sixième jour,*

Chronologiquement, comment pouvons-nous dater cette voie divine ? En effet, la voie spirituelle de Dieu pour créer est suivie par des feux venant du ciel et dont aujourd'hui la science parle de la pluie des météorites. Quelle est l'histoire récente de la création qui a bouleversé même les mutations biologiques et a permis que les animaux évoluent des mammifères actuels jusqu'à la formation de l'homme ? Certains scientifiques lient cette histoire avec la disparition des dinosaures.

Selon l'un des scénarios que les scientifiques retiennent le plus, c'est celui de la météorite qui est tombée au Mexique il y a 65 millions d'années. Même les autres scénarios parlent plus d'une augmentation brusque de la chaleur sur la terre occasionnée par un phénomène naturel. À partir de ces phénomènes qui ont permis aux mammifères d'évoluer, nous pouvons dire que le sixième jour de la création biblique et torahnique a commencé aux environs de -66 millions d'année. Par-là, nous comprenons que la Parole de Dieu se fait accompagner des signes extérieurs dont seul un exégète ou un prophète pouvait interpréter.

Même pour ce qui s'est passé bibliquement et torahniquement pendant le Déluge. Pour les habitants, c'était un phénomène naturel, mais pour Moïse qui a dévoilé les faits providentiels du passé, il s'agissait d'une des manifestations de la voie divine.

### 3.3. L'apparition des organismes vivants

En parlant de l'apparition des organismes vivants, nous nous référons à la planète Terre. J'avais déjà évoqué un rêve que j'avais fait dans un séminaire au moment où je ne connaissais encore rien sur la cosmologie. Dans ce rêve, j'ai dit que j'avais vu la transformation des énergies en matière sous l'effet des foudres ou des tonnerres. Tout au long de ces écrits, ma vision était seulement basée sur ce qui se passe dans l'espace interstellaire. Quelle ne fut pas de nouveau ma surprise en découvrant ces écrits :

*« L'apparition de la vie sur terre s'est déroulée dans des conditions très différentes de celles que nous connaissons*

*aujourd'hui. L'air contenait peu d'oxygène, les volcans en éruptions et les orages violents étaient monnaie courante. La foudre provoqua la combinaison de substances chimiques simples dans l'atmosphère, qui formèrent ensuite des composés chimiques plus complexes – les éléments de base de la vie ».*

(Linda Gamlin, Les origines de la vie, éd. Artis-Historia, Bruxelles. 1989, P. 4).

J'avais aussi déjà dit que, dès que le mot Terre a été mentionné pour la première fois dans la Bible et la Torah, tous les processus qui s'en sont suivis après ont été physiques, mais selon le plan divin. C'est pour cela que Moïse utilisait les expressions « Dieu dit, Dieu fit ». D'où le verset biblique et torahnique « *Puis Dieu dit : que la terre produise de la verdure…* » qui représentait en fait les premières molécules de vie où tout ce qui adviendrait après était inscrit. (Ge 1 :11).

L'élément originel qui reste un mystère, auquel tout le schéma était inscrit, c'est « l'eau », dans le verset « *l'esprit de Dieu se mouvait au-dessus des eaux* » (Gé 1.2).

Dans la citation ci-dessus de la biologiste Linda Gamlin, on parle de la foudre comme manifestation physique de la combinaison, tout en ignorant le processus intérieur. En nous basant sur le Principe de la création, du Rév. Dr. Sun Myung Moon, nous découvrons que tout se déroule sur la base des processus intrinsèques liés à l'Énergie Première Universelle dotés sur la matière. (Cfr : Présentation du Principe divin, édit. Culture et paix, Paris 2013, Pp 22-27).

Pour la science, qui répond seulement sur le comment, l'apparition de la vie fait partie des phénomènes physiques, quoique cela soit un mystère. Actuellement, il existe plusieurs théories expliquant l'origine des petites molécules ayant conduit à l'apparition de la vie sur Terre. Pour certains scientifiques, elles auraient pu être apportées depuis l'espace par des météorites (météorite de Murchison), être formées dans les monts hydrothermaux sous les océans ou sous l'effet de la foudre dans une « *atmosphère réductrice* » selon l'expérience de Miller-Urey. (Cfr : www. Wikipédia, Cellules).

J'avais dit que l'expérience de Miller-Urey a éclairé le songe que j'ai eu lors d'un séminaire basé sur la « Pensée de l'unification » du Rév. Dr. Sun Myung MOON. Quand le conférencier a touché le point sur les origines de l'Univers, cela a réveillé ma curiosité, car c'est depuis l'enfance que j'en compte pour déceler le mystère. Ce n'est qu'en écrivant ce livre que j'ai découvert que ce que j'ai vu en songe correspondait effectivement à l'expérience de Miller-Urey dont j'en ai déjà parlé et que la science devrait poursuivre les recherches.

Même si je ne sais pas ce que l'auteur de l'expérience entendait par « atmosphère réductrice », dans mon rêve, la foudre créait des éléments à côté d'une glace. Ce n'est qu'en écrivant ce livre que j'ai su que la glace, à côté des éléments créés, représentait l'atmosphère glaciale qui règne dans l'espace, sans laquelle certaines particules ne pouvaient subsister après leur création. Cela a été constaté dans le Grand collisionneur des hadrons (LHC).

Dans ce laboratoire, on assiste à la disparition de certaines particules après leur création par manque de température permanente semblable au climat intergalactique. Là, c'est moi qui l'ajoute.

Quand j'ai fait ce songe, avais-je dit, je ne connaissais rien sur la cosmologie ni sur les corps qui emplissent l'Univers. Si j'avais écrit un article à l'époque sans la moindre connaissance de la cosmologie, j'aurais dit : Dieu forme les éléments dans l'espace par la foudre à côté des glaces. Or, ici, même ce phénomène de la foudre est accepté par les scientifiques et mieux expliqué par les partisans du Modèle de l'univers électrique que nous allons voir dans les chapitres qui suivent.

L'image que j'ai vue ressemble à peu près à ceci :

Éclair

*Le phénomène de l'éclair correspond à une décharge électrique qui se produit entre un nuage et la Terre, ou entre deux nuages. Keith Kent/Science Source/Photo Researchers, Inc. (Microsoft ® Encarta ® 2009. © 1993-2008 Microsoft Corporation. Tous droits réservés).*

Ce genre de phénomènes dans le ciel profond marquait le passage de l'invisible au visible en y déversant la poussière, le gaz et le plasma dans l'Univers. Dans cette zone, d'après le rêve que j'ai fait, il y avait aussi un grand bloc de glace. C'est pour dire qu'après la création des particules, ce qui subsistait était celle qui était déversée dans le froid cosmique extrême.

### 3.3.1. Le cycle cyclique de la vie

La grande majorité des scientifiques émettent l'hypothèse selon laquelle ce sont des météorites, des comètes et des astéroïdes qui ont apporté la vie sur Terre. Selon plusieurs sources scientifiques, les premières cellules sont apparues il y a au moins 3,5 milliards d'années sous l'eau. La cellule est l'unité constitutive et fonctionnelle des organismes vivants ; elle est intimement liée à l'origine de la vie, aux origines de l'histoire évolutive du vivant.

Tout ce que nous savons est que le règne végétal fut précédé du règne minéral, car c'est sur les minerais que réside notre origine. la Bible et la Torah le précisent par le verset : *« L'homme fut formé de la poussière de la terre »* (Ge 2 :7). L'homme ici ne représente pas seulement le règne animal, mais tout ce qui est vie. Tout être vivant, des algues en passant par les plantes jusqu'à l'homme, finit par redevenir poussière selon ce qui est écrit : *« Tu es poussière et tu retourneras dans la poussière »* (Ge 3 :19). Aucun être vivant n'y échappe. Si Moïse l'avait écrit dans un autre livre autre que religieux, on aurait fait de cela une loi scientifique et son nom serait déjà inscrit parmi les grands philosophes et savants.

Retourner à la poussière constitue en fait un cycle de vie. Cela peut être observé dans la chaîne alimentaire de l'Océan où chaque être supérieur se nourrit de l'être inférieur. Darwin l'a qualifiée de la lutte de la sélection naturelle.

#### ***3.3.1.1. L'apparition de la vie avec la chimiosynthèse.***

*Gn 1.9 Dieu dit : Que les eaux qui sont au-dessous du ciel se rassemblent en un seul lieu, et que le sec paraisse. Et cela fut ainsi. 10 Dieu appela le sec terre, et il appela l'amas des eaux mers. Dieu vit que cela était bon. 11 Puis Dieu dit : Que la terre produise de la verdure, de l'herbe portant de la semence, des arbres fruitiers donnant du fruit selon leur espèce et ayant en eux leur semence sur la terre. Et cela fut ainsi. 13 Ainsi, il y eut un soir, et il y eut un matin : ce fut le troisième jour.*

Les détracteurs du schéma biblique et torahnique de la création critiquent l'apparition de la vie au troisième jour biblique avant la création du Soleil qui est intervenue au quatrième jour. Selon ces détracteurs, sans le soleil, il n'y a pas la vie. Or, depuis la découverte de la vie dans les abysses, là où la lumière du soleil n'y arrive même pas, l'adage « Sans le soleil, il n'y a pas la vie » n'a plus sa raison d'être.

Ainsi, ces versets ouvrent une nouvelle ère des recherches pour les biologistes qui les amènera à découvrir comment la vie a commencé et a évolué à partir des abysses, malgré les chainons manquants. En effet, les abysses pourraient être le berceau de la vie sur Terre...

Les abysses sont les zones profondes de l'océan où la lumière ne pénètre jamais (à partir de 1 000 m de fond). Plus on descend dans les profondeurs de l'océan, plus la température de l'eau baisse pour descendre à 2°C à partir de 1 000 m de fond et jusqu'aux plus grandes profondeurs, quelle que soit la région ou la saison. Les conditions de vie dans les profondeurs de l'océan sont extrêmes : **pas de lumière, peu de nourriture, une température glaciale et une pression écrasante !** Elles n'empêchent pas la vie de s'y développer : on y trouve des poissons, des bactéries, des méduses, des pieuvres, des requins... À certains endroits des abysses, on trouve des sources océaniques dont l'eau s'est réchauffée au contact du magma qui brûle à l'intérieur de la terre jusqu'à atteindre les 400°C. un écosystème riche se développe sans l'énergie du soleil là où cette eau jaillit. (Cfr : https://www.nausicaa.fr/fr/le-mag-ocean/14-choses-savoir-sur-les-abysses ? )

Dans ces abysses, les êtres vivent en effectuant le métabolisme dit chimiosynthèse. De nombreuses espèces au fond des océans utilisent la chimiosynthèse comme moyen de produire de l'énergie sans l'exigence de la lumière solaire. La chimiosynthèse est la production d'un composé chimique plus complexe en combinant deux ou plusieurs entités chimiques. Elle correspond à une formation/production de corps organiques réalisée notamment par les végétaux inférieurs sous l'effet d'une source d'énergie chimique. Elle complète la biosynthèse et la photosynthèse. (Cfr : https://www.aquaportail.com/dictionnaire/definition/1809/chimiosynthese)

En effet, Durant les deux premiers milliards d'années

d'existence de la Terre, le soleil était 25 % plus faible qu'aujourd'hui, la température moyenne de la Terre était jusqu'à 25°C plus froide. Mais il y a des preuves géologiques que la Terre disposait d'eau liquide à ce moment-là, même si la température moyenne à la surface aurait dû être aux alentours des -10 °C. (Cfr : https://gurumed.org/2013/01/07/paradoxe-du-jeune-soleil-pourquoi-la-terre-na-pas-t-un-gros-cube-de-glace-avant-de-devenir-celle-que-lon-connait/)

C'est aussi la raison pourquoi le schéma biblique et torahnique classe la terre en troisième position dans l'ordre de la création et le soleil en quatrième position. Mais les deux ont été expulsé dans par une même masse que les astrophysiciens qualifient d'étoile de la troisième génération.

Gn 1.7 Et Dieu fit l'étendue, et il sépara les eaux qui sont au-dessous de l'étendue d'avec les eaux qui sont au-dessus de l'étendue. Et cela fut ainsi.

Avec les eaux qui eaux qui étaient au-dessous de l'étendue, la terre émergea et avec les eaux qui étaient au-dessus de l'étendue, les luminaires furent formés.

### 3.3.1.2. L'apparition de la vie avec la photosynthèse

*Gn 2.5 Lorsque l'Éternel Dieu fit une terre et des cieux, aucun arbuste des champs n'était encore sur la terre, et aucune herbe des champs ne germait encore : car l'Éternel Dieu n'avait pas fait pleuvoir sur la terre, et il n'y avait point d'homme pour cultiver le sol. 6 Mais une vapeur s'éleva de la terre, et arrosa toute la surface du sol.*

Au verset 5, nous découvrons qu'on était encore au troisième jour biblique, et que le soleil, qui a été expulsé par la même masse que la terre, était encore en pleine formation. Il n'avait pas une lumière suffisante pour faire fondre les glaces qui couvraient la terre et pour amorcer le processus d'évaporation. C'est le paradoxe du jeune soleil. du verset six, où on nous montre qu'après avoir atteint la maturité, la lumière du soleil a fini par faire fondre les glaces et les processus d'évaporation ont débuté. Avec la photosynthèse, la vie pouvait maintenant croître sur la Terre. D'où les versets suivants :

*Gn 2 :9 L'Éternel Dieu fit pousser du sol des arbres de toute espèce, agréables à voir et bons à manger.*

*Gn 2.19 L'Éternel Dieu forma de la terre tous les animaux des champs et tous les oiseaux du ciel,*

*Gn 2.7 L'Éternel Dieu forma l'homme de la poussière de la terre, il souffla dans ses narines un souffle de vie et l'homme devint un être vivant.*

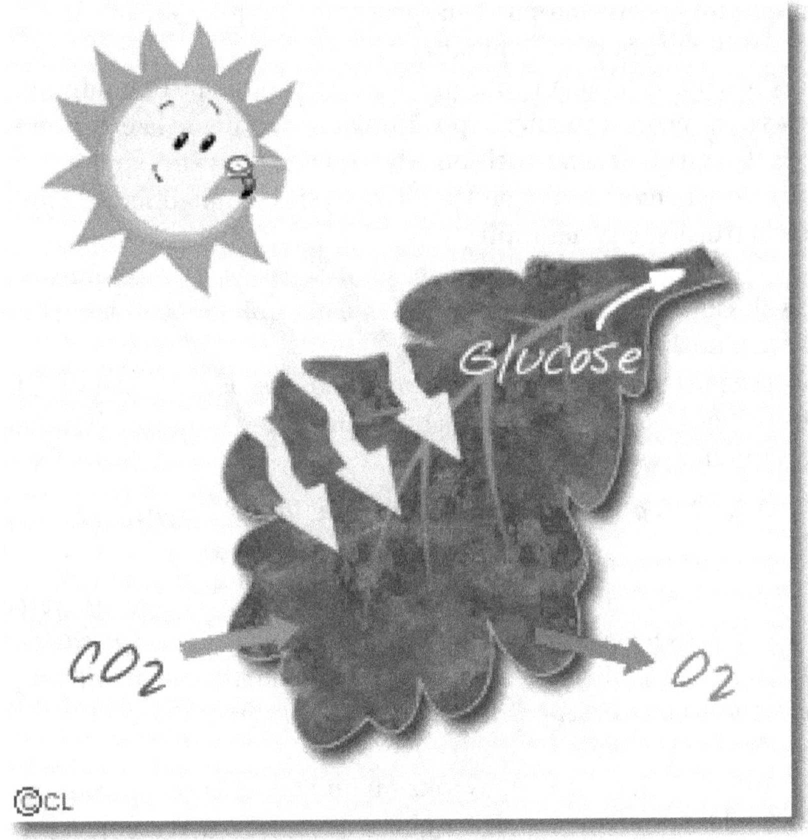


Schéma de la photosynthèse

https://www.unamur.be/sciences/enligne/transition/biologie/Fichesderevision/revision2%20fonctionnement/photosynthese.htm

La photosynthèse consiste à transformer l'énergie lumineuse en énergie chimique, c'est à dire que l'énergie lumineuse est mise en réserve dans les liaisons chimiques d'un composé bien connu : **le glucose**.

Au niveau marin, La base commence par le phytoplancton qui exploite la lumière solaire et les minéraux présents dans l'eau. Le zooplancton mange le phytoplancton qui est lui-même mangé par certains poissons. Les poissons à leur tour servent d'aliment à d'autres poissons. Quand ces derniers meurent, ils deviennent des proies des bactéries qui ajoutent des minéraux à l'eau. En remontant, les courants transportent les minéraux jusqu'à la zone de lumière solaire où le phytoplancton les consomme pour se développer et relancer toute la chaîne alimentaire des océans. (Cf : Melvin et G.Berger : Qu'est-ce qui fait onduler l'océan ? éd. Nouveaux Horizons – ARS, Paris 2012, p. 20).

Au niveau de la terre, les plantes absorbent le carbone sous forme de dioxyde de carbone et le convertissent en combinaison avec la lumière du soleil appelée photosynthèse en composés complexes, qui peuvent libérer davantage d'énergie. Ces composés entrent dans la chaîne alimentaire des animaux, qui rejettent le carbone sous forme de gaz carbonique en respirant. Et ainsi se boucle le cycle du carbone. (Cf : C.Bonneau, Science&Vie Hors-séries n° 288, 09/2019, p. 55).

À noter que ce schéma de cycle de la vie constitue aussi le schéma de l'implantation de la vie dans d'autres planètes, comme nous allons le développer dans d'autres livres.

Dans le documentaire scientifique « Les origines de la terre » écrit par Alice HARPER et Nigel HENBEST que j'ai découvert à la fin de mes travaux, les premiers êtres furent les cyanobactéries dont on sait que certains se sont mutés en algues végétales et d'autres en poissons. Après les poissons, vinrent les insectes volants, suivis des reptiles, des dinosaures, des primates et enfin l'homme. Ceci rejoint les explications ci-dessus.

Cette classification scientifique va des pairs avec ce que Moïse a écrit dans la Bible et la Torah (Ge 1 :20) il y a plus de 1500 ans av. J.-C. Or, à ce moment-là, il n'y avait pas l'étude des fossiles. Alors comment Moïse a su cette classification ?

Lisons :

**Gn 1 :20** Dieu dit : Que les eaux produisent en abondance des animaux vivants, et que des oiseaux *volent sur la terre vers l'étendue du ciel.* ***21*** *Dieu créa les grands poissons et tous les animaux vivants qui se meuvent, et que les eaux produisirent en* *abondance selon leur espèce ; il créa aussi tout oiseau ailé selon son espèce... ce fut le cinquième jour.*

*Gn 1 :* ***24*** *Dieu dit : Que la terre produise des animaux vivants selon leur espèce, du bétail, des reptiles et des animaux terrestres, selon leur espèce. Et cela fut ainsi*

***Gn 1 :27*** *Dieu créa l'homme à son image, il le créa à l'image de Dieu, il créa l'homme et la femme... ce fut le sixième jour.*

Comme je l'avais dit, cette classification biblique et torahnique va de pair avec la chronologie scientifique. Cela démontre encore la supériorité de ces écrits sacrés sur la science, qui ne fait que confirmer ce que les écrits sacrés ont dévoilé. Pour les croyants, l'inspiration qu'a eue Moïse lui est venue de Dieu le Créateur et, en plus, il fut très intelligent. À part cette réponse, les savants peuvent nous proposer leur réponse pour quelqu'un qui a vécu dans l'antiquité et aboutir à une telle classification ?

# Section 4
# La formation des mammifères à l'homme

## 4.1. La disparition des dinosaures

Comme je l'ai dit dans les points précédents, la disparition des dinosaures devrait avoir un rapport avec le sixième jour biblique et torahnique qui marqua la venue des mammifères à l'homme. C'est un indice sérieux pour mesurer physiquement ce qui s'est passé à la fin d'une journée biblique et torahnique afin de passer à l'autre jour.

En effet, selon l'histoire de la Création, le cinquième jour biblique et torahnique s'est clôturé avec l'apparition des oiseaux.

Ge 1 : 20 *Dieu dit : Que les eaux produisent en abondance des animaux vivants, et que des oiseaux volent sur la terre vers l'étendue du ciel. 21 Dieu créa les grands poissons et tous les animaux vivants qui se meuvent, et que les eaux produisirent en abondance selon leur espèce ; il créa aussi tout oiseau ailé selon son espèce. Dieu vit que cela était bon. 22 Dieu les bénit, en disant : Soyez féconds, multipliez, et remplissez les eaux des mers ; et que les oiseaux multiplient sur la terre. 23 Ainsi, il y eut un soir, et il y eut un matin : ce fut le cinquième jour.*

Pour les scientifiques, les dinosaures et les reptiles étaient les maîtres de cette période. Ils seraient réellement apparus entre les premiers êtres sous-marins et les oiseaux.

Selon la biochimiste et biologiste Linda Gamlin, les amphibiens ont évolué en reptiles au cours de la période carbonifère, il y a environ 300 millions d'années, et ces reptiles se sont diversifiés. Certains se mutèrent en dinosaures. D'autres dinosaures furent les ancêtres des oiseaux et des mammifères. Un fossile connu sous le nom d'Archaeopteryx a montré comment les oiseaux ont évolué en partant des dinosaures.

L'ère des reptiles s'est conclue il y a 65 millions d'années, à la fin du Crétacé, lorsqu'un grand nombre d'espèces disparut aussi subitement que mystérieusement, dont les dinosaures. Ce n'est qu'après la disparition des dinosaures que les premiers véritables mammifères, bien qu'apparus à peu près en même temps que ces derniers, eurent l'occasion de croître et de se diversifier en passant de petits animaux nocturnes aux mammifères actuels. (Cf : Linda Gamlin, les origines de la vie, éd. Artis –Historia, 1989, Brussels, Pp 14-18).

Concernant la disparition des dinosaures, selon la version qui est admise en science actuellement, c'est qu'il y a de cela 66 millions d'années, un astéroïde de plus de 10 km de diamètre a frappé la surface de la terre sur la péninsule du Yucatán au Mexique. Le choc a provoqué un cataclysme planétaire qui a entraîné une disparition massive des espèces vivantes, principalement des dinosaures.

Le paradoxe est que rien n'explique comment cet impact a affecté les dinosaures de tous les continents. Cet ainsi que nous offrons l'hypothèse ci-dessous :

Nous savons que la Terre n'a pas une sphère parfaite. Elle est légèrement aplatie dans la direction des axes polaires : son diamètre équatorial (environ 12,756 km) est supérieur à son diamètre polaire (environ 12,713 km), ce qui correspond à un aplatissement relatif de l'ordre de 1/300. Frappant le Mexique, les océans devraient atténuer cet impact dans certaines contrées et les dinosaures ne seraient pas tous disparus.

Pour nous, compte tenu de la forme de la Terre et de son diamètre, pareille assertion sur la disparition des dinosaures ne peut être vraie que si l'environnement était impliqué, à savoir le climat, ou qu'il y a eu une perturbation atmosphérique causée par l'introduction d'un tel objet.

En conclusion, si la disparition de dinosaures est liée à cet impact, c'est que la collision a dû bouger momentanément l'orbite de la Terre en entraînant une perturbation climatique ou atmosphérique que ces gros mammifères n'ont pas pu supporter ou qu'ils étaient tous projetés dans l'air et ont succombé par cet accident.

En parlant de bouger momentanément l'orbite, nous nous référons de nouveau à la loi d'Archimède. L'espace-temps se comportant comme un fluide dont un objet est posé dessus, si ce dernier subit une pression momentanée d'une manière très violente à la verticale, celle-ci peut s'enfoncer davantage ou bouger avant de reprendre sa position initiale.

En effet, *le climat dépend d'abord des variations des paramètres de l'orbite terrestre, qui influent sur le rayonnement solaire reçu par la surface terrestre* (théorie de Milanković). Quand il y a une perturbation atmosphérique, celle-ci peut faire passer des radiations inattendues malgré le champ magnétique.

En fait, dans les conclusions qui ont été mises jusque-là concernant la disparition des dinosaures et qui peuvent être fondées, on parle de l'impact, mais on ne tient pas compte de ce qui s'est passé dans l'univers du point de vue physique.

Une théorie de l'extinction de dinosaures

*« L'un des événements majeurs à l'origine de l'extinction des dinosaures (ainsi que de celle de 75 p.100 des autres espèces peuplant la Terre à cette époque) pourrait être celle de la collision d'un grand astéroïde ou d'une comète (10 à 20 km de diamètre) avec la surface de la Terre (les preuves de l'existence de cette collision ont été retrouvées au Mexique). L'explosion d'une violence inouïe qui a suivi la collision aurait eu des conséquences climatiques dramatiques à l'échelle de la planète, notamment parce qu'elle aurait projeté dans l'atmosphère des quantités phénoménales de poussières qui auraient fait écran au soleil, sans parler des probables tremblements de terre et raz-de-marée. »*

*John R. Foster/Photo Researchers, Inc.* (Cf : "dinosaures." Microsoft® Encarta® 2009 [DVD].Microsoft Corporation, 2008).

## 4.2. La vie au sixième jour biblique et torahnique

Nous avons dit au début que l'histoire de la disparition des dinosaures devrait avoir un rapport entre la fin du cinquième jour et le sixième jour biblique et torahnique. Dans Le sixième jour biblique et torahnique, il écrit ceci :

Ge 1 : 24 *Dieu dit : Que la terre produise des animaux vivants selon leur espèce, du bétail, des reptiles et des animaux terrestres, selon leur espèce. Et cela fut ainsi. 25 Dieu fit les animaux de la terre selon leur espèce, le bétail selon son espèce, et tous les reptiles de la terre selon leur espèce. Dieu vit que cela était bon. 26 Puis Dieu dit : Faisons l'homme à notre image, selon notre ressemblance, et qu'il domine sur les poissons de la mer, sur les oiseaux du ciel, sur le bétail, sur toute la terre, et sur tous les reptiles qui rampent sur la terre. 27 Dieu créa l'homme à son image, il le créa à l'image de Dieu, il créa l'homme et la femme. 31 Dieu vit tout ce qu'il avait fait et voici, cela était très bon. Ainsi, il y eut un soir, et il y eut un matin : ce fut le sixième jour.*

L'exécution physique de cette parole divine (Dieu dit), devrait effectivement avoir un rapport avec l'événement que les scientifiques recherchent, ayant entraîné la fin des dinosaures. Un témoin sur place aurait parlé d'un feu tombant du ciel, entraînant l'anéantissement et la brisure des symétries de certaines créatures sur la terre. C'est ainsi qu'aucune partie de la Terre n'a été épargnée.

Compte tenu de ce grand phénomène qui demeure un mystère, nous pouvons dire que la sixième journée biblique et torahnique de la création a commencé à -66 millions d'année. Cette référence n'est pas une prophétie, mais est fixée en fonction de ce que les scientifiques situent l'événement marquant la fin des dinosaures, précédé d'abord par la descente d'un feu en provenance du ciel.

La biochimiste et biologiste Linda Gamlin a émis le constat suivant :

*« L'ère des reptiles s'est conclue il y a 65 millions d'années, à la fin du Crétacé, lorsqu'un grand nombre d'espèces disparut aussi subitement que mystérieusement, dont les dinosaures... La disparition des dinosaures marqua le début d'une ère riche de possibilités pour les mammifères. Ils se multiplièrent de façon*

*spectaculaire, et de nombreuses formes apparurent* ». (Cf : Linda Gamlin, les origines de la vie, éd. Artis – Historia, 1989, Brussels, Pp.14-18).

De tels propos confirment et renforcent le Modèle Cosmologique Universel. Nous avons dit aux précédents livres de la collection Astronomie & Théologie », que derrière la phrase « Dieu dit, Dieu fit, Dieu créa », se cache toujours un phénomène physique important pour déclencher le processus. Le Big Bang lui-même a eu lieu quand Dieu a dit en tant qu'héro dans l'ombre : « Séparons les eaux d'avec les eaux ».

# Chapitre VIII
# L'évolution

La théorie de l'évolution suggère que toutes les espèces vivantes sont en perpétuelle transformation et subissent au fil du temps et des générations des modifications morphologiques comme génétiques. Ce concept a été présenté par Charles Darwin dans son ouvrage L'origine des espèces publié le 24 novembre 1859. (https://www.geo.fr/histoire/charles-darwin-quest-ce-que-la-theorie-de-levolution-208353)

Comme on le voit, cette théorie critiquée à tort et déformée par certains scientifiques n'a rien à voir avec le créationnisme, car pour subir une évolution, un être doit d'abord avoir un commencement. C'est ce qu'a dit aussi le pape François à savoir : *« ... La théorie de l'évolution dans la nature ne contredit pas la notion de Création, parce que l'évolution présuppose la création d'êtres qui évoluent »*. (Cfr : https://fr.alletïa.org/author/aleteïa-usa Le jour où le pape François a rencontré l'astrophysicien Stephen Hawking, publié *le 14/03/18).*

Donc, selon le parrain de la théorie de l'évolution, les modifications se réalisent autour des aspects extérieurs de l'être et non sur le changement d'un être d'une espèce à l'autre. Toutefois, un changement morphologique peut penser à un changement de nature. C'est ainsi que les hommes primitifs, n'étant pas conscients que l'homme pourrait marcher debout, suivaient l'exemple des animaux et, en regardant souvent au ciel, ont eu des visages un peu allonger comme des singes et la colonne vertébrale un peu déformée. Toutefois, ils étaient toujours des hommes dès leur commencement.

# Section 1
# Evolution et créationnisme

Ce livre n'est pas un manuel des débats philosophiques ou théologiques pour trancher sur de telles questions. Ici, tout est expliqué seulement selon le Modèle Cosmologique Universel qui restitue le schéma biblique et torahnique de la création.

## 1.1. Conception de l'évolution et du créationnisme selon le Modèle Cosmologique Universel

Les êtres vivants sont-ils le produit de l'évolution ou de la création (créationisme) ? Le schéma de la création biblique et torahnique est clair à ce sujet quand il emploie le verbe créer pour les galaxies et former quand il s'agit des êtres vivants.

Ge 2 : 4 *Voici les origines* ***des cieux et de la terre****, quand ils* ***furent créés****. Lorsque l'Éternel Dieu fit une terre et des cieux*

Ge 2 :*19 L'Éternel* ***Dieu forma*** *de la terre tous les animaux des champs et tous* ***les oiseaux*** *du Ciel,*

Ge2 : 7 *L'Éternel Dieu* ***forma l'homme*** *de la poussière de la terre, il souffla dans ses narines un souffle de vie et l'homme devint un être vivant.*

En effet, dans ces versets, Moïse parle de la création de la terre ou de la création des éléments et de la formation de l'homme à partir de la poussière de la terre (des éléments créés), montrant que le processus de l'évolution était respecté. De la poussière au fond des mers (Ge 1 : 10), en passant par les cyanobactéries, le règne animal, jusqu'au niveau de l'homme, plusieurs étapes ont été franchies et c'est à la science de les découvrir et de nous les enseigner.

Mais quelle fut la forme de cette évolution ? Selon Wolf-Ekkehard Lönning, chercheur à l'institut allemand Max Planck de recherche en phytogénétique : « *Les mutations ne peuvent transformer une espèce (végétale ou animale) originelle en une espèce entièrement nouvelle.* » (Cf : Wolf-Ekkehard Lönning in « la vie a-t-elle été créée ? www.jw.org/fr).

Une chose est sûre, la forme actuelle de l'homme a été prédestinée dès l'origine de la création, car l'un des derniers désirs de celui-ci a été toujours de voler comme un oiseau. Chacun de nous, dans son enfance, a eu ce désir. Or, si l'homme devait évoluer dans ses formes par la force de la pensée, nous devrions avoir aujourd'hui des ailes. N'ayant pas atteint cette capacité, nous l'attribuons aux anges, à qui nous pensons qu'ils sont des super-êtres plus que nous. Ceci nous amène à nous poser des questions sur l'évolution de notre forme actuelle par rapport à ce que la science nous exhibe, c'est-à-dire un homme avec un dos courbé ressemblant à un singe. Cette forme-là n'était-elle pas du tout simplement à cause de l'ignorance de notre vrai physique ?

Par exemple : s'asseoir en croisant les jambes est un calvaire pour les Occidentaux et les Africains, ce qui n'est pas le cas pour les Orientaux. Mais, pour ceux qui se sont exercés, ils ont atteint les niveaux des Orientaux et, à la longue, cela devient naturel comme pour ces derniers. À cela, faut-il parler de l'évolution pour ceux qui l'ont maîtrisée ou de l'ignorance pour ceux qui n'y arrivent pas ? La réponse est claire, c'est l'ignorance de nos capacités physiques qui devrait être semblable aux chats, comme en font les yogis.

Cet exemple est confirmé par ces propos de Jeffrey Schwartz, théoricien de l'évolution, à savoir : « *La sélection naturelle aide peut-être les espèces à s'adapter aux conditions changeantes de l'existence, mais ne crée rien de nouveau* ». (Cf : Jeffrey H. Schwartz, Sudden Origins – Fossils, Gened, and Emergences of Species, 1999, Pp. 317-320).

Mais, comme je l'ai dit, quelle que soit la forme qu'on attribue à l'homme primitif, du lézard à l'homo sapiens, il était toujours homme, et doté déjà de la capacité intérieure de se communiquer avec Dieu et de l'intelligence de manier les feuilles, les bois et les pierres en tant qu'outil.

Il y a de l'affinité chimique entre toutes les créatures parce que toutes sont faites des mêmes molécules de vie qualifiées par la Bible et la Torah de « la poussière de la terre ». En plus, les scientifiques minimisent les écarts des pourcentages qui marquent la différence entre nous et les singes. Mais ces écarts n'ont pas été perdus ni gagnés par les humains au cours d'un processus héréditaire en provenance des singes. Par conséquent, nous sommes notre propre schéma.

https ://www.slayerment.com/science-vs-religion-which-right#comment-9366

N'est-il pas écrit dans la Bible et la Torah qu'Adam et Ève furent étonnés Dieu en reconnaissant leur nudité à l'aube de la création et qu'ils se couvrirent des feuilles ? Ce que les animaux n'ont jamais fait. Lisons :

Ge 3 :7 *Les yeux de l'homme et de la femme s'ouvrirent, ils connurent qu'ils étaient nus, et ayant cousu des feuilles de figuier, ils s'en firent des ceintures.*

Ge 3 :11 *Et l'Éternel Dieu dit à l'homme : Qui t'a appris que tu es nu ?*

En effet, l'homme vivant au milieu des animaux qui étaient aussi nus, d'où lui est venue cette honte dans sa conscience et le désir de cacher son sexe, plutôt qu'une autre partie de son corps comme le nombril, par exemple ? Le Principe Divin du Rév. Dr. S.M. Moon est le seul enseignement qui a répondu à cette réponse. Inutile de rechercher une réponse incomplète ailleurs qui créera des nouvelles questions.

Donc, je disais que pour ce qui est de l'évolution, quelle que soit la forme dont la science imagine ou décrit l'homme primitif, ce n'est pas un problème pour les religieux. Tout ce que nous savons, c'est qu'il était homme créé par Dieu, même si son comportement ou sa forme aurait connu ce que la science appelle une évolution. Donc, pour « le Modèle Cosmologique Universel », la théorie de l'évolution ne concerne pas l'origine, ni la qualification du plus apte, ni l'intelligence et la spiritualité, mais plutôt la forme et le comportement.

La phrase suivante utilisée dans plusieurs livres scientifiques selon laquelle « l'homme a commencé par un animal » devrait être remplacée par « l'homme a commencé par une forme soit animale, soit de cyanobactéries, etc. » Mais il était homme créé par Dieu. Dire que l'homme a commencé par le singe, c'est faux, car le singe est déjà une étape évoluée et finale dans la création.

J'appuie aussi ma pensée par cette réflexion du Rév. Dr. Sun Myung Moon :

*« Si les êtres humains sont des êtres résultants, est-il possible que des singes soient notre cause ? Des singes peuvent-ils être nos ancêtres ? Finissons-en avec de telles absurdités ! En partant d'une amibe, pour que la vie ait atteint la forme humaine, elle a dû passer par les portes de l'amour à des milliers de niveaux. La vie progresse-t-elle de manière automatique ? Absolument pas. Il en est de même avec tous les animaux. La division des espèces est très stricte. Personne ne peut transgresser la séparation des espèces. Si des matérialistes, convaincus que les singes sont nos ancêtres, croisent un être humain avec un singe, croyez-vous qu'une nouvelle forme de vie apparaîtra ? Cette tentative est vouée à l'échec, même s'ils tentent de le faire pendant des milliers d'années.*

(Rév. S.M. Moon : discours : *Vraie famille et vrai Univers centré sur l'amour de Dieu.* 1997).

Dans ce même contexte d'idée, le célèbre paléoanthropologue français et maître de conférences au Collège de France, Pascal Picq, dans un documentaire intitulé "Premier Homme", a dit que nous ne descendons pas des singes, nous sommes des singes. C'est pour dire que nous sommes les descendants de nous-mêmes. Si, selon ce professeur, nous sommes des singes, mais la différence avec les vrais singes est que nous possédons la faculté de transformer les choses, de nous aimer les uns les autres et de rendre cultes à un Créateur, même si les autres s'en fichent.

Donc, concernant l'évolution de la forme, au départ, tout a commencé dans la vie aquatique, que ça soit la faune et la flore, et ce ne sont pas les savants qui me contrediront, car la science est là pour mener des recherches sur les déclarations des religieux. Il suffit que toutes ces vapeurs d'eau contenues dans l'atmosphère, quoiqu'elles ne représentent qu'un infime pourcentage, deviennent liquides, pour que nous nous retrouvions comme à l'origine, comme nous pouvons le lire dans ce commentaire scientifique :

« *Si toutes les calottes glaciaires de la Terre venaient à fondre, il est prévu que les océans verront une augmentation de niveau spectaculaire de 65,8 mètres...* » (Cf : trustmyscience.com/voici-a-quoiressemblerait-la-terre-si-toute-la-glace-venait-a-fondre par Julien Claudet, le 17 juillet2017).

Mais Dieu, notre Père Céleste, a dit que désormais, il aura un œil pour ça. Donc, il est derrière toutes les lois de protections environnementales. Lisons :

Ge 9 :*14 « Quand j'aurai rassemblé des nuages au-dessus de la terre, l'arc paraîtra dans la nue ; 15 et je me souviendrai de mon alliance entre moi et vous, et tous les êtres vivants, de toute chair, et les eaux ne deviendront plus un déluge pour détruire toute chair »*.

Comme je l'ai dit au début, après le Big Bang, tout est devenu résultant et nous sommes nous-mêmes le fruit d'un résultant, c'est-à-dire des êtres résultants. Donc, personne ne peut affirmer avec certitude, malgré les vestiges, ce qu'a été vraiment l'origine s'il ne se réfère pas à la Bible et à la Torah.

Le Big Bang, ou la séparation des eaux d'avec les eaux, selon la Bible et la Torah, a marqué une ligne entre ce que nous pouvons découvrir facilement dans nos recherches sur les éléments originels de l'Univers et ce que nous aurons beaucoup de difficultés à découvrir, notamment l'évolution dans l'avant Big Bang. D'où la conclusion de certains savants qui disent qu'on ne peut rien spéculer au-delà du Big Bang.

La Bible et la Torah sont les seuls livres qui viennent nous éclaircir sur les énergies qui étaient à l'œuvre avant le Big Bang. Il appartient aux savants maintenant de faire les investigations positives sur les modèles bibliques et torahniques. Et pour cette démarche, pour la première fois, les savants sont appelés à s'humilier en recourant aux écrits sacrés par excellence pour le moment, à savoir le Principe de la création et la Pensée de l'unification du couple Moon pour mieux comprendre les forces du début de l'Univers.

Pour ce qui est de ma propre expérience, quoique j'aie vécu et grandi au sein de l'Église de l'unification, n'étant pas un physicien, les explications des points évoqués dans Les Principes de la création sur l'énergie et le logos, matières contenues dans les livres cités plus haut, restent très théoriques. Or, c'est par sa compréhension qu'un vrai savant devrait commencer ses recherches. Et je ne cesse de lire et relire ces matières, c'est ce qui m'a permis, avec « *un milliardième de connaissance que je demande à Dieu* » dans mes prières, d'aboutir à la création du Modèle Cosmologique Universel.

Pour ce qui est des livres sacrés, cela rêve parfois un caractère péjoratif, c'est-à-dire quelque chose qui est mis à part pour certaines catégories d'adeptes ; la Bible et la Torah pour les Chrétiens, le Coran pour les musulmans, le Kangyur pour les bouddhistes tibétains.

En parlant des Écrits sacrés, je veux dire tout simplement que la source est saine, c'est-à-dire réservée à tout le monde. On peut parler de la métaphysique, mais si celle-ci répond à ma compréhension, où se trouve le problème, sinon moi-même.

La physicienne Marie Curie disait : « *Dans la vie, rien n'est à craindre, tout est à comprendre* », et c'est ce que j'ai toujours fait.

# Section 2
# L'homme est le fruit du créationnisme et de l'évolution

## 2.1. Les êtres vivants sont les fruits des étoiles (science) et de la Terre (bible et Torah)

Selon l'astrothéologie, le créationnisme et l'évolution marchent ensemble. L'évolution ne crée pas une chose. C'est la chose créée qui subit l'évolution. Cette vision est la même que celle du pape François qui a prononcé en octobre 2014, lors d'une séance plénière de l'Académie des sciences :

« *La création a progressé à travers les décennies et les millénaires, jusqu'à devenir telle que nous la connaissons aujourd'hui, précisément parce que Dieu n'est ni un démiurge ni un magicien, mais le créateur qui donne la vie à tous les êtres ... La théorie de l'évolution dans la nature ne contredit pas la notion de Création, parce que l'évolution présuppose la création d'êtres qui évoluent* ». (Cfr : https://fr.alletïa.org/author/aleteïa-usa Le jour où le pape François a rencontré l'astrophysicien Stephen Hawking, publié *le 14/03/18).*

À l'époque de Moïse ou dans l'antiquité, quand on regarde la chair humaine avec toutes ses composantes, il était fou de dire qu'elle est tirée de la terre. Pourtant, l'analyse de celle-ci prouve que la Bible et la Torah avaient raison de l'affirmer. Par le mot poussière, il faut attendre tous les minéraux qu'on retrouve dans l'Univers. Et de nos jours, la science a déjà découvert plusieurs éléments chimiques, des éléments qu'on retrouve sur la terre, qui fait partie de l'univers, dans la composition de l'être humain. Il suffit de voir la composition des médicaments multivitaminés.

Selon les sources scientifiques, six éléments représentent 99% de la masse du corps humain. C'est le carbone, H est l'hydrogène, N est l'azote, O est l'oxygène, P est le phosphore et S est le soufre. Ils sont représentés par l'acronyme CHNOPS. Le corps humain contient également de minuscules quantités d'autres éléments. Il s'agit notamment du germanium, de l'antimoine, de l'argent, du niobium, du lanthane, du tellure, du bismuth, du thallium, de l'or

et même des éléments radioactifs comme le thorium, l'uranium et le radium.
(Cf :https ://www.greelane.com/chemical-composition-of-the-human-bod).

Étant donné que scientifiquement tous ces éléments se forment lors des processus de la formation des étoiles, en commençant par la fusion d'hydrogène, cela amène les astrophysiciens à dire que l'homme est le fruit des étoiles en se basant en amont. Mais, Moïse, en se basant en aval, c'est-à-dire là où fut effectivement formé l'homme, fut plus précis que les savants en disant que : « L'homme est la poussière de la Terre ».

*Gn 2 : 7 L'Éternel Dieu forma l'homme de la poussière de la terre...*

Ainsi, à ce jour, notre organisme a besoin de toutes ces poussières ou ces éléments minéraux pour sa croissance et en manquer, ne fût-ce qu'une, nous entraîne un déséquilibre. L'homme a besoin sans cesse de renouveler ces éléments dans son organisme. S'il nous est impossible de consommer par exemple le fer à l'état brut alors que notre organisme en a besoin, Dieu a pourvu des machines qui trient ces éléments dans le sous-sol et les transforment en élément organique pour la bonne digestion des animaux et des hommes, selon ce qu'il est écrit dans ce verset :

Ge 1 : *« 29 Et Dieu dit : Voici, je vous donne toute herbe portant de la semence et qui est à la surface de toute la terre, et tout arbre ayant en lui du fruit d'arbre et portant de la semence : ce sera votre nourriture. 30 Et à tout animal de la terre, à tout oiseau du Ciel, et à tout ce qui se meut sur la terre, ayant en soi un souffle de vie, je donne toute herbe verte pour nourriture. Et cela fut ainsi ».*

C'est à travers les plantes que l'homme arrive à consommer ces éléments chimiques pour sa santé. C'est ainsi qu'on voit un peu partout des Végétariens. Donc, les végétaux fournissent pour nous un travail honorable et nous devrons les respecter et ne les utiliser qu'en bon escient. Il n'y a rien qui pousse ou qui a été créé aux hasards. Le moment est venu pour l'homme d'offrir à l'humanité ce que contient même la plus infime de l'herbe et nous allons comprendre pourquoi les patriarches ont vécu très longtemps.

## 2.2. La théorie de la progression

La théorie de la progression selon le Modèle Cosmologique Universel concerne des êtres vivants dans l'Univers. Cette théorie, selon nous, se conçoit de la manière suivante : chaque être a une identité propre. Il naît tel qu'elle, mais suite aux conditions environnementales extérieures, il peut progresser, mais tout en gardant son identité.

Cette théorie est en contradiction avec ce que les scientifiques appellent la théorie de l'évolution, dont nous avons développé notre point de vue dans les points qui traitent de la conception biblique et torahnique de la création par rapport à l'évolution dans ce livre, et celle traitant de la progression de la race humaine dans le livre « De Noé à Barack Obama ».

# Deuxième partie
# Les modèles cosmologiques scientifiques face au schéma biblique et torahnique de la Création

# Introduction

Après avoir exposé le Modèle Cosmologique Universel dans la première partie, la deuxième partie nous plonge dans un débat avec les modèles classiques, c'est-à-dire ce qui est déjà accepté par la science. Nous précisons que nos arguments ne sont pas absolus tant que la science ne l'a pas encore copté.

Selon Alain Cirou, directeur de la rédaction du magazine Ciel&Espace, *« des siècles peuvent s'écouler entre la formulation d'une idée théorique et la véracité de sa matérialité »*. (Cfr : Magazine Ciel&Espace n° 453-fév.2008, p.5).

Toutefois, si la science pouvait confirmer l'une de nos prédictions ou idées inédites comme étant fondée pendant que nous sommes encore là, cela ne pourra que nous réjouir. Cela a été déjà le cas pour les prédictions d'Albert Einstein, pour la confirmation de la théorie du Big Bang en 1965, soit 40 ans après qu'elle soit émise, et pour la découverte du boson de Higgs en 2012, soit 60 ans après sa prédilection.

Pour le moment, c'est à vous, les lecteurs, de nous juger d'une manière objective, qu'on soit croyant ou pas.

Cette seconde partie exige une compréhension élémentaire de l'astronomie et du Principe de la création du Rév. Dr. Sun Myung Moon. Si beaucoup de lecteurs ont déjà la première notion, la seconde, par contre, qui décrit la source du fonctionnement de l'univers, est une révélation pour les non adeptes de la secte Moon.

Ainsi, pour démontrer que ce Principe de la création n'est pas un enseignement doctrinal, nous allons en parler d'une manière succincte au chapitre suivant sur ces grandes lignes susceptibles d'intéresser les scientifiques.

# Chapitre IX
# La physique de la création

La physique de la création comprend l'ensemble des branches ou disciplines qui permettent de modéliser les origines de l'univers. Parmi ces branches, nous avons, du côté de l'astronomie, la physique quantique et, du côté de la théologie, le principe de la création du Rév. Dr. Sun Myung Moon. Ce principe, non reconnu en science, dévoile l'origine de l'énergie aux particules afin que le but de la création soit réalisé à différents niveaux.

## Section 1
## Le principe de la création

Le Principe de la création est une branche de l'enseignement du livre du Principe divin du Rév. Dr. Sun Myung Moon. Il constitue « le seul mode d'emploi de l'Univers » pour les hommes. Depuis la création jusqu'à l'avènement du Rév. Dr. Sun Myung Moon, l'homme s'est retrouvé sans un vrai parent et sans un vrai éducateur pouvant lui enseigner pourquoi l'Univers a été créé, quel était l'idéal de Dieu et pourquoi cet idéal n'a pas été atteint.

En dehors du Principe de la création qui n'est exploité que dans cette collection, on retrouve, dans le même livre du Principe divin, l'origine de la chute de l'homme et la providence de Dieu pour sa restauration. Nous exploiterons certains points théologiques dans les livres de la collection " Les versets des savants ».

Donc, connaissant mieux l'Univers et ces principes, et pour pouvoir mieux l'expliquer aux savants sans utiliser des paraboles et des symbolismes, mais un langage scientifique approprié, le Rév. Dr. Sun Myung Moon était obligé de faire les études d'ingénierie au Japon. Ces déductions qui expliquent beaucoup mieux Dieu, l'origine de l'Univers et son éternité, se trouvent consignées dans le Principe de la création, chapitre du Principe divin, ainsi que dans ses nombreuses œuvres. Et comme je l'ai dit, c'est sur la base de ces œuvres que je suis arrivé à concevoir le Modèle Cosmologique Universel. On comprend pourquoi, depuis que le schéma biblique et torahnique a été écrit, il y a 3500 ans de cela, je suis le premier à le restituer.

Tout comme la Bible, la Torah et le Coran, le Principe de la Création, branche du Principe Divin, est considéré par les adeptes du Rév. Dr. Sun Myung Moon comme étant une révélation de Dieu à leur maître. Nous devrons respecter leur point de vue et offrir aussi le même respect à leur message que celui de la Bible, de la Torah et du Coran. Ainsi, plutôt que de parler de Principe de la création qui relève d'une connotation religieuse, nous avons sélectionné les points qui intéressent la physique théorique et l'avons introduit dans la physique de la création. Cette dernière englobe aussi toutes les théories qui essayent de percer les mystères qui vont du néant, du vide, jusqu'à la matière.

Dans le Principe de la création du Rév. Dr. Sun Myung Moon, nous avons trié quatre points qui feront partie de la « Physique de la création », tout comme la physique quantique. Grâce à ces quatre points du Principe de la création, plusieurs énigmes de l'Univers seront résolues par les scientifiques, comme l'a dit Mme Moon dans un de ses récents discours :

« *Si vous prenez ce qui est enseigné dans le Principe Divin et que vous commencez à l'appliquer dans les différents domaines, vous allez découvrir et être en mesure de pouvoir expliquer beaucoup des choses (mystères)* ».

Il s'agit des points suivants :

– Les caractéristiques duelles de Dieu, qui expliquent le fonctionnement de l'Univers ;

– L'Énergie première universelle : qui décrit la source de l'énergie et son extension dans l'Univers ;

– La période de croissance des êtres créés, qui dévoile que les jours bibliques et torahniques sont des périodes ;

– Le monde spirituel et le monde physique, dont le Rév. Dr. Sun Myung fut le seul à décrire les liens qui les unissent et qui forment le cosmos.

Tous ces contenus du Principe de la création sont synthétisés aux précédents livres ; vu sa pertinence pour la compréhension du fonctionnement de l'univers. Il est développé dans le livre du Principe divin du Rév. Dr. Sun Myung. Je porte moi-même la responsabilité des jugements des écrits ou des versets sélectionnés. Ainsi, j'offre ces deux définitions :

– Le Modèle Cosmologique Universel est la restitution scientifique du récit de la création biblique et torahnique. Son champ couvre à partir du moment où le récit de la création biblique et torahnique parle d'une « terre informe et vide » (Gn 1 :2) signifiant comment était l'Univers à l'origine, jusqu'à la dernière étape, qui est la création de l'homme et de la femme.

– La Physique de la création englobe toutes les branches de la physique ou toutes les pensées des physiciens, religieux ou philosophes qui ont raisonné sur le cheminement qui va du vide aux premières particules.

– La collection « Les Versets des savants", traitant du spirituel, étend son champ d'étude à partir d'Adam jusqu'au second avènement du Christ.

– La collection « Astronomie et Théologie » traitant de la physique, étend son domaine d'action à partir d'un univers vide jusqu'à la formation de l'homme intégral.

# Section 2
# La mathématique céleste

La mathématique céleste provient de l'aboutissement de notre compréhension des principes de la création, branche du livre du Principe divin du Rév. Dr. Sun Myung Moon. Elle fait partie de la physique de la création, branche de la physique créée par moi et qui englobe toutes les branches ou processus physiques se déroulant au moment où la terre était encore informe et vide selon la Bible et la Torah, soit l'Univers primitif selon les termes scientifiques. Ces équations se résolvent différemment des équations mathématiques, car, ici, il s'agit des entités et c'est ce qui est invisible entre elles qui est mis en commun.

## 2.1. Les équations bibliques

– Dans les équations mathématiques normales : 1-1 = 0 ou nul

– Dans la mathématique céleste, 1-1 est inadéquat, parce que certaines entités ne contiennent pas le même nombre d'éléments positifs et négatifs en leur sein. Par contre, leur soustraction crée un dysfonctionnement et non un anéantissement.

Par exemple, en physique, dans une collision particule-antiparticule, l'annihilation donne lieu à la création de l'énergie.

Ainsi, les valeurs de l'équation sont suivies par la lettre Delta.

En théologie, dans une union conjugale chrétienne, 1 + 1 doit aboutir à 1.

Étant donné que c'est une équation qui demande une part de responsabilité de la part des conjoints, ça se lit : Delta 1 + delta 1 = 1

Dans cette équation, on vise ce qui est invisible à l'œil nu, comme les caractères. Les époux doivent s'efforcer d'unir leurs caractères afin que cela ne devienne pas la cause de séparation. Au contraire, ils doivent tout le temps s'harmoniser pour garder 1 comme réponse. D'où la formule a + b = ab au lieu de a+b ; ce qui signifie $\Delta 1 + \Delta 1 = 1$.

Le verset de référence est : « *C'est pourquoi l'homme quittera son père et sa mère et s'attachera à sa femme, et ils deviendront une seule chair* » (Ge. 2 :24).

– Dans le christianisme, on parle de Dieu le Père, Dieu le Fils et Dieu le Saint-Esprit. L'addition donne $\Delta 1 + \Delta 1 + \Delta 1 = 1$.

La réponse 1 représente ce qui s'intérieure en eux, à savoir Christ, d'où les versets : « Quiconque m'a vu, a vu le Père » (Jn 14 :9).

« Moi et le Père, nous sommes un » (Jn 9 : 10).

« Je vous enverrai l'Esprit-Saint, il vous parlera de ce qui est à moi et vous dira des choses à venir » (Jn 14 :26).

Quand bien même leur addition donne 1, chacun est une individualité propre. D'où les versets bibliques :

– « *Jésus est assis à la droite du Père* » (Actes 7 :56).

– « *Mais afin que le monde sache que j'aime le Père, et que j'agis selon l'ordre que le Père m'a donné, levez-vous, partons d'ici* » (Jn 14 :31).

– « Mais *le consolateur, l'Esprit-Saint, que le Père enverra en mon nom, vous enseignera toutes choses et vous rappellera tout ce que je vous ai dit* » (Jn 14 :26).

C'est pour dire que les gens ne doivent pas s'attendre à un consolateur à la physionomie de Jésus ou au Saint-Esprit qui inspire les pasteurs.

2.1.1. L'image de Dieu

La philosophie de la mathématique céleste nous donne **l'image de Dieu** assortie par la formule suivante :

**Dieu = Unité x Amour**

(Di = Un x Am)

Là où il y a l'unité avec un vrai amour constructif et noble, c'est là que Dieu se trouve.

**Amour = Dieu/Unité**

Selon la mathématique scientifique, elle se lit : Dieu divisé par l'Unité, mais dans la mathématique céleste, elle se lit « Amour égale **Unité centrée sur Dieu** ».

**Unité = Dieu/Amour**

Selon la mathématique scientifique, cela se lit « unité égale Dieu divisé par l'Amour », mais dans la mathématique céleste, il se lit « unité égale Amour centré sur Dieu ».

2.1.2. La forme extérieure de Dieu

Nous avons :

**Divinité = In [(Ci .M) + (Po. Ne) + (Ms. Fe)]**

In : Invisible

Ci : Caractéristique intérieure

M : masse

Po : positivité

Ne : négativité

Ms : Masculinité

Fe : féminité

2.1.3. L'omniprésence de Dieu

Toutes les formes extérieures de la création et leurs attributs se trouvent contenus dans Dieu, mais d'une manière harmonieuse. L'harmonie ne peut être créée que par un tour parfait. Or, un tour parfait est un tour dont la vitesse entre deux points est atteinte d'une manière presque instantanée. Cette vitesse, c'est le **In**. Cela est assorti par la phrase biblique et torahnique : « Dieu est partout et au même instant » (Mt 6 :18).

Or, pour être partout et au même instant dans l'Univers, il faut tourner à la vitesse de la dimension du cosmos par milliseconde. Telle est la valeur variante de **In**, étant donné qu'on ne connaît pas les limites de la dimension du cosmos.

Quelle est l'équivalence entre la vitesse de **In** et celle qui est assortie dans l'équation d'Albert Einstein de **E=mc2** ?

D'abord, ma compréhension d'**E=mc2** diffère de celle des physiciens. En lisant les différents manuels, j'ai découvert que la compréhension de cette formule est devenue comme un verset biblique, c'est-à-dire même si on connaît les composantes, il y a beaucoup d'interprétations pour sa compréhension par les physiciens théoriciens.

Dans le Modèle Cosmologique Universel, nous avons adopté cette formule comme étant la force transformatrice qui commence dans **In**, en passant par les énergies virtuelles dans un Univers vide (la terre était informe et vide) jusqu'à l'aboutissement de la masse. C'est cette dernière partie qui concerne le **E=mc2** qui est considéré comme la limite absolue en science.

Pour une illustration, nous avons dit dans la partie introductive que pour évaluer de grandes distances, les astronomes ont pris comme référence la vitesse de la lumière dans le vide qui est d'environ 300 000 km/s, soit 7 fois le tour de la terre en une seule seconde. C'est ainsi que l'apparition de la lumière nous semble toujours spontanée. D'après la relativité restreinte, avons-nous dit, cette vitesse est une limite ne pouvant être dépassée par aucun objet possédant une masse.

Donc, si on plantait un piquet sans masse au centre de la terre en équateur, muni d'une aiguille de 6 380 km (qui est la moitié du diamètre équatorial de la terre), et qu'on l'actionnait à la vitesse de la lumière, au bout d'une seconde, elle passera 7 fois sur chaque nation.

Or, dans la formule « **Divinité = In [(Ci .M) + (Po.Ne) + (Ms.Fe)]** », c'est la valeur variante de **In** qui correspond à la vitesse simultanée pour atteindre le point le plus éloigné de l'Univers à partir de la terre.

La galaxie la plus éloignée de la Terre découverte jusqu'au moment où j'ai rédigé ce livre se nomme **GN-z11**. D'après le calcul fait par les astrophysiciens lors de sa découverte en mars 2016, sa lumière a voyagé 13,4 milliards d'années avant d'arriver jusqu'à nous. Sa distance réelle est estimée à 32 milliards d'années-lumière (**al**) de la Terre. (Cf : Wikipédia : GN-z11).

Or, **1 al =9.461** milliards de kilomètres. Ainsi, cette galaxie se trouve éloignée de la Terre à 32 milliards x 9 461 milliards de kilomètres, ce qui donne **302.752 x 1018 km**.

Donc, pour le moment, c'est-à-dire pendant que nous écrivons ce livre, la valeur variante de « **In** » qui représente aussi la vitesse à laquelle Dieu tourne en tant qu'entité pour contrôler tout l'Univers **observable est de 302 752 x 1018 km/s**. Cette vitesse fait que Dieu soit omniprésent et en permanence dans tout l'univers.

– Si la vitesse de 300 000 km/s représente 7 fois le tour de la terre et si nous la prenons comme référence, la vitesse

**de 302.752x1018** km/s représentera **302 752 x 1018 km/s x 7/300,000** km/s, ce qui donnera environ **7.064x1015** fois le tour de la terre par seconde.

– Donc, en une journée, Dieu fait le tour en chacun de nous $7.064 \times 10^{15}$ x 60 (1 minute) x 60 (1 heure) x 24 (1 jour) = **302.752x1018 tours par jour**.

C'est ainsi que Dieu est plus que présent en nous et rien ne lui échappe, comme l'a confirmé Jésus-Christ par ces versets :

Mt 10 :29-30 « *Ne vend-on pas deux passereaux pour un sou ? Cependant, il n'en tombe pas un à Terre sans la volonté de votre Père. Et même vos cheveux sont tous comptés* ».

Entre **300.000 km/s** de la vitesse absolue de la lumière pour aboutir au résultat de **E=mc2** et **302.752 x 1018 km/s** pour aboutir à Dv = **In [(Ci .M) + (Po.Ne) + (Ms.Fe)]**, on peut voir le chemin parcouru pour passer du spirituel à un Univers vide. Au départ, moi-même, je ne savais pas qu'il y avait un grand gouffre en allant du spirituel au vide quantique.

Jusque-là, la science n'arrive même pas à atteindre la vitesse de 300 000 km/s dans le laboratoire d'accélération des particules pour comprendre l'Univers visible. Alors, au quantième siècle arrivera-t-elle à atteindre les tours de **302.752 x 1018 km/s** pour commencer à comprendre le passage des phénomènes spirituels aux phénomènes physiques ? Quelles sont les différentes étapes qui ont été traversées ? En plus, la valeur variante de **In** est évolutive au fur et à mesure que la vision de l'homme avance pour découvrir les frontières de l'Univers.

## 2.2. La primauté de la matière sur l'antimatière

### 2.2.1. L'action d'Origine – Division – Union

L'action d'Origine – Division – Union ou ODU vient du principe de la création du Rév. Dr. Sun Myung Moon. C'est le principe de base dans le fonctionnement de l'univers. Dans ce fonctionnement, tout mouvement suit des buts liés à la création et à la multiplication. D'où la parole d'Albert Einstein : « Dieu ne joue pas aux dés ».

Dans ce but, spirituellement, tout vient de Dieu qui octroie un but et qui est l'origine. L'origine est projetée en Sujet et Objet. Le sujet et l'objet, en s'unissant, créent l'union qui peut avoir soit plus d'éléments sujets ou soit plus d'éléments objets.

Le fonctionnement de l'univers dans son ensemble suit ce schéma :

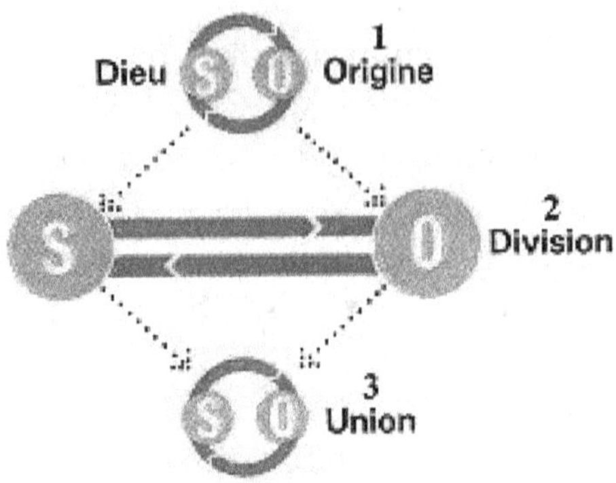


Rendu matériellement visible, ce schéma se présente ainsi :

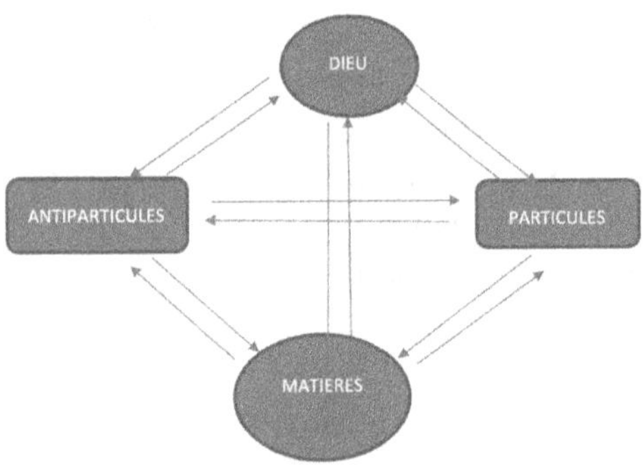


Nous avons dit que tout dans l'Univers a été engendré par un mouvement de **302.752 x 1018 km/s, s**elon la Bible et la Torah, où est écrit : « *Un vent de Dieu se mouvait au-dessus des eaux* » (Ge 1 :2). Scientifiquement parlant, ce mouvement fut plus tard caractérisé par la collision des particules. L'anéantissement et la fusion dégagèrent de plus en plus d'énergie, en créant des particules et des antiparticules.

En effet, les scientifiques ont découvert qu'à toute particule est associée une antiparticule de même masse, mais de charge électrique opposée. Lorsqu'une particule entre en collision avec son antiparticule, leurs deux masses se transforment aussitôt en énergie qui se matérialise en d'autres particules et antiparticules. Les cycles de collision continuent tout en créant des matières et des antimatières. Et au final, la matière a fini par l'emporter.

Comme nous l'avons dit, la masse de la particule et de son antiparticule, de la matière et de son antimatière ne représente pas que des valeurs mathématiques peuvent s'anéantir, mais ce sont des entités dont nous ignorons comment elles se sont formées. Ainsi, dans leur collision, il se crée toujours quelque chose de différent qui a fait qu'au final la matière l'emporte sur l'antimatière. Cela explique ce que nous avons dit au début, à savoir : *les équations des entités se résolvent différemment des équations mathématiques, car c'est ce qui est invisible en eux qui est mis en commun. Dans la mathématique céleste, 1-1 est inadéquat, parce que les entités ne contiennent pas le même nombre d'éléments positifs et négatifs en leur sein. Par contre, leur soustraction crée un dysfonctionnement et non un anéantissement.*

Actuellement, la science cherche encore à comprendre comment les particules l'ont emporté sur les antiparticules et comment la matière l'a emporté sur l'antimatière. L'idéal de Dieu ou la volonté de Dieu n'exclut pas les explications scientifiques, et c'est à l'homme de le découvrir. Quant à nous, nous avons déjà apporté notre version littérale dans le point concernant les caractéristiques duales de Dieu aux précédents livres de la collection « Astronomie et théologie ».

## 2.3. Formation de l'abime biblique

La collision étant toujours perpétuelle, provoquée par les propriétés inhérentes de la matière selon les caractéristiques duales de Dieu assorties dans la formule :

Divinité = **In [(Ci .M) + (Po.Ne) + (Ms.Fe)]**, a abouti à la formation énergétique qui a creusé la première déformation du tissu de l'espace-temps qualifiée d'abîme dans le schéma de la création biblique et torahnique en Gé 1 :2 (*il y avait les ténèbres dans la surface de l'abîme).*

Le confinement de la matière originelle devenant de plus en plus dense dans ses mouvements perpétuels, qualifiés bibliquement et torahniquement « *d'un vent de Dieu se mouvant au-dessus des eaux* », a occasionné de plus en plus le réchauffement. La chaleur dégagée a illuminé pour la première fois l'univers d'avant big-bang, assorti par le verset biblique et torahnique : « *Et Dieu dit que la lumière soit et la lumière fut* » (Ge 1 :3). La densité devenant de plus en plus grande, empêchera même la lumière de s'échapper et créera ce que la science appelle une déformation du tissu de l'espace (abîme biblique et torahnique).

En effet, pour Albert Einstein dans la relativité générale, « toute *source d'énergie entraîne une déformation de l'espace-temps* » (Cf : Ir. MPANZU KIADI BABAKA et l'Ir. NIMI M., Travaux pratiques de mécanique quantique : explication de la mécanique quantique, UPN – RDC- 2017, inédit).

Selon la relativité générale, l'espace est représenté non comme un gaz ou un vide, mais plutôt comme un tissu en caoutchouc tendu. Ainsi, les objets dotés des masses sont comme des boules posées sur ce caoutchouc tout en le déformant.

Une partie de leur théorie rejoint néanmoins le schéma de la création biblique et torahnique, restituée scientifiquement dans le Modèle Cosmologique Universel à savoir la formation d'une masse (eau biblique et torahnique) qui se transformera, vue de loin, en une sorte d'étoile ou un brasier (et, la lumière fut), creusant un abîme dans le tissu de l'espace-temps appelé par les partisans d'un Univers avant Big-bang de trou noir.

Les trous noirs, que nous allons voir plus tard, sont comme des puits de l'espace-temps où tout ce qui s'en approche y tombe et ne peut en ressortir. Par ignorance du langage biblique et torahnique, John Wheeler en 1967 le qualifia des trous noirs alors que c'est le mot abîme qui convient le mieux selon sa définition dans les glossaires bibliques, à savoir : « un *monde mystérieux de l'océan primitif, lieu des ténèbres et des puissances mauvaises, de la détresse et de la perdition.* »

L'Univers est-il issu du trou noir ? Pour certains savants,

quand un trou noir est plein, il pourra soit expulser son contenu, soit le vomir dans un trou de ver. Pour d'autres, l'Univers étant condensé à l'extrême, a connu une brusque expansion dénommée le Big Bang ou « la séparation des eaux d'avec les eaux » selon le schéma de la création biblique et torahnique.

Le point commun pour tout le monde, c'est la reconnaissance du phénomène dénommé Big Bang par la science et la séparation des eaux d'avec les eaux dans la Bible et la Torah.

### 2.4. De L'énergie divine aux particules

L'énergie intérieure de Dieu constitue la source de son éternité.

**Dieu = Énergie Première Universelle**

Le dynamisme de l'énergie au sein de Dieu crée à son sein la Force Première Universelle. La Force Première Universelle 'est la force fondamentale de Dieu, le Créateur. C'est aussi la force fondamentale de la création, la force dont Dieu dote chaque être ou chaque corps individuel de vérité lorsqu'il est créé comme objet substantiel de Dieu.

Ainsi, Dieu est à l'origine et la source de toutes les énergies. En provenant de Dieu, l'énergie possède déjà les caractères intérieurs divins.

Cela est appuyé par cette phrase du Principe de la Création :

*« Selon la science moderne, toutes les particules constituant les atomes sont faites d'énergie. Pour que l'énergie forme des particules, elle doit posséder elle aussi une nature intérieure qui la conduit à prendre des formes spécifiques ».* (Cfr : Présentation du principe divin : éd. Culture et Paix, Paris, 2013, Pp 21-26).

Donc, la grande énigme scientifique n'est pas Dieu qui est une entité réelle, mais le passage de l'invisible (spirituel) ou du néant aux énergies virtuelles dans un Univers vide.

Nous avons dit au début qu'il y a une vitesse supérieure à la vitesse de la lumière, c'est la vitesse de la pensée. C'est pour cela que j'ai dit que pour les astrophysiciens, ce livre n'est pas à lire comme un roman, car il s'agit des situations à partir desquelles on doit faire ressortir des bases mathématiques.

La formule d'Albert Einstein d'**E=mc2** (énergie = **mc** au carré) nous permet d'avoir les valeurs énergétiques. Cette formule explique déjà le comportement des éléments dans un Univers informe et vide. Mais pour qu'on en arrive là, on a comme formule de base originelle :

Divinité = **In [(Ci .M) + (Po.Ne) + (Ms.Fe)]**,

Cette formule explique l'addition des caractéristiques duelles de Dieu. En inversant chaque caractéristique duelle, on aboutit à la réponse qui fait que chaque couple s'est d'abord caractérisé en tant qu'énergie sur base de la Force Première Universelle originelle qui est égale à la vitesse de rayonnement, ce dernier étant égal à la vitesse de la pensée.

La moindre diminution de cette vitesse permet la transformation de l'invisible à l'énergie visible (énergie virtuelle), ou ce que les religions ésotériques qualifient de charge.

Donc, dans l'assertion : **Dieu = Énergie Première Universelle (EPU), c**ette force fut transmise au sein des entités par la phrase « Dieu souffla dans l'homme ». En principe, Dieu souffla dans la création, dont l'homme a servi de sens figuré. Ainsi, au sein des entités, il se manifeste de la manière suivante .

**Di = EPU**

**EPU** = In(FPU)

**In** : Invisibilité

**FPU :** Force Première Universelle

Dans chaque entité ou être, on retrouve l'énergie de Dieu appelée l'énergie première universelle. La projection de ces entités les amène à s'unir selon l'origine et engendre ainsi entre eux une action de donner et de recevoir. Celle-ci génère la force première universelle. La force première universelle, générée par l'action interne de donner et recevoir, permettant à l'entité d'exister et d'être active, tout en créant la diversification.

Tout ceci n'est qu'une partie des formules fondamentales. Il appartient aux mathématiciens et aux physiciens de le développer et de l'enrichir après avoir compris le Principe de la Création, branche du chapitre du livre du Principe divin du Rév. Dr. Sun Myung Moon.

# Chapitre X
# La vie terrestre et les extraterrestres

# Section 1
# La vie terrestre

## 1.1. Le paradoxe de la vie

Actuellement, la science a presque découvert les éléments constitutifs de la vie. Malgré toutes les combinaisons possibles faites dans les laboratoires, ces briques n'arrivent pas à créer la vie. Ceci est un grand paradoxe pour les scientifiques qui ne comprennent pas comment la nature est arrivée à créer la Vie.

La poussière de la terre contient les éléments ou les briques qui composent l'organisme des êtres vivants, qu'on appelle aussi les molécules de vie.

En plus, comprendre l'agencement d'un ensemble apparemment désordonné comme celui qui est constitué par les gaz et les poussières de nuages dans l'univers à des systèmes moléculaires aussi bien agencés que ceux des macromolécules qui sont les moteurs des mécanismes de la vie est un problème ardu, faisant appel à un grand nombre de disciplines scientifiques.

Alors que le deuxième principe de la thermodynamique stipule que les systèmes tendent vers le désordre, ce qui est illustré par le fait que deux gaz maintenus isolés initialement se mélangent l'un à l'autre jusqu'à ce que l'on ne puisse plus en distinguer les composantes, la suite des processus ayant conduit à l'apparition de la vie semble avoir produit l'effet exactement inverse. (Cfr : http://clea-astro.eu/lunap/Vie)

En effet, malgré de nombreux progrès en chimie prébiotique et en biochimie, aucun mécanisme universel de passage de l'inanimé au vivant n'a pu encore être proposé. Et aucune trace de vie n'a été détectée qui soit exogène à la Terre, malgré que les ingrédients chimiques prébiotiques de la vie aient été largement identifiés presque partout dans l'Univers.

Par-là, l'assertion des scientifiques selon laquelle la vie est gouvernée par des processus biochimiques très spécifiques inventés par la nature est mise en doute, sinon, les processus auraient été continuels. D'ailleurs, c'est ce que tentent de prouver les savants en mobilisant de gros budgets pour la recherche de la vie ailleurs que sur la Terre.

## 1.2. La formule de la Vie

Les formules de la création telles que décrites dans ce point ont été développées dans mon livre "La cosmologie selon les modèles bibliques et antiques".

Les chrétiens disent que Dieu a créé par la parole sans savoir ce que cela implique. En effet, la vie telle que nous la voyons est aussi l'aboutissement d'une formule mathématique. La majorité des astrophysiciens la décrivent comme étant l'aboutissement du hasard de la nature.

Dans le cadre de l'astrothéologie, nous avons découvert dans la Bible et la Torah qu'il y a bel et bien des formules mathématiques qui ont été appliquées. Lisons :

*– Gn 2 : 7 L'Éternel Dieu forma l'homme de la poussière de la terre (Pt), il souffla dans ses narines un souffle de vie (Sv) et l'homme devint un être vivant (Ev).*

Notre première découverte dans la mathématique céleste fut la découverte de la formule de la vie qui est notée de la manière suivante :

**Pt + Sv = Ev** ou **Vi**

- **Pt : poussière de la Terre (univers)**.
- **Sv : Souffle de vie**
- **Ev : êtres vivants ou Vie (Vi)**

**Ainsi :**

**Vi = Pt + Sv**

**Vie (Vi) = Poussière de la terre (Pt) + Souffle de vie (Sv)**

Où se retrouve la fameuse formule d'Albert Einstein de $E=mc^2$ ?

Cette formule ne se retrouve pas dans le **souffle de vie**, mais plutôt dans la formation du **Pt**. En parlant de la **poussière de la terre (Pt)**, on a déjà la masse qui est issue de **E = mc2**

Le Modèle Cosmologique Universel vient d'enrichir cette formule en remplaçant la masse par la poussière de la terre, et nous avons ainsi l'équation suivante :

**E=Pt** x **c2 ou E=Ptc2**

**Énergie** = Poussière de la Terre x la vitesse de la lumière au carré

Comment cette poussière de la Terre, qui est la combinaison des molécules de la vie, s'est combinée en un point pour créer la vie ?

Pour les astrophysiciens, c'est le hasard de la nature, mais pour les croyants, tout a été malaxé par la volonté et la puissance de Dieu. C'est cette volonté et puissance qui est qualifiée de la Parole, comme en témoigne le verset suivant :

– ***Jn 1 :3*** *Toutes choses ont été faites par la parole, et rien de ce qui a été fait n'a été fait sans elle.*

Toutefois, cette volonté divine a suivi les processus physiques, comme nous pouvons le lire :

– *Gn 2 : 7 L'Éternel Dieu forma l'homme de la poussière de la terre (Pt),*

**De cette formule de la vie, nous pouvons aussi en déduire la formule de la mort qui s'articule de la manière suivante :**

**Mort (Mo) = Poussière de la terre (Pt) – Souffle de vie**

**D'où la loi Imagée :**

**Gn 3 :** 3.19 « C'est *à la sueur de ton visage que tu mangeras du pain, jusqu'à ce que tu retournes dans la terre, d'où tu as été pris ; car tu es poussière, et tu retourneras dans la poussière ».*

Il appartient aux astrophysiciens de continuer les diverses combinaisons.

1.2.1. La Poussière de la Terre (Pt)

Par manque de termes scientifiques à l'époque où le schéma biblique et torahnique de la Création a été écrit (1500 av. JC), l'auteur a qualifié l'univers « d'une terre informe et vide » (Gn 1 :2). Donc, en disant que l'homme est la poussière de la terre, cela voulait tout simplement dire que « l'homme est aussi la poussière de l'univers » ; c'est-à-dire les minéraux qui le composent.

La science a déjà découvert les minéraux constitutifs de la vie que la Bible qualifie de la poussière de la Terre en aval, et les astrophysiciens les qualifient de la poussière des étoiles en amont dont le carbone occupe une part importante. En d'autres mots, X étant visible ou la masse (poussière de la Terre), il fait partie des valeurs connues.

Le problème des origines de la vie est, sous bien des aspects, comparable à celui de la Maison. D'un côté, nous savons que l'Univers contient tous les éléments appelés bibliquement. Poussière de la terre dont sont constitués les êtres vivants : l'hydrogène et l'oxygène dont est formée l'eau, qui est le corps le plus fondamental, puis le carbone que l'on trouve dans toutes les molécules organiques et l'azote que l'on trouve dans les protéines, et enfin le soufre, le phosphore et les éléments minéraux comme le calcium, le sodium et le potassium. D'un autre côté, les mêmes éléments se trouvent assemblés dans des molécules géantes et extrêmement complexes, mais dont l'agencement est ordonné de manière aussi simple et logique que possible en vue d'accomplir toutes les fonctions dévolues à la vie. (cfr : http://clea-astro.eu/lunap/Vie )

1.2.2. Le souffle de vie (Sv)

*Gn 2 :7... il souffla dans ses narines un souffle de vie (Sv) et l'homme devint un être vivant (Ev).*

Tout le monde, avant l'invention du Modèle Cosmologique Universel, interprétait le souffle de vie comme l'air que nous respirons parce qu'il est écrit : « *Dieu souffla dans ses narines* ». Or, l'air que nous respirons est physique et est composé d'éléments physiques. Dieu, étant invisible et spirituel, il ne peut souffler dans les narines de l'homme quelque chose de physique pour qu'il prenne vie.

Dieu et les esprits transcendent les objets physiques comme les neutrinos. Quand Jésus ressuscitait les morts, il n'avait pas besoin de souffler dans leurs narines pour qu'ils reviennent à la vie (Jn 11 :43).

Le souffle de vie ici représente tout ce qui est invisible dans l'homme et qui échappe au contrôle médical, à commencer par l'esprit, l'âme et la conscience.

Job 32 : ***8*** *Mais en réalité, dans l'homme, c'est l'esprit, le souffle du Tout-Puissant, qui donne l'intelligence ;*

Dans la conscience, nous retrouvons tous les attributs invisibles, dont l'amour, la colère, la haine, l'intelligence, les émotions, etc. Qui n'ont aucune masse et qui sont immatériels. Ceci dit, **Sv** fait partie de l'inconnu de notre équation pour que la vie se crée. C'est ainsi qu'on peut découvrir les molécules de vie dans d'autres astres sans pourtant qu'ils aient la vie.

# Section 2
# Les extraterrestres

## 2.1. Définition

**Le mot « Extraterrestre »** fait référence à tout objet ou être au-delà ( extra- ) de la planète Terre (terrestre). Par contre, par vie extraterrestre, il faut entendre toute vie qui se produit en dehors de la Terre et qui n'est probablement pas originaire de la Terre

Les astrophysiciens ne cessent d'affirmer l'existence des extraterrestres sur des planètes qui n'ont eu aucun contact avec la Terre, comme si la vie était le fruit du hasard. Pour eux, il suffit que les conditions environnementales soient réunies. Ils ignoraient qu'ils y avaient des équations et des formules bien spécifiques pour que la vie germe. Ces équations, décrites d'une manière littérale, nous les avons découvertes dans la Bible et font partie désormais du Modèle Cosmologique Universel.

## 2.2. Les extraterrestres n'existent pas

La formule mathématique de la Création selon la Bible exclu les extraterrestres. De cette formule de la Création, nous lisons :

– *Gn 2 : 7 L'Éternel Dieu forma l'homme de la poussière de la terre (Pt), il souffla dans ses narines un souffle de vie (Sv) et l'homme devint un être vivant (Ev ou Vi).*

**Vi = Pt + Sv**

**Vie (Vi) = Poussière de la terre (Pt) + Souffle de vie (Sv)**

Le souffle de vie en provenance de Dieu se retrouve dans tout l'Univers. Mais la plate-bande pour l'émergence de la vie se retrouve sur la terre où la vie a été créée. Il nous appartient d'accomplir ce que Dieu attend de nous, à savoir :

Gen 1 : 1.28 *Dieu les bénit, et Dieu leur dit : Soyez féconds, multipliez, remplissez la terre (l'univers), et l'assujettissez.*

Cela ne peut se faire que si l'homme accomplit sa responsabilité sur l'univers telle que nous l'avons développée dans le livre « Big Bang à l'homme ». Cette responsabilité consiste à bien comprendre l'univers, c'est ce que les astrophysiciens font, et à le remplir avec la vie issue de la Terre, jusqu'à amener les sables (sous-sols) terriens remplis des bactéries et des végétaux sauvages. Et, on assistera à des phénomènes qu'on ne peut prédire, dont celui de la multiplication de la vie dans les contrées des planètes, satellites et exoplanètes susceptibles d'abriter la vie.

Ainsi, toute vie qu'on découvrira dans une autre planète, après une analyse minutieuse, on découvrira que son origine est terrestre. C'est le cas qui a été constaté sur une météorite en provenance de Mars tout comme aussi sur ses débris d'épave qu'on a ramassés à la Lune telle que nous pouvons le lire :

*« Le 20 Avril 1967, la sonde Surveyor 3 se posait dans l'océan des Tempêtes sur la Lune. Le 12 novembre 1969, l'astronaute Pete Conrad, au cours de la mission Apollo 12, retrouvait l'engin et rapportait sur Terre certains de ses éléments. Des scientifiques ont alors découvert que des bactéries de la famille des streptocoques avaient survécu à bord de la sonde. Ces bactéries se sont protégées du vide spatial et des températures extrêmes de la Lune en adoptant la forme de spores. Mises en culture après leur retour sur Terre, ces bactéries ont recommencé à se développer normalement »*. (Cfr : magazine Ciels&espace n° 442-p 62, Mars 2007).

Par-là, nous encourageons les projets d'Elon Musk de l'implantation de la vie sur la planète Mars. Il est ainsi la deuxième personne non religieuse à comprendre la responsabilité de l'homme dans l'Univers après moi.

Nous avons développé le point de la vie concernant les extraterrestres dans notre livre « Big Bang à l'homme ».

Autre exemple parut récemment dans Futurascience qui vient de confirmer nos propos que toutes vies qu'on découvrira ailleurs aura comme source la planète Terre :

*« Une étude récente révélant la survie de bactéries dans des conditions martiennes soulève des inquiétudes cruciales pour les futures missions sur d'autres mondes. Cette découverte, loin d'être une bonne nouvelle, accentue le risque de contamination biologique de la Planète rouge par des organismes terrestres. Ce phénomène pourrait non seulement compromettre la recherche de vie extraterrestre, mais aussi poser des défis éthiques et pratiques majeurs pour la préservation des écosystèmes extraterrestres.*

*Il devient impératif de repenser nos protocoles de stérilisation et de confinement pour les missions spatiales futures, afin de protéger l'intégrité scientifique des explorations humaines interplanétaires* ». (Cfr ;Futurascience, édition du 26/02/2024 parDemeersman).

### 2.3. Le hasard de la nature et la création de la vie

Donc, si **Pt** ou la **poussière de la Terre** est connue et continue d'être analysée, nous ne pouvons pas créer ou retrouver dans la nature **Sv** ou le **souffle de vie**, qui reste l'inconnu de notre équation. **Sv** fait partie des attributs qui sont dotés à la Création, comme nous pouvons le lire dans cette citation du Rév. Dr. Sun Myung Moon :

« *Malgré notre compréhension limitée, nous ne pouvons nier qu'un réseau complexe de force est à l'origine de toute existence. Les molécules contiennent des atomes et les atomes des particules élémentaires. Pourtant, même ces entités ne sont pas dépourvues de conscience. Chacune est dotée d'une conscience et d'un but spécifique* ». (Cfr : Cheon Seong Gyeong, FFPMU, p.85)

À travers ceci, nous disons que ce ne sont pas les conditions réunies par le hasard de la nature dans une exoplanète qui feront que les molécules soient combinées, se transforment en matière organique et créent une vie intelligente, avec dans son intérieur des appareils très complexes tels que l'appareil digestif, l'appareil respiratoire, l'appareil urinaire et d'autres avec des fonctions spécifiques et unies entre eux, maintenues dans un tissu avec des veines et des artères pour la circulation du sang et de l'eau pour le maintien de cette vie. On comprend que l'argument selon lequel la vie vient du hasard de la nature ne tient pas debout.

Ceci fait partie de mes arguments pour affirmer que les Extraterrestres n'existent pas. Mais il reste encore des démonstrations scientifiques à faire plutôt que de nous baser sur des exemples dont les scientifiques n'aiment pas qu'on les exhibe.

## 2.4. Message aux extraterrestres

J'avais dit que de plus en plus les scientifiques sont convaincus qu'il existe des extraterrestres. En témoigne ce message qui leur a été lancé comme nous pour le lire :

*« Il y a 25 ans (maintenant ça fait 50 ans), le 16 novembre 1974, l'humanité envoyait depuis le radiotélescope d'Arecibo, à Porto Rico, un message aux éventuels extraterrestres. Y figuraient notamment le schéma de la double hélice d'ADN, une silhouette humaine et la position de la Terre dans le Système solaire. Il reste sans réponse, mais les scientifiques reconnaissent qu'ils n'en attendaient pas vraiment... »*. (Cfr : Magazine Ciel&espace n° 356 - janvier 2000, p.15).

Pour espérer recevoir une réponse, ce message doit rencontrer une civilisation extraterrestre qui a développé une technologie comme la nôtre. Ce n'est pas mal de rechercher nos semblables qui sont dissimulés dans d'autres planètes. Et qu'eux aussi connaissent notre existence. Mais, avec tout ce que nous venons de dire sur les extraterrestres, on sait désormais que cette réponse ne viendra jamais. Il appartient plutôt à l'homme d'apporter la vie dans l'univers ; ailleurs que sur la Terre, comme cela est écrit dans la Bible et la Torah à savoir :

*Gn 1 :28 Dieu les bénit, et Dieu leur dit : Soyez féconds, multipliez, remplissez l'univers, et l'assujettissez ;*

Au premier verset de la genèse, l'univers a été qualifié de « terre informe et vide » parce qu'il n'y avait pas dans l'antiquité, un terme approprié pour le désigner.

À travers ce verset, on voit que les projets terraformage (rendre la planète Mars vivable en y recréant des conditions de vie terrestres) et celui d'Elon Musk, milliardaire américain d'origine Sud-Africaine, qui vise la colonisation de Mars via la société SpaceX, s'inscrivent dans la recommandation divine et nous leur encourageons.

# Chapitre XI
# L'univers quantique

L'Univers quantique ou le monde quantique, c'est l'univers de l'infiniment petit, des particules et de leurs énergies. Les propriétés du monde quantique confirment aux savants les attributs de Dieu, et cela à travers l'étude comportementale des particules. Les théories dites « quantiques » décrvent le comportement des atomes et des particules.

Les scientifiques ont pu observer que le monde quantique (limité à *l'infiniment petit*, mais pouvant avoir des répercussions à une plus grande échelle) se comporte très différemment de l'environnement macroscopique auquel nous sommes habitués. C'est un monde milli-microscopique. Il fait l'objet de la mécanique quantique, branche de la physique quantique.

En d'autres termes, l'univers quantique n'est décrit que par des formules et des lois mathématiques. Pour le Modèle Cosmologique Universel avons-nous dit, il fait partie avec les points tirés du Principe de la création, de la physique de la création.

# Section 1
# La physique et la mécanique quantique

## 1.1. La physique quantique

La physique quantique est l'appellation générale d'un ensemble de théories physiques nées au XX^e siècle. Les théories dites « quantiques » décrivent le comportement des atomes et des particules et permettent d'élucider en particulier certaines propriétés du rayonnement électromagnétique qui restaient inexpliquées par la physique classique. Elle est considérée avec la relativité générale d'Einstein comme l'une des deux théories majeures du XXe siècle. Pour les modéliser, la quantification de la matière est un passage obligé, ce qui donne naissance à la physique quantique. (Cfr : https://fr.wikipedia.org/wiki/Physique_quantique)

En 1900, Max Planck, qui est considéré comme le père de la physique quantique, émet l'hypothèse que les échanges d'énergie avec la matière se font par petites quantités : les « quanta ». (Cfr : Jean Hladik, Pour comprendre simplement les origines et l'évolution de la Physique quantique, Paris, Ellipses, 2008, 320 p).

Louis de Broglie initie alors la mécanique quantique qui permet de modéliser correctement l'atome. La physique quantique a fini par absorber tous les domaines de la physique classique en une seule discipline. C'est la théorie quantique des champs, construite à partir de l'électrodynamique quantique, qui décrira l'ensemble des particules élémentaires.

## 1.2. La mécanique quantique

La mécanique quantique est la branche de la physique quantique qui a pour objet d'étudier et de décrire les phénomènes fondamentaux à l'œuvre dans les systèmes physiques, plus particulièrement à l'échelle atomique et subatomique, appelée communément échelle microscopique. Donc, elle est la théorie fondamentale des particules de matière constituant les objets de l'Univers et des champs de force animant ces objets. (Cfr : futura-sciences.com/sciences/definitions/physique-physique-quantique-13197).

Le physicien américain Richard Feynman disait à son propos : « *Si vous croyez comprendre la mécanique quantique, c'est que vous ne la comprenez pas* ». Et il n'hésitait pas à qualifier d'imbécile quiconque disait avoir maîtrisé cette science. Le monde quantique, décrit par la mécanique quantique, regorge de mystères, de surprises et de paradoxes qui obligent les savants à revoir la manière dont nous concevons la matière, et même la physique en général. Cela est dû au fait que l'étude des caractéristiques de Dieu, la source de tout, est négligée par la Science.

Le monde quantique, décrit par la mécanique quantique, constitue en fait la porte d'entrée de la transformation du spirituel en physique et, cela, dès que le mot « terre » fut prononcé pour la première fois dans la Bible et la Torah à travers le verset « *Au commencement, Dieu créa les cieux et la terre* » (Ge 1 :1), une terre qui était encore informe et vide, c'est-à-dire l'Univers (Ge 1 : 2) a débuté. C'est à ce moment-là que les aspects de Dieu, rendus matériels dans l'Univers, ont commencé à revenir à l'unité selon l'aspect du Créateur, en créant ainsi la déflation cosmique qui a caractérisé l'Univers d'avant Big Bang.

C'est ainsi que les phénomènes étudiés dans la mécanique quantique, rendus possibles par un Univers en déflation et en condensation, ne collent pas avec ceux étudiés dans la relativité générale, caractérisée par un Univers en inflation et en expansion.

Comme nous l'avons dit ci-haut, le prix Nobel Richard Feynman a eu l'honnêteté de déclarer que « tous *ceux qui prétendent comprendre quelque chose à la théorie quantique – y compris les physiciens – sont des menteurs* ». (cfr : Richard Feynman, in *The Character of Physical Law*, 1965).

Le commentaire scientifique de cette citation est le suivant :

*« Cela signifie en clair que les mécanismes internes qui régissent le comportement des particules restent parfaitement inconnus. Même si l'approche statistique de la physique quantique permet*

*des prévisions d'une précision extrême, elle ne reste qu'une manière extérieure et astucieuse de décrire les choses».* (Cf : zevengeur.wordpress.com/ la-chromo-dynamique-quantique).

La raison principale de ces difficultés est que le monde quantique (limité à *l'infiniment petit*, mais pouvant avoir des répercussions à plus grande échelle) se comporte très différemment de l'environnement macroscopique auquel nous sommes habitués.

(Cfr : *Pour la science* n° 407, septembre 2011, p. 22 et suivantes, « Vivre dans un monde quantique », par Viatko Vedral).

Nous avons affirmé que ces mécanismes internes sont décrits dans le Principe de la création du Rév. Dr. Sun Myung Moon, mais non encore intégrés en science, parce qu'ils sont décrits dans un livre religieux, servant de doctrine au Mouvement de l'Unification ou Église de l'Unification.

### 1.3. Le principe de la création et la mécanique quantique

Les livres de la collection « Astronomie et Théologie » sont les premiers à faire le pont entre les enseignements religieux et scientifiques et permettront désormais aux uns d'entrer et aux autres de sortir de l'ignorance.

Le Rév. Dr. Sun Myung Moon, étant le premier à avoir fait ressortir ses caractéristiques physiques dans le Principe de la création, branche du livre du Principe divin, a rendu possible la compréhension des mystères de l'Univers, du moins pour les savants qui vont en maîtriser les explications. Dans son mouvement, le Principe de la création est enseigné à tous les membres, ce qui leur confère une compréhension plus vaste du cosmos par rapport aux adeptes d'autres églises. Cela répond aux messages de Jésus-Christ : « *Si les invités ne viennent pas, appeler les passants pour qu'ils puissent bénéficier du festin* » (Mt 22 :8-10). Moi, je ne suis qu'un passant, les invités, ce sont les savants dans tous les domaines.

Comme je l'ai dit, introduire une grande connaissance dans un livre sacré, c'est cacher un trésor à l'humanité. Moi-même, en tant que passant et membre de l'Église de l'Unification, je médite sur ce Principe depuis plus de trente ans, mais je n'ai pas encore acquis sa totale compréhension et c'est pour cela que je ne suis pas encore en mesure de l'exprimer parfaitement. Les physiciens théoriciens auront une avance pour sa compréhension par rapport aux théologiens et aux philosophes.

À travers l'enseignement du Rév. Dr. Sun Myung Moon, on comprend que plus les hommes avancent dans la compréhension de la vérité, plus cela permet encore à Dieu d'ouvrir le vase. Qui aurait su que le schéma biblique et torahnique de la création ne livrera ce secret que 3500 ans plus tard à travers le Modèle Cosmologique Universel ? Cela n'a été possible que parce la science à travers la cosmologie a fait un grand bond en avant.

À plusieurs reprises, le Rév. Dr. Sun Myung Moon a réuni les savants en leur distribuant le livre du Principe divin, qui contient le Principe de la création. Mais ces derniers n'avaient jamais compris sa vraie intention. C'est comme les plus de cinq mille personnes que Jésus a nourries des pains (Mt 14 :21). Plus tard, ils ne le suivirent qu'à cause de cela (Jn 6 :26), au lieu de comprendre sa vraie mission qui était celle de l'établissement du royaume des cieux sur la Terre (Mc 1 :14-15).

À partir de la publication des livres de la collection « Astronomie et Théologie », tous les livres dits sacrés, contenant la sagesse divine, seront maintenant lus d'une manière attentionnée même par les savants athées comme document de recherche, la foi n'intervenant que plus tard après la découverte de leur richesse.

Pour revenir à notre sujet, Dieu étant invisible en physique, ses caractéristiques mathématiques ont été assorties par les penseurs de la mécanique quantique sans le savoir. Celle-ci se résume en plusieurs points qualifiés par D. Louapre des 7 merveilles de la mécanique quantique. (Cf :*sciencetonante.wordpress.com/2013/09/30/les-7-merveilles-de-la-mécanique-quantique*).

Tout ce qui est étudié dans la mécanique quantique trouve leur cause dans le prolongement de l'omniprésence de Dieu, assortie par la formule :

**Divinité = In [(Ci .M) + (Po.Ne) + (Ms.Fe)]**

**In = 302.752 x 1018 km/s :** vitesse initiale à laquelle tout s'est déployé de Dieu.

La décomposition des éléments mis en évidence, pris d'une manière isolée, fait effectivement l'objet des découvertes en physique. Et leur comportement pour faire asseoir des théories constitue l'étude de la mécanique quantique.

Avec tout ce qui est écrit ci-dessous, ce n'est pas que j'adapte la religion à la physique, mais c'est plutôt la découverte par la science physique de ce qui est dit en religion.

# Section 2
# Les Sept merveilles de la mécanique quantique

Voyons maintenant quelques grands points de la mécanique quantique qui témoignent de l'omniprésence de Dieu.

## 2.1. Le principe de superposition

Il est écrit dans la Bible et la Torah que Dieu, étant invisible, sa perfection, sa puissance éternelle et sa divinité, se voient comme à l'œil nu, depuis la création du monde, quand on les considère dans ses ouvrages (Rm 1 :20). En d'autres termes, c'est dans l'étude de la création qu'on pouvait comprendre mathématiquement Dieu. Ainsi, dans le Principe de la création, le Rév. Dr. Sun Myung Moon a fait ressortir ces caractéristiques qui permettent désormais de comprendre les mystères du fonctionnement de l'Univers, puisque celui-ci fait partie de la projection divine.

Nous avons dit que pour être simultanément partout dans l'Univers, du centre à l'extrême, la vitesse divine (**In**) est d'environ **302.752 x 1018 km/s**. À cette vitesse, Dieu est présent partout et au même moment, et rien ne lui échappe. Ce n'est pas comme la vitesse de la lumière de 300.000 km/s qui, en provenance du soleil, met 8 minutes pour atteindre la terre et plusieurs milliards d'années si elle provient des étoiles très éloignées. Or, la vitesse divine rend simultanément Dieu présent partout dans l'univers.

Quand on regarde les choses au quotidien, y compris les êtres vivants, chacun occupe une position précise, même s'il est en mouvement. À un instant donné, on se retrouve dans un État bien défini. C'est de la mécanique dite « classique », c'est-à-dire celle des objets normaux.

Il n'en est pas de même avec les objets microscopiques qui subissent les caractéristiques duales de Dieu. Contrairement aux autres objets normaux, une particule microscopique peut être dans un mélange de plusieurs états. Par exemple, selon les observations, quand un électron tourne autour d'un proton, il est sur tous les points de son orbite à la fois.

Pour désigner le fait qu'en mécanique quantique, les objets peuvent être dans plusieurs états à la fois, on parle du principe de superposition. Cela reflète l'un des attributs divins appelé « l'omniprésence » ; c'est-à-dire Dieu est doué de l'aptitude à se trouver partout en même temps. Il peut être actif pour l'un, appelé état vivant, et passif pour l'autre, appelé état mort. Dieu étant invisible, c'est plutôt la personne séparée de lui qui se retrouve dans un état mort tout en étant vivant. D'où le verset biblique « *laisse les morts (ceux qui sont en vie, mais séparés de Dieu ou mort spirituelle) enterrer leur mort (mort naturelle)* » (Mt 8 :22).

Cette caractéristique est reconnue dans la mécanique quantique à travers l'exemple du fameux **chat de Schrödinger**, ce chat « fictif » qui serait à la fois mort et vivant.

Ainsi, la présence active de Dieu dans les individus fait des uns des personnes vivantes et des autres des personnes mortes ; principe qui peut être annoté dans l'astrothéologie par le symbolisme de :

**|Individu> = | Mort > + | Vivant >**

En effet, pour décrire les deux états simultanément, c'est-à-dire qu'une personne peut se retrouver à la fois morte pour Dieu et vivante pour le monde, les physiciens ont inventé deux sortes de crochets comme celui-ci.

«

| >

»,

Et, pour superposer des états, ils les additionnent.

Pour parler un peu de l'astrothéologie, ce n'est pas seulement en mécanique quantique que le chat de Schrödinger peut être décrit comme étant simultanément mort et vivant. Étant donné que l'univers est encore sous l'emprise du mal, ce sont toutes les créatures qui se retrouvent physiquement dans un état mort tout en étant vivantes (Rm 8 :22-23).

Rm 8 : *22 Or, nous savons que, jusqu'à ce jour, la création tout entière soupire et souffre les douleurs de l'enfantement. 23 Et ce n'est pas elle seulement ; mais nous aussi, qui avons les prémices de l'Esprit, nous aussi nous soupirons en nous-mêmes, en attendant l'adoption, la rédemption de notre corps.*

Pour passer d'un état à l'autre, cela est décrit dans le Principe de la résurrection, branche du livre du Principe divin du Rév. Dr. Sun Myung Moon. Pour le paraphraser, la résurrection que les gens attendent à tort comme un retour physique à la vie et comme une montée dans les nuées, n'est que l'accomplissement du but de la création que tout individu est appelé à atteindre, tel que décrit dans le Principe de la création, contenu dans le même livre.

Nous en reviendrons dans d'autres publications pour plus amples explications. Ce livre étant réservé plutôt aux scientifiques.

L'omniprésence de Dieu, se reflétant dans le principe de la superposition des états en physique, caractérise toutes les étrangetés des phénomènes découverts dans la mécanique quantique, dont nous avons dit dans le Modèle Cosmologique Universel que ça fait partie de la Physique de la création.

## 2.2. L'indéterminisme de la mesure

Jusque-là, nous avons parlé de la vitesse d'environ **302.752 x 1018 km/s** de l'énergie de Dieu, pour qu'il soit permanent sur tout l'Univers. Toutefois, ce résultat de la mesure est probabiliste d'autant plus que nous nous sommes référés à l'astre le plus éloigné découvert jusque-là (2020). Si un jour la science découvrait encore plus, cela serait de nature à changer la donne, mais ne modifierait en rien nos formules. En plus, Dieu est spirituel et on ne peut lui donner des valeurs physiques avec précision ; c'est l'indéterminisme de la mesure.

Toutefois, cela nous permet de comprendre ce qui a été à l'origine, la vitesse des rayonnements des particules virtuelles provoquant des collisions énergétiques, jusqu'à aboutir aux particules réelles, comme nous pouvons le lire : « *Au début, le rayonnement est si intense qu'il possède l'énergie nécessaire pour matérialiser tous les couples particule/antiparticules possibles, qui s'annihilent aussitôt, ou qu'il détruit immédiatement.* » écrit André Brahic dans « Sciences de la terre et de l'Univers ».

Cette déflation d'avant Big Bang, qui offrait de l'énergie aux particules virtuelles, a fini par engendrer, suite au confinement des particules réelles, la première lumière. Ces trois grandes étapes d'avant Big Bang que nous avons expliquées en détail dans les précédentes publications sont contenues par ces versets bibliques et torahniques : « *La terre était informe et vide... Un vent de Dieu se mouvant au-dessus des eaux... Et la lumière fut* ». (Ge 1 :2-3).

Cette vitesse initiale de déflation qui se dégradait au fur et à mesure de la condensation de l'Univers a connu un rebond lors du Big Bang. C'est ce que confirme la science avec des observations selon lesquelles l'inflation s'est faite avec une vitesse qui dépasse celle de la lumière. Et même certaines hypothèses affirment que la vitesse de l'expansion actuelle de l'Univers serait supérieure à la vitesse de la lumière.

Ainsi, commencé à **302.752 x 1018 km/s** lors de la déflation dans la période d'avant Big-bang, on comprend pourquoi la physique actuelle n'arrive pas à expliquer la différence de vitesse entre l'inflation au début et l'expansion actuelle de l'Univers, le jugeant trop rapide comme nous pouvons le lire.

*« Cependant, depuis quelques années, un problème ennuie particulièrement les physiciens : l'accélération de l'expansion de l'Univers est bien plus rapide qu'elle ne devrait l'être »*. (Cf : trustmyscience.com/expansion-Univers-acceleration-trop-rapide -pour-etre-expliquee-par-laphysique-actuelle, par Thomas Boisson, le 26/02/2018).

En revenant sur notre exemple de l'électron qui peut être présent partout autour du proton, les physiciens ont découvert que chaque fois qu'ils calculaient sa vitesse, cela changeait ou parfois se répétait. Cela est noté par le signe :

**Électron> = |1000 km/h > + |2000 km/h >**

Ce qui veut dire qu'en mesurant la vitesse de l'électron, on va trouver soit l'un (1000 km/h), soit l'autre (2000 km/h), mais qu'il n'existe aucun moyen de savoir à l'avance lequel.

D'après D. Louapre dans le documentaire scientifique « **les 7**

**merveilles de la mécanique quantique** », ces résultats ont apporté une révolution conceptuelle incroyable en physique. Les physiciens ont longtemps supposé que la nature était déterministe : si on refait deux fois exactement la même expérience (en principe), on retrouve deux fois le même résultat. Mais, en physique quantique qui est la porte d'entrée de la transformation du spirituel en physique, les résultats ne se comportent pas de la même manière.

Selon le physicien danois Niels Bohr, il existe un indéterminisme fondamental qui fait que les résultats des mesures dépendent du hasard, d'une manière qu'il est impossible de prévoir. Sa réflexion n'a pas plu à Albert Einstein qui lui a répliqué que « *Dieu ne joue pas aux dés* », voulant dire par là, selon nous, qu'à chaque chose de la création est assignée une valeur selon le but à atteindre. Mais la physique, ne pouvant interroger l'âme, ne peut évoquer que le hasard.

Par exemple, un joueur qui tire le ballon dans le bois adverse à 30 m ne déploiera pas la même énergie s'il le remet à son gardien situé à la même distance ou qu'il le passe à son coéquipier. Nous voulons dire par là qu'il y a un but assigné à tout et confirmons le dicton d'Albert Einstein que « *Dieu ne joue pas au dès* ». Dans le Principe de la création du Rév. Dr. Sun Myung Moon, ceci est développé dans le point concernant l'action de donner et recevoir. (Cfr : Le Principe divin, niveau 4, Pp 19-21).

Bien sûr, quand une particule se retrouve isolée pour une expérience, à la recherche de son but, ses résultats à mesurer se retrouveront aussi modifiés par rapport à une particule errant dans la nature. C'est pour cela qu'on parle de l'indéterminisme de la mesure pour les éléments quantiques.

## 2.3. La dualité onde-corpuscule

L'une des questions que je me posais est : « Comment est-on parti du rayonnement divin à la matière ? » Les physiciens ont raisonné à cela en tenant compte de la lumière, car pour eux tout a commencé par le Big Bang. Le Big Bang est reconnu bibliquement et torahniquement par le phénomène « *la séparation des eaux d'avec les eaux* » (Gn 1 :6) qui a lieu au second jour ou à la seconde période, confirmant que ce n'était pas le commencement de l'univers. Donc, il y a eu effectivement un premier jour très mouvementé, aussi résumé par le verset biblique et torahnique : « Un vent de Dieu se mouvait au-dessus des eaux » (Ge 1 :2).

Nous avons dit que le coefficient de la vitesse divine que nous avons mis en nous basant sur les calculs était relié à la probabilité de trouver Dieu à chaque endroit de l'Univers, connu sous le nom théologique de l'omniprésence de Dieu. Transmise au rayonnement, celle-ci s'est alourdie pour générer des particules ponctuelles avec les caractéristiques duales de Dieu, d'où elles sont émanées, et qui seront transmises plus tard à la matière. D'où les objets ponctuels, selon David Louapre dans le documentaire « **la mécanique quantique en 7 idées** » se comportent au niveau microscopique comme des ondes, c'est-à-dire qu'ils sont partout à la fois.

Cette idée que les ondes étaient déjà la matière avait été introduite au début du XXe siècle par plusieurs chercheurs, dont le physicien français Louis De Broglie. Ce dernier a notamment proposé l'idée de la dualité onde-corpuscule : les particules peuvent suivre les circonstances et se comporter soit comme des particules, soit comme des ondes. Cette idée a permis de mettre un terme à la nature de la lumière, c'est-à-dire qu'elle est faite d'ondes électromagnétiques et de photons.

Comme je l'ai dit, les physiciens du XXe siècle ont pris la lumière comme référence, appliquant sans le savoir le verset biblique qui dit que « ce qui est invisible dans Dieu, peut être connu dans l'étude de ce qui est visible » (Rm 1 :20). Voilà pourquoi l'Astrothéologie fera entrer la science dans une nouvelle phase avec le Principe de la création du Rév. Dr. Sun Myung Moon comme coefficient de référence, car lui aussi n'a pas eu le temps mathématique de développer ses idées tout comme Moïse ; la providence de Dieu oblige.

Ces deux hommes de Dieu ont posé toutes les bases pour le développement de l'Astrothéologie. Donc, les savants se sont basés sur l'étude de la lumière, mais nous, nous sommes basés sur l'origine en parlant des rayonnements.

## 2.4. L'effet tunnel

L'un des attributs de Dieu est qu'il n'a pas de barrières ; Il transcende le temps et l'espace. Nos barrières physiques ne sont rien pour Lui. Il sonde même nos pensées et nos cœurs (selon le sens religieux) comme en atteste ce verset :

Mt 6 :6 Mais *quand tu pries, entre dans ta chambre, ferme ta porte, et prie ton Père qui est là dans le lieu secret ; et ton Père, qui voit dans le secret, te le rendra.*

L'Univers étant la projection divine, cet attribut est conservé par certains rayonnements et éléments microscopiques, faisant l'objet d'études en mécanique quantique. Si Dieu est global, mais à chaque individu, il devient un Dieu personnel connu sous le nom de Père.

Mt 23 :9 Et *n'appelez personne sur la terre votre père ; car un seul est votre Père, celui qui est dans les cieux.*

Cette caractéristique, acquise par certains éléments physiques microscopiques dont une tranche peut transcender une barrière et se retrouver de l'autre côté, est appelée effet tunnel. Il y a encore certains éléments qui nous transcendent à chaque seconde comme si nous n'existions même pas ; c'est le cas de neutrino. Tout ceci fait encore de Dieu le créateur, le géniteur et le projecteur de toute chose. Chaque chose de l'Univers revêt au moins une de ces caractéristiques telles que décrites dans le Principe de la création du Rév. Dr. Sun Myung Moon.

L'effet tunnel fait partie des choses qui se produisent dans le monde quantique, mais pas dans le monde macroscopique. La science s'est servie de sa théorie, par exemple, pour faire des microscopes dits « microscopes à effet tunnel », qui permettent de voir et manipuler les atomes.

## 2.5. L'intégrale de chemin

Les croyants ont parfois les endroits spéciaux de méditation, or Dieu transcende le temps et l'espace. Il ne suit pas un chemin précis pour nous atteindre et aucune barrière ne peut l'arrêter. Comme stipulé dans L'effet tunnel, il n'a aucune barrière.

Cette caractéristique acquise par les éléments microscopiques fait qu'en mécanique quantique, lorsqu'une particule quantique va d'un point à un autre, elle passe par tous les chemins possibles qui relient ces deux points. Cela est démontré par plusieurs diagrammes de Feynman que les astrophysiciens connaissent mieux. Cette approche est connue scientifiquement sous le terme d'intégrale de chemin.

### 2.6. La téléportation

La téléportation est l'échange d'information d'une manière presque instantanée sans l'utilisation de la voix, des gestes ou d'outils extérieurs. Ils ne se limitent pas aux pensées seulement, mais couvrent tous les domaines psychiques tels que sentiments, douleurs, appréhensions, etc.

À travers la mécanique quantique, les savants commencent à expliquer, en se basant sur le comportement des particules, ce qui auparavant faisait partie du psychisme. Cela les éloigne de la religion et de la philosophie, mais pour les croyants, c'est le contraire, d'autant plus que c'est Dieu qui en est le créateur et a doté l'homme de toutes les capacités dès sa création.

En effet, pour le physicien Français Claude Sarrailh, *« les particules élémentaires qui sont les vecteurs de l'action n'ont pas de problème avec le temps (le passé, le futur). Avant d'interagir elles sont partout dans l'espace-temps, et le temps pour elles, ne passe pas... Rappelons-nous que nous sommes faits que d'atomes où tournent autour des électrons dont on ne sait pas avant de les observer où ils sont (ils n'ont pas de réalité physique) ; Et ces électrons ont ce pouvoir d'aller dans le futur et de revenir instantanément dans l'instant présent, puisque avant de les observer ils étaient dans tout l'espace-temps, sans contrainte liée au temps terrestre car pour eux le temps n'est pas passé ».* (Cf : Claude Sarrailh, Le secret de la vie, édit LIBRINOVA, Paris 2018, Pp 95-100).

En plus, il a été observé par les savants que l'état des atomes intriqués (une notion très compliquée à expliquer dans un livre de littérature) change plus vite que le temps qu'il faut aux rayons laser pour atteindre un objet, c'est-à-dire plus vite que la vitesse de la lumière. C'est ce qui justifie pour nous, du point de vue physique, cette caractéristique de la déportation instantanée.

Beaucoup ont déjà fait l'expérience de la Téléportation. Par exemple, le fait d'être attiré ou concentré par une personne dans une assemblée fait que cette dernière se tourne vers toi ou te remarque aussi.

Souvent dans l'enfance, dès que j'ai pensé à une chanson en écoutant la radio, celle-ci se jouait dans les minutes qui suivaient. Cela traduit l'expression populaire « *Quand on parle du loup, on en voit la queue* », qui se dit lorsqu'une personne surgit au moment où l'on parle d'elle ou on pense à elle. Dans certaines sectes ésotériques, telles que la Rose Croix, on trouve ces exercices des téléportations. Et les adeptes de ces genres de sectes influencent de loin certains événements ou certaines situations.

L'une des règles d'or de la filature est qu'on ne doit pas penser à la personne qu'on file, sinon il va commencer à se tourner de temps en temps vers vous et qu'il peut même se sentir filé. C'est ce qui se passe aussi quand on file une fille pour l'aborder ou si on se concentre sur elle dans un café. Il y a fort probable qu'elle se tourne vers vous, vous remarque et vos yeux se croisent avant même que vous puissiez lui adresser la parole.

En effet, les filles possèdent des sens intuitifs très profonds par rapport aux hommes. J'ai dû moi-même expérimenter tout ce que je viens de décrire quand j'étais jeune, mais, à ce moment-là, je ne savais pas que cela s'appelait la téléportation. Je ne savais pas non plus que ces phénomènes sont expliqués dans la mécanique quantique.

La mécanique quantique empiétant sur la philosophie et la religion, un chercheur a écrit ceci :

« *On a l'impression que la mécanique quantique justifie des théories philosophiques considérées comme bizarres par la plupart des scientifiques, allant de formes radicales d'idéalisme jusqu'au mysticisme* ». (Cf ; Jean Bricmon, La mécanique quantique pour non-physiciens, B-1348 Louvain-la-Neuve, Belgium).

Dans le point concernant la notion de temps dans les précédents livres de la collection « Astronomie et Théologie », j'avais dit qu'il y a des vitesses qui sont supérieures à la vitesse de la lumière, et la mécanique quantique me donne raison. En plus, cela démontre aussi que la vitesse d'invisibilité divine **de**

**302.752 x 1018 km/s** n'est pas un leurre et j'ai démontré avec des calculs simples comment cela a été obtenu.

Comme on le voit, toutes les caractéristiques découvertes dans les objets faisant l'étude de la mécanique quantique nous dévoilent l'omniprésence de Dieu par leur comportement. D'où nous tirons les conclusions suivantes :

– La réalité quantique est différente de notre réalité. À l'échelle quantique, la nature fonctionne selon des règles mystérieuses, avec des particules reflétant les attributs de Dieu. C'est une réalité qui est issue d'avant Big Bang ou de la période d'avant « la séparation des eaux d'avec les eaux » selon la Bible et la Torah, quand l'univers était en déflation. Cette réalité fait que la mécanique quantique ne peut s'unir avec la relativité générale dans une théorie de Tout sans la prise en compte de ce paramètre.

– En plus, le principe d'intrication, branche de la mécanique quantique, confirme aux physiciens sans le savoir les écrits bibliques, torahniques, coraniques et le principe divin qui font de Dieu l'origine de tout. En effet, à travers ce principe, les savants ont découvert que nous sommes tous unis et non séparés selon les apparences, et cela contredit la théorie de l'évolution de Charles Darwin. (Cf : documentaire « **Physique quantique pour les nuls** »). - Tout comme dans la Bible et la Torah, beaucoup des phénomènes découverts dans le monde quantique font encore l'objet d'interprétation.

Dans Rm 1.20, on nous dit que « les *perfections invisibles de Dieu, sa puissance éternelle et sa divinité, se voient comme à l'œil nu, depuis la création du monde, quand on les considère dans ses ouvrages. Ils sont donc inexcusables* ». La science, en entrant dans l'infiniment petit dans la branche de la physique, n'a cessé de découvrir des choses qui ne peuvent que confirmer les caractéristiques divines. Donc, chaque fois qu'un physicien découvre un des attributs divins à travers les créatures, il impose son nom en y émettant une théorie. Mais il y a encore beaucoup à découvrir.

Ainsi, les objets quantiques qui font la conjonction entre Dieu et les objets macroscopiques gardent ces caractéristiques, même si c'est en décroissant, comme quand on canalise un électron et qu'on l'observe.

## 2.7. L'intrication quantique

L'intrication quantique peut être comprise comme étant la téléportation au niveau microscopique. Selon la mécanique quantique, deux particules sont intriquées lorsqu'elles ont une histoire commune. Ici, nous pouvons même dire que lorsqu'ils sont issus d'un même atome. L'intrication veut dire que, quelle que soit la distance qui les sépare, leur comportement se fait de manière identique. Une modification sur l'une d'elles entraîne d'une manière simultanée un changement sur l'autre.

Pour Blandine Pluchet, l'expérience constatée lors de la démonstration sur l'intrication à l'année 2000 a remis en cause le principe de causalité (qui dit que la cause précède toujours l'effet), car cette dernière est dépendante du temps qui s'écoule. (Cf : Blandine Plucher, La physique quantique pour les nuls, éd. First, Paris 2018, p. 139).

Comme on le voit, cette constatation confirme notre théorie de la vitesse d'invisibilité divine **de 302.752 x 1018 km/s**, qui fait que Dieu soit partout et au même instant. Et, comme nous l'avons aussi dit, les phénomènes quantiques ne confirment que les caractéristiques duales de Dieu.

Étant donné que tous les hommes viennent d'une source unique, qui est Dieu, selon qu'il est écrit : « *Puis Dieu dit : Faisons l'homme à notre image, selon notre ressemblance* » (Gn 1 :26), il s'avère que les phénomènes d'intrication quantique que nous appelons la téléportation au niveau macroscopique sont beaucoup plus expérimentés au quotidien par les couples mariés.

*Gn 1 :**27** Dieu créa l'homme à son image, il le créa à l'image de Dieu, il créa l'homme et la femme.*

À travers ce verset, on voit que l'image d'un Dieu unique est formée par le couple marié homme femme et non les célibataires, quelle que soit la justification.

# Chapitre XII
# Le modèle standard

# Section 1
# Le modèle standard cosmologique

## 1.1. Introduction du modèle standard cosmologique

Avant d'aborder ce point, nous voulons tout d'abord voir ce que nous-mêmes, avons compris par le modèle standard cosmologique, et cela après compilation de plusieurs écrits scientifiques.

En effet, le modèle ou la théorie du Big Bang et la théorie du modèle standard cosmologique sont tellement liés que je ne peux les aborder séparément dans ce livre. Les astrophysiciens le comprendront pour le motif suivant évoqué par un de leurs dans la citation suivante :

*« Depuis le début il y a eu une ambiguïté, un malentendu, entre les scientifiques et le grand public concernant le modèle du Big-bang. Le grand public comprend le "Big-bang" comme une description de l'origine de l'Univers. Les scientifiques au contraire appellent "Big-bang" la suite des étapes de l'évolution de l'Univers, depuis un état chaud, dense et très concentré jusqu'à aujourd'hui. Cet état est suffisamment proche de l'origine mais n'est pas l'origine. »*

*(CNRS :* La saga du Big-bang, Jean Iliopoulos et StavrosKatsanevas).

Comme on le voit, moi, je fais partie du grand public et je ne fais pas exception à la règle. Et du moment où on découvre des nouvelles particules et des théories pour expliquer cette évolution de l'Univers à partir du Big Bang jusqu'à ce jour, on entre dans le modèle standard cosmologique.

Pour nous, le grand public, le modèle du Big Bang nous explique comment l'Univers s'est construit et a évolué. Mais, à partir des années 1970, les physiciens sont arrivés à établir un scénario probable de son histoire appelé « modèle standard de la cosmologie », renommé récemment modèle ΛCDM pour « Lambda Cold Dark Matter ». Ce modèle est basé sur les théories de la relativité générale, de la physique quantique et de la physique des particules.

(Cfr : zevengeur.wordpress.com/2014/01/16/histoire-de-lUnivers-partie-4-le-modele-standard-de-laphysique).

En cosmologie, le modèle ΛCDM (prononcer « Lambda CDM ») désigne un modèle cosmologique représentant un univers homogène et isotrope, dont la courbure spatiale est nulle, et qui contient de la matière noire et de l'énergie noire en plus de la matière ordinaire. La lettre grecque Λ est usuellement le symbole de la constante cosmologique, qui est la forme la plus simple d'énergie noire.

Le modèle standard de la cosmologie s'est donc penché sur la quasi-totalité de l'histoire de l'Univers durant une période de 14 milliards d'années, âge estimé de ce dernier. L'objectif du modèle est de décrire les phases ayant conduit à l'Univers d'aujourd'hui.

Ce modèle a été développé progressivement en effectuant de nombreux allers-retours entre l'expérience et la théorie. Donc, c'est un modèle évolutif où non seulement des théories, mais aussi de nouvelles particules élémentaires furent ajoutées au fur et à mesure des observations. Ceci est pour répondre à tous les cas observés. D'où le nom du modèle standard, qui recouvre tous les phénomènes rencontrés dans la nature sauf la gravitation, pour des raisons qu'eux-mêmes, les physiciens théoriciens, peuvent expliquer.

### 1.2. L'énergie noire et la matière noire

« *Selon le modèle ΛCDM, l'énergie sombre est présentée comme* ***une propriété de l'espace lui-même****, dont le début succède immédiatement à la période d'inflation comme le décrivent les équations d'état (en). Le modèle ΛCDM ne dit rien sur l'origine physique fondamentale de l'énergie sombre mais il représente la densité d'énergie d'un Univers plat. Des observations indiquent qu'elle existe depuis au moins 9 milliards d'années* ». (Cfr : Wikipédia : Histoire de l'Univers).

Quant à la matière noire, qui est une forme de matière invisible, car n'émettant pas de rayonnement électromagnétique, elle a aussi été intégrée dans le Modèle standard sous la version du modèle ΛCDM.

Dans une certaine littérature, on parle parfois de la matière noire et dans d'autres de la matière sombre. La différence est que la matière sombre désigne généralement la matière ordinaire, mais trop froide ou trop peu lumineuse pour être détectée, tandis que la matière noire serait probablement constituée de particules électriquement neutres (différentes des protons et des électrons) n'engendrant pas d'interactions électromagnétiques (donc sans possibilité d'émettre ou d'absorber de la lumière).

# Section 2
# Le modèle biblique et torahnique face au modèle standard

## 2.1. Le temps de Planck et le modèle biblique et torahnique

Sommes-nous en train de combattre le modèle standard dans ce livre ? Pas du tout, mais nous disons tout simplement que le modèle biblique et torahnique tel que restitué dans le Modèle Cosmologique Universel explique l'univers de l'avant Big Bang jusqu'à l'homme. Ainsi, il vient d'engloutir et d'intégrer le modèle standard comme tous les autres modèles cosmologiques. Et, c'est ce que nous tendons à démontrer dans ce chapitre pour que cela ne soit pas comme un slogan.

Le seul sujet que nous nous attachons à éclaircir dans ce point, c'est la genèse de l'Univers à partir de l'avant Big Bang. C'est pour dire que nous nous passons des théories mathématiques et physiques faisant partie du modèle standard cosmologie, que nous acceptons, pour nous concentrer sur les points touchant les origines de l'Univers, dont le modèle standard n'a pas encore intégré.

La théorie du Big Bang, avons-nous dit, traite du début de l'Univers, lorsque ce dernier était constitué de particules élémentaires et de rayonnements. Elle a comme fondement l'idée de l'abbé Lemaître d'atome primitif. Selon Lemaître, les galaxies sont des fragments qui ont été projetés par l'explosion de cet atome, créant l'expansion de l'Univers. Ce modèle, corrigé par G. GAMOW, est à l'origine de la théorie du Big Bang sur l'évolution de l'Univers. Il en constitue le cadre théorique d'ensemble, dans lequel prennent place tous les événements de l'Univers. Donc, c'est un modèle qui est fortement enrichi par d'autres théories qui ont suivi après, reconnu à ce jour sous le nom du modèle standard cosmologique.

À la place de l'atome primitif, Gamow suppose que l'Univers est né d'une explosion gigantesque et que les différents éléments observés aujourd'hui ont été générés juste après cette explosion appelée Big Bang. C'est ce que la science a retenu finalement à la place de l'explosion de l'atome primitif de l'abbé Lemaître.

Selon la théorie de G. Gamow qui est acceptée par la science, tout devrait être analysé par rapport au Big Bang, c'est-à-dire ce dernier est pris comme le point de départ de l'Univers. D'où l'introduction du temps de Planck et de l'inflation, où l'on devrait interpréter dans un espace très court les événements dont la durée pour nous ne répond pas à leur temps de liaison, mais tout simplement pour se conformer à cette théorie qui est devenue le modèle standard. Je ne suis pas le seul à émettre de pareils doutes. Lisons cette pensée scientifique :

« *De même nous sommes incapables de prouver les théories scientifiques expliquant l'origine de la planète ou la formation d'un atome – mais nous acceptons, sous le poids des témoignages, que ces théories sont exactes* ». (Cfr : Linda Gamlin, Les origines de la vie, éd. Artis-Historia, Bruxelles. 1989, P. 32).

Le temps de Planck est le plus souvent utilisé comme ordre de grandeur caractérisant des phénomènes encore mal décrits par la physique actuelle. On l'arrondit généralement à $10^{-43}$ secondes, comme étant le temps auquel nous puissions avoir accès. Au-delà de cette limite, les lois de la physique cessent d'être valides. Ce temps s'étale jusqu'au temps où les quatre forces fondamentales furent séparées, soit à $10^{-35}$ secondes, faisant entrer l'Univers au temps d'inflation. En deçà du temps de Planck, la description de ce qu'est l'Univers ne relève plus de la physique selon la science actuelle, dans le sens où ces phénomènes échappent par nature à l'observation.

Après cette limite pour la science, on entre littéralement dans le domaine de la métaphysique (au-delà de la physique). Pour les philosophes qui essayent d'y raisonner dessus, la métaphysique est quelque chose de vagues qui n'a pas de schémas détaillés ; chacun peut l'aborder là où il veut. Actuellement, la mécanique quantique cherche à percer ces mystères.

Pour nous, le Modèle Cosmologique Universel, qui est la restitution scientifique du schéma de la création biblique et torahnique, en analysant l'avant Big Bang, fait aussi partie de la physique et non pas seulement de la religion. Le modèle biblique et torahnique décrit non seulement tous les grands ensembles de ce qui s'est passé avant le Big Bang, mais les implications mathématiques aussi. Du moins, même si aujourd'hui on ne peut le quantifier dans le temps et dans l'espace, nous avons les versets comme « *l'esprit de Dieu se mouvant sur les eaux... La lumière fut* » (Ge 1 : 2-4). L'esprit de Dieu représentant les énergies originelles et les eaux représentant les particules originelles. Pris dans cet angle, en considérant Dieu comme étant un héros dans l'ombre, aucun astronome ne peut nier la portée scientifique de ces versets écrits 1500 ans av. J.-C.

Le moment énigmatique où l'Univers est entré en expansion est appelé « mur de Planck ». Comme je l'ai dit, cela parce que les lois connues de la physique actuelle s'arrêtent par là. Donc, le mur de Planck peut alors être simplement décrit comme étant l'instant à partir duquel les modèles standards cosmologiques actuels ne permettent plus de connaître ce qui a précédé.

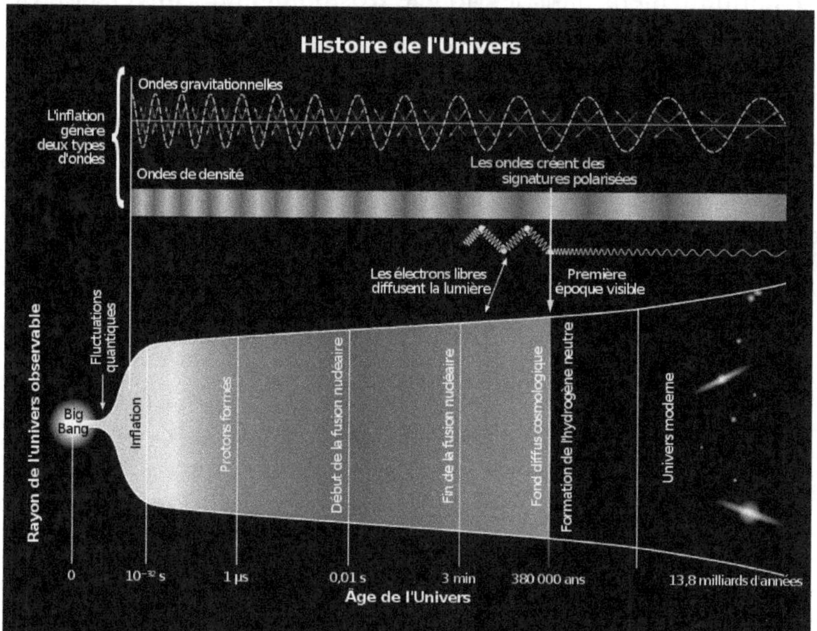


*L'ère de Planck est située tout juste après le Big-bang (à gauche) ou « la séparation des eaux d'avec les eaux », mais avant l'ère de l'inflation (en beige). (Source : Wikipédia ; l'ère de Planck).*

Pour le modèle biblique et torahnique, à travers sa restitution scientifique dans le Modèle Cosmologique Universel, le Big Bang ne marque pas le début de la création et celle-ci a eu lieu le second jour, caractérisé par la phrase « la séparation des eaux d'avec les eaux ». Lisons :

Ge 1 : 6 *Dieu dit : Qu'il y ait une étendue entre les eaux, et qu'elle sépare les eaux d'avec les eaux. 7 Et Dieu fit l'étendue, et il sépara les eaux qui sont au-dessous de l'étendue d'avec les eaux qui sont au-dessus de l'étendue. Et cela fut ainsi. 8 Dieu appela l'étendue ciel. Ainsi, il y eut un soir, et il y eut un matin : ce fut le second jour.*

Donc, le Modèle Cosmologique Universel est un modèle potentiel en cosmologie et non un modèle historique, car on n'a pas encore tout découvert. L'avant Big Bang qui est décrit dans le premier jour de la création biblique et torahnique et restitué scientifiquement dans le Modèle Cosmologique Universel n'est pas encore attesté et validé par la science. Mais ce n'est qu'une question de temps. Une relecture des différents résultats du Fond diffus cosmologique s'impose. C'est la démarche qu'ont entreprise les physiciens théoriciens Roger Penrose ; Prix Nobel de la physique en 2020, et Vahe Gurzadyan dont j'ai développé les résultats dans le point concernant le Modèle Cosmologique Cyclique conforme.

En effet, quand on analyse un résultat en ayant à la tête qu'on doit tenir compte du temps du Big Bang, on crée déjà une limitation dans son interprétation.

Le Modèle Cosmologique Universel qui restitue le modèle biblique et torahnique, ne nie pas ce que la science dit à propos de l'après-Big-bang ; c'est-à-dire en raison de l'expansion de l'Univers, la température et la densité extrêmement élevées ont diminué jusqu'à passer sous une certaine limite, et cela a permis aux particules subatomiques de se fusionner et d'y commencer la création des éléments chimiques les plus simples, tels que l'hydrogène, l'hélium, le deutérium ou le lithium. Le refroidissement progressif de l'Univers, dû à l'expansion, entraînant la formation des éléments légers, constitue la base de la théorie de Gamow. Aujourd'hui, c'est d'après la théorie du Big Bang que l'on spécifie les éléments constitutifs de l'Univers, ainsi que leurs transformations à partir de l'explosion initiale.

Donc, selon cette théorie, une explosion initiale survenue il y a une quinzaine de milliards d'années dans un Univers alors extrêmement dense et chaud est à l'origine de l'expansion et de la structure de l'Univers tel qu'il est observé aujourd'hui. La théorie du Big Bang est donc un modèle évolutif qui s'oppose aux modèles cosmologiques statiques et stationnaires et auquel le Modèle Cosmologique Universel souscrit aussi. C'est cette théorie du trio Lemaître, Friedmann et Gamow qui est devenue le modèle standard dans la cosmologie et acceptée par la majorité des cosmologues.

Toutes les autres questions non répondues dans le modèle standard devraient trouver des réponses si la science s'y pense au Modèle Cosmologique Universel. Ainsi, le Modèle Cosmologique Universel dont une partie de chaque modèle se retrouve à l'intérieur, n'est pas le prolongement du modèle standard scientifique. C'est un ancien modèle, car contenu dans la Bible et la Torah, mais devenu le nouveau modèle suite à sa restitution scientifique dénommée « le Modèle Cosmologique Universel ».

## 2.2. La théorie de l'atome primitif face au modèle biblique et torahnique

Commençons par l'idée de l'atome primitif de l'abbé belge Georges Lemaître. Pour lui, cet atome a explosé à cause d'une instabilité. Cela démontre effectivement qu'il n'a pas fait le rapprochement avec l'histoire de la création contenue dans la Bible et la Torah. S'il l'avait fait, il n'aurait pas utilisé le mot scientifique « d'instable ». En plus, ses contemporains ont qualifié sa théorie d'être basée sur la foi, ce qu'il rejeta en bloc. D'ailleurs, il insista que sa théorie est purement scientifique et qu'elle n'avait rien à voir avec la religion. C'est ainsi qu'il rejeta même les félicitations du Pape Pie XII en lui faisant comprendre que sa théorie n'avait rien à voir avec la foi.

En effet, dans sa théorie, l'abbé belge Georges Lemaître supposa que jadis, l'Univers était condensé en une masse énorme, qui devint instable et explosa (Cf : Damian Grint, Les mystères de l'Univers, éd. Christophe Colomb, p. 146, Paris, 1985).

Or, on ne peut parler d'instabilité si cela faisait partie des résultats voulus par son auteur. Comme l'aboutissement final du Big Bang était l'émergence de l'homme, nous disons que l'Univers a commencé l'expansion au moment où il a atteint son premier résultat voulu par Dieu et que cela n'était pas dû à un hasard de la nature ou à une instabilité, comme G. Lemaître en a conclu.

Pour parler de l'instabilité qui a occasionné le Big Bang, l'abbé G. Lemaître s'est sûrement inspiré du principe de ce qu'adviendra le fonctionnement de la bombe atomique. Dans ce principe, lorsqu'on bombarde le noyau d'uranium-235 avec des neutrons, elle devient instable et se scinde en deux, trois... créant des réactions en chaîne, libérant une quantité phénoménale d'énergie, tout en entraînant une forte explosion. Dans ces réactions, on est en face d'un noyau stable auquel on le bombarde par un neutron pour créer l'instabilité. Ces raisonnements peuvent être complétés par cette citation :

*« On supposait qu'à l'origine toute la masse de l'Univers était concentrée dans une très petite sphère dont la température atteignait plusieurs milliards de degrés. Quand cette « bombe atomique » explosa, ses morceaux furent éjectés avec des vitesses relatives parfois proches de celle de la lumière... la cinquième conséquence de ce modèle rarement explicitée, est que l'état de l'Univers au « point singulier » exige une création divine... » (Cf : http ://www.matierevolution.fr/spip.php ?article, Big bang ou pas Big Bang, le 15/05/2009 par Faber Sperber, Robert Paris)*

L'Univers a connu un processus évolutif qui s'est clôturé avec la formation de l'homme. Donc on ne peut parler d'instabilité aussi longtemps que le processus était transitoire. Le Big Bang ou la séparation des eaux d'avec les eaux a clôturé la seconde période biblique et torahnique avant qu'on entame la troisième. C'est ainsi que Moïse dans la Bible et la Torah a utilisé le verbe séparer (Dieu sépara les eaux d'avec les eaux) même s'il y a eu explosion ou expansion. Le verbe séparer est utilisé pour démontrer que ce n'était pas un phénomène accidentel, ni une instabilité, comme l'abbé G. Lemaître le pensait.

# Section 3
# Le commencement de l'Univers

## 3.1. Scénario du modèle standard

La théorie G. Lemaître fut sous-entendue, partie du modèle standard commence la formation de l'univers à partir du Big Bang quand cet atome a commencé à s'épanouir, tel que nous pouvons le voir dans le schéma ci-après :

Avant $10^{-43}$ secondes : Superforce.

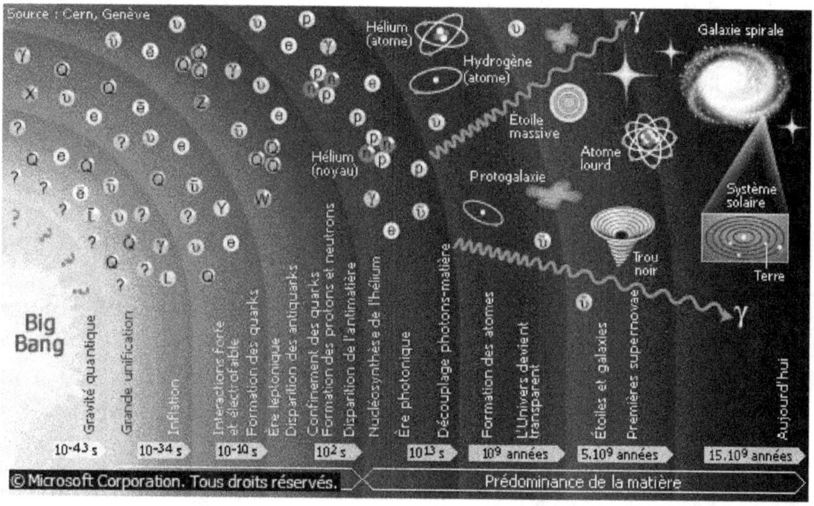


*« Selon la théorie du Big-bang, théorie acceptée par la majorité des cosmologistes, l'Univers serait né il y a environ 15 milliards d'années dans une explosion inimaginable, appelée Big-bang. De ce qu'il y avait avant cette explosion et immédiatement après, très exactement* $10^{-43}$ *s, les théories actuelles, nombreuses et controversées, ne permettent pas encore de le dire. Mais de cet instant (*$10^{-43}$ *s) à nos jours, la théorie du Big-bang, confortée par les récentes observations, notamment celle du rayonnement de fond du ciel par le satellite COBE, permet de décrire les grandes étapes de l'évolution de l'Univers ».* **(Cfr :** Théorie du Big-bang : encarta© *Microsoft Corporation. Tous droits réservés).*

Dans ce schéma du modèle standard cosmologique, nous voyons la façon dont la science conçoit le commencement de l'Univers à partir du Big Bang. Nous avons dit dans le Modèle Cosmologique Universel que le big-bang se retrouve dans la Bible et la Torah en Genèse 1 :6, *« la séparation des eaux d'avec les eaux »*, et cela ne fut qu'un phénomène transitoire.

Dans l'image scientifique ci-dessus, on voit qu'après le Big Bang, il n'y a que les points d'interrogation qui suivent. La science ne veut pas qu'on parle de Dieu, mais ils veulent que nous acceptions le mot énigme ou point d'interrogation. Ces mots pour les croyants représentent Dieu, bien qu'aujourd'hui, dans le débat sur l'Univers, la place n'est plus réservée à la pensée pour publier une théorie. Il y a maintenant des laboratoires et des instruments très puissants où chaque théorie passe au peigne fin. Même le Modèle Cosmologique Universel, nous le soumettons dans ce schéma scientifique.

### 3.2. Scénario du modèle biblique et torahnique

Dans le Modèle Cosmologique Universel qui restitue le schéma de la création du modèle biblique et torahnique, en parlant des événements qui ont eu lieu avant le Big Bang, la Bible et la Torah disent en Ge 1 :2 : *« … un vent de Dieu se mouvait au-dessus des eaux »*.

N'importe qui, les astrophysiciens compris, diront qu'un *« vent de Dieu »* est une énergie dont l'auteur attribue sa provenance à Dieu, mais, scientifiquement, c'est une énergie ou force. La physique quantique aussi le confirme en parlant des énergies du vide d'avant Big Bang. C'est comme quand on attribue la création à Dieu : d'accord ou pas, la création est là.

Donc, ici, nous avons déjà une énergie et une matière originelle dénommée « eaux » par la Bible et la Torah et univers par la science. Et, suite à la mouvance de cette énergie sur cette matière originelle en se basant sur ce même verset, il y eut d'abord émanation de la lumière ou des rayons (Ge 1 :3). Là, nous voyons qu'on avait déjà affaire, selon la science qui ne reconnaît pas cette période, à une force fondamentale qualifiée de vent de Dieu autour de cette matière dont le premier résultat fut l'émergence des rayonnements. Et ce rayonnement, selon la Bible et la Torah, ne put dissiper les ténèbres, c'est-à-dire l'énergie qui était déjà présente (*Dieu sépara la lumière d'avec les ténèbres*). J'en ai déjà parlé à plusieurs reprises. Cela clôtura l'ère moins un de l'Univers appelée le premier jour biblique et torahnique.

Après, ce fut le Big Bang qui survint lorsque la température fut extrêmement élevée et la densité a atteint un niveau extrême. Cette réflexion ne vient pas de nous-mêmes et n'est nullement une copie du modèle standard scientifique. C'est plutôt l'émergence de la lumière avant le Big Bang qui le confirme (Dieu dit que la lumière soit et la lumière fut). La lumière n'apparaît dans la matière que s'il est chauffé à l'extrême. Cela fut suivi bibliquement et torahniquement par le verset « ... *Dieu sépara les eaux d'avec les eaux* » (Ge 1.6). Ce phénomène que nous qualifions de l'instant zéro de l'Univers occupa bibliquement et torahniquement toute une ère dénommée le second jour, comme on peut le lire :

Ge 1 :*8 Dieu appela l'étendue ciel (espace vide créé par l'expansion de l'Univers). Ainsi, il y eut un soir, et il y eut un matin : ce fut le second jour.*

Comme on le voit, après la publication de ce livre, aucun astrophysicien, même athée, ne saura plus se tenir devant un auditoire et déclarer que l'histoire de la création biblique et torahnique est un mythe ou une aporie.

Nous avons déjà expliqué que le nom Dieu intervient dans les phénomènes physiques de la Genèse pour démontrer que cela faisait partie de son plan. Quand on prépare une nourriture, on n'entre pas soi-même à la marmite, mais on surveille tout de l'extérieur et on malaxe au moment opportun. Aucun cuisinier ne peut dire à son patron que c'est le feu qui a calciné la nourriture. La responsabilité reviendra au cuisinier. C'est la même chose dans le schéma de la Genèse basé sur la création où Moïse reconnaît en Dieu le seul responsable des phénomènes physiques en parlant de « Dieu dit », « Dieu fit » ou « Dieu créa ».

Nul n'ignore que les Croyants attribuent tout à Dieu. Même Adam n'épargna pas Dieu en lui disant dans Genèse 3 :12 : « *C'est la femme que tu as mise auprès de moi qui vient de transformer l'idéal du royaume des cieux en enfer* ». Mais sur le plan physique, les choses s'étaient passées d'une manière naturelle selon leurs volontés. Les chrétiens qui critiquent ce comportement d'Adam ne font pas mieux eux-mêmes en chargeant Dieu d'être responsable de la mort de Jésus, en l'attribuant à sa volonté. Or, du point de vue physique, Jésus fut crucifié conformément à la loi juive pour s'être proclamé le Fils de Dieu (Jn 19 : 7). Par là, nous comprenons que les phrases comme « Dieu dit » ou la « volonté de Dieu » sont des phénomènes intérieurs, mais dont l'accomplissement sur le plan physique a suivi aussi des processus physiques.

C'est à cause de ces processus physiques que le célèbre astrophysicien Stephen Hawking avait dit que l'Univers n'avait pas besoin de Dieu pour que les phénomènes physiques se mettent en marche et que tous les résultats sont physiquement en train d'être prouvés. (Cf : Conférence-Documentaire « Que pensez-vous de la déclaration de Stephen Hawking ? » d'Hubert Reeves).

C'est aussi comme les dirigeants juifs de l'époque qui diront qu'on n'avait pas besoin de la permission de Dieu pour que Satan entre dans Judas (Lc 22 :3) pour la crucifixion de Jésus, car celle-ci est intervenue suite à ces déclarations. Ces deux exemples clarifient le concept « Dieu dit » ou la « volonté de Dieu » qui sont des concepts intérieurs que la science n'aime pas qu'on les brandisse. Heureusement que le Modèle Cosmologique Universel vient de clarifier les choses.

Revenons à la Terre. Nous voyons que les ténèbres et la lumière et la séparation des eaux biblique et torahnique ne furent pas des phénomènes dus aux miracles. Le schéma fut scientifiquement respecté. Moïse a parlé des eaux, des ténèbres, de l'esprit (du vent) suite au langage d'enseignement de son époque. Et nous ne pouvons pas mettre un drap dessus tant que cela est vrai. Ce n'est pas le changement des couleurs ou des langages qui voile le fond. Ce n'est pas aussi le fait d'être noir qui fait de nous jusque-là les premiers habitants de l'humanité, mais c'est l'analyse du fond.

Nous savons que la science n'a pas encore atteint le niveau où elle peut assimiler la naissance de l'Univers par un accélérateur des particules. Mais, du moins, elle dispose pour le moment des appareils très puissants pour faire reculer le temps et voir comment les événements ont pu évoluer.

Certains astrophysiciens parlent d'une explosion d'énergie lors du Big Bang, mais dans le documentaire scientifique « Nouvelle Théorie du Champ Unifié (Explication de la gravitation), », il est dit que l'énergie ne transmet que l'information et que la chaleur ne peut germer que s'il y a formation de la matière. Aux astrophysiciens de trancher eux-mêmes.

Pour ce qui est de la matière qui a explosé lors du Big Bang, l'abbé Georges Lemaître a parlé de l'atome primitif, mais son idée a été balayée par Gamow qui parla d'une matière dense. La science et le modèle standard ne nous proposent rien et parlent d'énigme ou d'énergie ou d'Univers condensé. Le Modèle Cosmologique Universel s'en tient à la Bible et à la Torah, c'est-à-dire qu'il y a eu bel et bien une matière originelle qualifiée des « eaux » par Moïse. Personnellement, ma balance se penche du côté de Georges Lemaître en attendant que la science réponde à notre question.

Suis-je le seul à mettre en doute le modèle standard ? Lisons ces écrits scientifiques :

« *Le modèle standard s'est révélé conforme à la quasi-totalité des tests expérimentaux effectués jusqu'ici, cependant, la plupart des physiciens des particules pensent que c'est une description incomplète de la Nature et qu'une théorie plus fondamentale attend d'être découverte. En particulier, on attend encore un modèle incorporant à la fois, sans contradiction, la gravitation à l'échelle microscopique et le modèle standard* ». (Cf : Wikipédia : Les particules subatomiques).

Pour nous, parler de la gravitation à l'échelle microscopique, c'est voir aussi au-delà du mur de Planck, c'est-à-dire le processus qui a ramené l'Univers à pouvoir se condenser. Pour la science, on dit que le Big Bang marque le début de la dilatation et de l'expansion de l'Univers et que ce ne fut pas une explosion.

Par quelle théorie une dilatation ou une expansion peut-elle créer la matière s'il n'y avait pas des éléments (eaux biblique et torahnique) ? En fait, la dilatation et l'expansion ne jouent que sur l'extérieur, alors que l'intérieur se remplit des énergies. Si le Big Bang n'était suivi que d'une expansion de l'Univers, il n'y aurait pas eu création des éléments, et les mêmes masses d'origine seraient les mêmes aujourd'hui, mais en train de s'éloigner les unes des autres. Comme ce n'est pas le cas, alors, on retombe à la phrase biblique et torahnique qui dit : « De l'énergie (esprit de Dieu) sur la matière (eaux), il y a élévation de la température et production des rayonnements (lumières). Et de cette matière condensée (eaux), il y eut big-bang (séparation des eaux d'avec les eaux). (Ge 1 : 2-7 ; restitués scientifiquement). (Cfr : "Quark." Microsoft® Encarta® 2009 [DVD]. Microsoft Corporation, 2008)

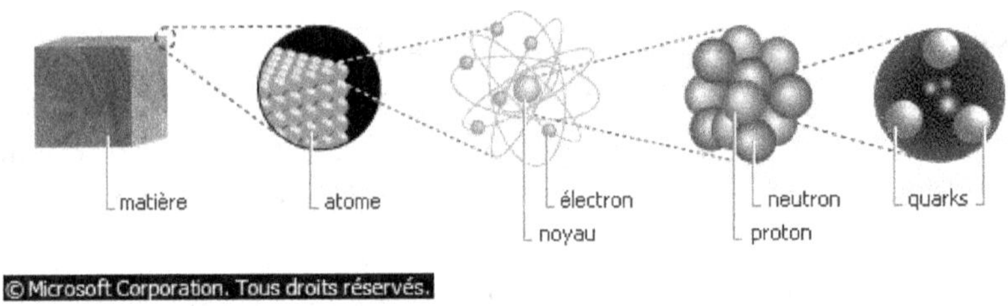


Dans ce schéma, les quarks se regroupent en triplets pour former les neutrons et les protons, lesquels à leur tour se regroupent pour former des noyaux ; ces derniers s'associent aux électrons pour constituer des atomes.

Si la matière originelle contenue dans la bulle d'avant Big Bang n'a pas atteint l'une des composantes des particules élémentaires ci-dessus, c'est qu'avant les quarks, il y a encore d'autres sous-composantes de la matière. Selon la science, on parle d'une soupe de plasma qui a précédé les quarks. Il n'y a pas de soupes sans éléments. Donc, si les quarks sont les derniers composants et qu'ils furent formés après le Big Bang, c'est que la notion même du Big Bang ne devient pas énigmatique, mais imaginaire. Or, étant donné qu'il n'est pas imaginaire, il appartient à la Science de résoudre cette question. D'autres disent que c'était une condensation énergétique.

C'est la recherche de la réponse à cette question qui va modifier le modèle standard et le but à atteindre va devenir la découverte des phénomènes et des éléments cités dans la Bible et la Torah. Quant à la constituante de ces éléments, avons dit, l'étude devra être faite dans la lumière survenue avant Big-Bang selon le Modèle Cosmologique Universel, et réapparue après le Big bang ; connue de nos jours sous le nom du rayonnement fossile.

À la lumière de tout ce qui est écrit ici concernant la fragilité des théories du modèle standard, nous pouvons conclure par cette parole du Professeur Aurélien Barrau :

*« Le modèle standard actuel est effectivement peu satisfaisant. La capacité prédictive est bonne mais les fondements sont fragiles... Il comporte beaucoup de paramètres libres dont la valeur est tout à fait arbitraire. Il repose sur de nombreuses hypothèses artificielles. Il n'unifie que deux des quatre interactions. Et, surtout, il n'inclut pas la gravitation ! Il est donc évidemment nécessaire d'aller « au-delà » de ce modèle ».* (Cf : Les grands Entretiens d'Actu-Philosophia, Entretien avec Aurélien Barrau, 5 juin 2012, par Florian Forestier).

Il n'est pas le seul, c'est aussi les soucis de tous les astrophysiciens, comme nous pouvons le lire :

*« Mais le vrai souci vient du fait que le modèle standard n'est considéré par la majorité des physiciens que comme un modèle à basse énergie qui doit, à partir d'une certaine échelle, donner la main à un autre modèle qui inclut plus de phénomènes. »* (Cf : Wikipédia : supersymétrie).

Cela peut aussi être confirmé par cette autre phrase :

*« Cependant, en l'état actuel des connaissances, la gravitation n'est toujours pas incluse dans une théorie quantique des champs. Or une telle théorie serait nécessaire pour remonter le temps au-delà du temps de Planck ».* (Cf : THÉORIE DU BIG-BANG : encarta).

Le seul modèle qui inclut plus de phénomènes n'est autre que le schéma de la création biblique et torahnique, restitué d'abord littéralement dans le Modèle Cosmologique Universel afin de permettre aux savants de briser le mur de Planck, d'y pénétrer et de nous dire ce qu'ils vont trouver.

# Chapitre XIII
# L'inflation cosmique face au modèle biblique et torahnique

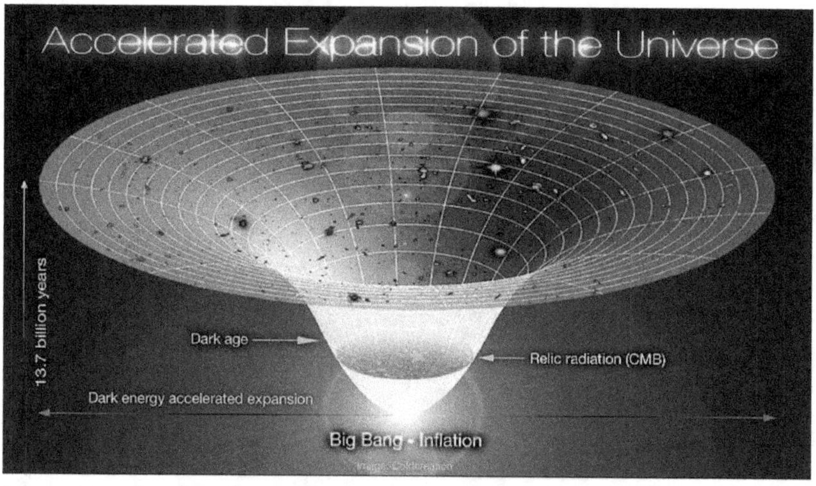


https ://upload.wikimedia.org/wikipedia/commons/thumb/c/c2/ Lambda-Big_Bang-Inflation.jpg/800px-

# Section 1
# La théorie de l'inflation cosmique

## 1.1. Introduction à la théorie de l'inflation cosmique

L'inflation cosmique est un modèle cosmologique du Big Bang lors duquel une région de l'Univers comprenant l'Univers observable a connu une phase d'expansion très violente après l'explosion primordiale, pour continuer d'augmenter par la suite à un taux beaucoup plus faible. Cette phase d'expansion se serait produite très tôt dans l'histoire de l'Univers, à l'issue de l'ère de Planck, ou relativement peu après (de l'ordre de $10^{-35}$ secondes).

Selon le modèle du Big Bang, la phase d'expansion de l'Univers fut extrêmement rapide dans les premières microsecondes. Ce phénomène a été baptisé du nom de l'inflation cosmique. La théorie de l'inflation a été proposée par le physicien américain Alan Guth dans les années 1980 et développée peu après par Paul Steinhardt, Andrei Linde et Andres Albrecht.

Cette théorie, selon les scientifiques, qui n'est pas encore confirmée par les appareils d'observation, résout néanmoins divers problèmes cosmologiques dont celui de l'homogénéité, de l'isotropie, de platitude (l'Univers serait plat) et de l'inclinaison de l'Univers (euclidiens).

L'inflation a commencé à partir de $10^{-43}$ secondes après le Big Bang. Entre $10^{-46}$ secondes et $10^{-43}$ secondes, c'est l'ère de Planck où tout est soupe cosmique. Le temps de Planck pourrait donc désigner la période d'Univers qui s'étendrait jusqu'à $10^{-43}$secondes à compter de l'hypothétique instant zéro. Puisque aucune théorie ne décrit l'Univers en deçà du temps de Planck, le Big Bang, proprement dit, reste inaccessible aux scientifiques. L'origine même de l'Univers, selon la science, demeure donc une énigme indéchiffrable. De plus, la théorie du Big Bang ne décrit pas les événements précédant immédiatement l'explosion primordiale.

Donc, en deçà de $10^{-43}$ secondes, c'est une zone sombre où les lois actuelles de la physique n'y répondent plus. C'est le domaine divin et que la science cherche à percer le mystère avec la mécanique quantique. Là aussi, le Prix Nobel américain Richard Feynman a eu l'honnêteté de déclarer que tous ceux qui prétendent comprendre quelque chose à la théorie quantique – y compris les physiciens – sont des menteurs. Tout n'est que probabiliste. (Cf : Blogs zevenzeur ; Introduction à la physique fondamentale, publié le 18/02/2013).

Par là, nous comprenons que même dans le domaine quantique, pour la science actuelle, tout n'est que probabilité. Quant à la théologie, comprendre ce concept fait partie du domaine de la folie.

### 1.2. Expérimentation de l'Inflation cosmique

Comme je l'ai dit, actuellement, les arguments ne peuvent plus être théoriques. L'homme, dans son ingéniosité en tant que seigneur de la création, arrive à créer des appareils qui lui permettent de tester ces prédictions. Toutefois, tester certaines théories cosmologiques s'avère souvent difficile, car cela demande de très hautes énergies que nos laboratoires actuels sont incapables de produire. L'un des moyens pour les scientifiques de contourner ce problème est de répliquer les phénomènes cosmologiques en utilisant des systèmes physiques se comportant de la même manière.

En effet, une équipe américaine de physiciens a essayé de recréer, avons-nous lu, le phénomène de la dynamique de l'inflation de l'Univers primitif en laboratoire. Ils y sont parvenus à le recréer grâce à un condensat de Bose-Einstein. Leurs résultats ont été publiés dans le journal *Physical Review X.*

Cette expérience, lit-on dans ce journal, a révélé de nombreux points communs avec l'inflation de l'Univers primitif. Toutefois, des différences persistent. Dans le modèle de l'inflation, l'énergie résiduelle de la désintégration de l'inflation donne lieu à la création des Fermions et des bosons, ce qui n'a pas été le cas pendant l'expérience. En outre, les effets quantiques sont devenus dominants dans le CBE (condensat de Bose-Einstein), ce qui a entraîné sa rotation et modifié ses propriétés atomiques. Les physiciens comprennent ce que cela signifie. (Cf : *trustmyscience.com*/l'inflation cosmique recréée en laboratoire grâce à un condensat de Bose-Einstein, Thomas Boisson, 2/05/2018).

Ce qui est important pour nous, c'est que nous ne réfutons pas le phénomène de l'inflation cosmique, mais les temps qu'on attribue à la création des éléments pendant la période inflationnaire.

Dans le cadre du modèle du Big Bang, une idée a été introduite récemment comme alternative à l'inflation cosmique pour décrire les tout premiers instants de l'histoire de l'Univers, le modèle ekpyrotique (Cf : *Théorie des cordes : Wikipédia)*

# Section 2
# La théorie de l'inflation cosmique face au modèle biblique et torahnique

## 2.1. L'expansion de la bulle originelle

La théorie de l'inflation confirme à bien des égards le Modèle Cosmologique Universel, c'est-à-dire qu'au départ toute la matière s'est retrouvée rassemblée dans une bulle selon la physique et qualifiée des « eaux » selon la Bible et la Torah. Puis l'Univers a subi une expansion rapide et brutale à laquelle on a donné le nom d'inflation. Cette théorie ne confirme pas forcément le Big Bang comme nous l'avons dit, mais l'expansion de la bulle originelle jusqu'à atteindre une étape qualifiée de transition de phase.

Cette théorie d'une bulle originelle au départ où toute la matière s'est retrouvée unie est confirmée par la température du fond diffus cosmologique qui est étrangement uniforme partout dans l'espace alors que les galaxies se retrouvent très éloignées les unes des autres. En effet, c'est cette température qui confirme qu'au départ toute la matière s'était rassemblée et confinée, selon les savants. Toutefois, la science était aussi en train de rechercher les reliquats de cette expansion dénommée les ondes gravitationnelles pour confirmer le Big Bang. Ces ondes viennent d'être détectées par le télescope BICEP2. Pour nous, c'est une confirmation biblique et torahnique du verset « Dieu sépara les eaux d'avec les eaux », qualifié de « big-bang » par la science.

Donc, la confirmation du Big Bang n'est plus discutable, car elle est attestée par la religion dans la Bible, la Torah, le Coran, ainsi que dans les modèles antiques, et la science à travers le modèle Standard. Ce qui reste maintenant, c'est la confirmation de la lumière qui est apparue juste avant la « séparation des eaux par les eaux » et qui a clôturé la période pré-Big Bang.

Une fois cette lumière confirmée, qui, pour nous, est le rayonnement fossile, on cherchera à répondre à la question : pourquoi, à l'apparition de cette lumière, il est écrit *« Dieu sépara la lumière d'avec les ténèbres »* ? Scientifiquement, nous pouvons dire qu'est-ce qui sépara ce rayonnement d'une énergie déjà préexistante ? Cela nous conduira certainement à connaitre l'origine de l'énergie noire et de la matière noire.

Comme on le voit, le Modèle Cosmologique Universel est le fruit de l'astrothéologie. Théologie parce que nous attribuons, comme Moïse, la source de tout à Dieu, mais c'est un modèle scientifique qui a besoin de toutes les contributions pour aboutir à un schéma unique concernant l'origine de l'Univers, de l'avant Big Bang jusqu'aux vivants.

Suis-je pour la théorie inflationnaire ? Du point de vue théorique, oui.

En effet, les savants ont constaté que la théorie du Big Bang n'arrivait pas à expliquer l'énigme de l'uniformité de la température dans l'espace. Le temps du Big Bang jusqu'à nos jours est très proche pour que la température puisse s'équilibrer. Faire les calculs, cela ramènera le temps jusqu'à l'avant Big Bang, c'est-à-dire le temps biblique et torahnique.

Selon le documentaire "Au-**delà du Big-bang** », le savant Alan Guth soutenait l'idée que l'Univers vient d'un volume si petit, qu'à l'intérieur de ce volume très petit, il y a eu assez de temps pour que les extrêmes se communiquent et que la température soit uniforme.

Pour nous, sachant qu'en se basant sur la vitesse de la lumière, cela remonterait le calcul en deçà du Big-bang, il introduisit la théorie de l'inflation pour se conformer au modèle standard, c'est-à-dire où tout devrait commencer après le Big-bang. L'argument fut que, à ce moment-là, on ne pouvait pas encore parler de la vitesse de la lumière, car, après le Big Bang, les événements se déroulèrent plus vite que cette vitesse. Et on le nomma l'inflation cosmique qui régna jusqu'à l'apparition des premières lumières.

Pour nous, les événements qui se sont déroulés durant le temps de Planck sont à revoir. Par exemple, on nous dit que : « Commençant à $10^{-43}$ secondes après le Big Bang dans la période inflationnaire, les 80 pourcent d'atomes contenus dans l'Univers se formèrent entre la première seconde à 3 minutes de celle-ci ». Tout ça, c'est pour justifier que tout fut créé après le Big Bang, et dont le Modèle Cosmologique Universel vient de remettre l'hypothèse sur la table pour étude.

En effet, la subdivision de temps pendant l'inflation est tellement théorique que beau nombre de personnes ne l'assimilent pas vraiment à la réalité. Le laps de temps auquel la création des atomes s'est effectuée, c'est effectivement ça qui est assimilable au temps inflationnaire de $10^{-35}$ secondes à 3 minutes auquel, selon l'auteur de la théorie, les 80 % de l'hydrogène contenu dans l'Univers se sont formés, favorisés par la baisse de la température due à son expansion exponentielle.

Il y a un autre couac dans le paragraphe ci-dessus. Selon les observations, les éléments ne se forment que quand les processus de la gravitation s'amorcent. Cela ne pouvait être possible que dans l'univers d'avant Big Bang, qui était en déflation avec un confinement exponentiel, caractérisé par l'augmentation de la température, comme cela se passe lors de la formation des étoiles. Ceci fut décrit par le verset biblique et torahnique : « *Un vent de Dieu se mouvait dans l'eau* » (Ge 1 :2). Par vent de Dieu, il faut attendre un tourbillon dont Moïse l'attribue à Dieu et le phénomène répond effectivement au fonctionnement de l'Univers.

Comme on le voit, si l'inflation cosmique est logique, mais la subdivision des temps dans cette théorie n'est pas logique. Ça répond plutôt à la définition de « *Dieu dit et la chose se fut* » divisée en temps. Heureusement qu'Alan Guth n'est pas reconnu comme un religieux, sinon personne n'aurait foi à sa théorie.

## 2.2. Preuves réfutant le calcul des temps de la création des éléments pendant l'inflation

### 2.2.1. Des galaxies plus vielles que l'Univers

Chercher à comprendre davantage les différentes ères du Big-bang jusqu'à l'ère hadronique (entre $10^{-6}$et 1 seconde après le Big-bang), c'est-à-dire l'ère de la formation du noyau de l'atome, est une chosequi donne des maux de tête que je ne voulais pas transmettre à mes lecteurs. Tout ce que nous pouvonsconclure est qu'après le Big Bang, selon la science, l'Univers connut, dans la première fraction deseconde de son existence, une expansion extrêmement rapide et violente, une phase appelée l'inflationcosmique.

Cette théorie a été avancée initialement en 1979 par le physicien américain Alan Guth et confirmée selon certains articles par le télescope BICEPS2 en mai 2014. (Cf : www.tdg.ch/preuve-inflation-cosmique-big-bang-faite).

Mais, une année plus tard, cette confirmation fut rejetée par le CNRS en se basant sur Les résultats recueillis par le satellite européen Planck avec ce communiqué :

« *Dommage pour les astrophysiciens qui traquent le moindre indice pour confirmer cette phase d'inflation... Depuis l'annonce des résultats du* satellite Planck, *le statut de l'inflation est donc redevenu théorique* ».
(Cfr : sciencesetavenir.fr/lapreuve-de-l-inflation-de-l-Univers-n-a-toujours-pas-ete-observee ; par Azar Khalatbari, le 02.02.2015).

Pour une bonne compréhension du temps de Planck et de l'inflation par mes lecteurs ; c'est une explication qui sert à justifier par exemple comment physiologiquement un être qui a 120 ans, alors qu'on lui attribue, par le calcul, un âge de cinq ans. Pour cela, on crée une formule pour expliquer sa croissance dans ce laps de temps afin de ne pas pénétrer en deçà de 5 ans, qui marquent le temps de la création. Mais, arrivé à zéro seconde, on retrouve que cet être était déjà né. On est maintenant en face de deux hypothèses ; soit on en entre dans les sous-multiples des secondes, soit l'être est né avant les cinq ans depuis la création de l'Univers.

Dans le cas du Big Bang, pour expliquer la création des éléments, dans le modèle standard, on a adopté la première hypothèse en entrant dans les sous-multiples de secondes et en choisissant $10^{-46}$ secondes comme étant l'instant zéro de l'Univers ou le Big Bang.

Comme je l'ai dit, plusieurs scientifiques l'acceptent seulement par convention, comme l'a dit Avi Loeb, un physicien du Harvard-Smithsonian : « *La situation actuelle en matière d'inflation est qu'il s'agit d'une idée tellement flexible qu'elle ne peut être falsifiée à titre expérimental* ». Ce dernier mentionnait le fait de savoir si l'inflation cosmique a oui ou non eu lieu (ce qui fait également débat au sein de la communauté scientifique),

mais cela est également valable quant au timing de l'événement, a conclu l'auteur de l'article.
(Cfr : trustmyscience.com/nouvelle-etude-matiere-noire-plus-ancienne-que-big-bang, Stéphanie Schmidt, 9 août 2019).

La découverte de certains astres est venue semer des doutes sur l'âge de l'univers. C'est le cas d'étoiles comme la Methuselah qui semblent être plus âgées que l'âge estimé de notre univers et par la découverte des premières galaxies dans un état avancé d'évolution rendue possible par le_télescope spatial James Webb. Ces galaxies, qui n'existent que 300 millions d'années après le Big Bang, semblent avoir un niveau de maturité et de masse généralement associé à des milliards d'années d'évolution cosmique. En outre, ils sont étonnamment petits, ajoutant une autre couche de mystère à l'équation.
(Cfr : https://www.uottawa.ca/about-us/media/news/reinventing-cosmology-uottawa-research-puts-age-universe-267-137-billion -years)

En effet, l'âge de l'Univers fait l'objet d'un débat passionné depuis des décennies. Depuis quelques années, un début de consensus a commencé à émerger ; la plupart des spécialistes considèrent aujourd'hui que notre monde est âgé de 13,797 milliards d'années. Mais des chercheurs de l'Université d'Ottawa viennent de mettre un grand coup de pied dans la fourmilière en suggérant qu'il pourrait finalement être deux fois plus ancien.

En effet, selon l'étude menée par l'équipe de Rajendra Gupta, professeur auxiliaire de la faculté des sciences de l'université d'Ottawa, leur modèle nouvellement conçu étend le temps de formation de la galaxie de plusieurs milliards d'années, faisant de l'univers vieux de 26,7 milliards d'années, et non de 13,7 comme on le prévoyait précédemment.
(Cfr : https://www.uottawa.ca/about-us/media/news/reinventing-cosmology-uottawa-research-puts-age-universe-267-137-billion -years)

Et le Journal du Geek d'en conclure : *« Quoi qu'il en soit, que ce nouveau modèle soit valide ou pas, dans tous les cas, il s'agit d'une nouvelle opportunité de se repencher sur les limites des théories actuelles. C'est une* ***démarche absolument essentielle*** *pour le futur de la cosmologie, et même de la science en général. Après tout,* *ce n'est qu'en* ***remettant régulièrement ces acquis en question que l'humanité pourra, un jour, percer les secrets les mieux gardés de notre monde ».***

(Cfr : https://www.journaldugeek.com/2023/07/14/lunivers-pourrait-etre-deux-fois-plus-vieux-que-prevu/)

Donc, pour notre exemple précédent, en tenant compte du temps biblique et torahnique, l'individu de cent vingt ans aura malgré sa croissance exponentielle une partie de ces années avant sa naissance dans le premier jour. On n'aura pas à créer pour lui un temps de Planck limité pour justifier son âge, vu qu'une journée biblique et torahnique est une période évolutive qui a un début et une fin. Alors, entre la science et la Bible et la Torah, qui se retrouve dans la logique pour cet exemple ?

Les savants nous disent qu'avant la création des luminaires (Ge 1 :14), les choses se sont déroulées à des vitesses qui dépassent celle de la lumière pendant la période inflationnaire. Cela veut dire que ces choses se sont faites simultanément à la Parole. Alors pourquoi rejeter les phrases telles que « Dieu dit et la chose fut » ? En acceptant la théorie de l'inflation, les savants confirment ce dicton biblique et torahnique qui couvre les événements qui se sont déroulés avant le Big-bang, où il n'y avait ni les notions mathématiques d'espace et de temps, ni le Big-bang (séparation des eaux d'avec les eaux) qui s'est fait d'une manière spontanée.

Le physicien italien Gabriele Veneziano, créateur de la théorie des cordes, a aussi mis en doute, pas le temps de Planck, mais la limite qu'on en a donnée. Dans une interview à Libre Belgique, il a dit ceci :

*« La cosmologie traditionnelle du Big-bang se heurte à un sérieux nœud. Si on revient vers le passé, on remarque que l'Univers au temps de Planck, était notablement plus grand que ce qu'il devait être. L'Univers avait alors une taille globale de l'ordre du millimètre, soit 30 ordres de grandeur en trop (il était 100000000000000000000 0000000000 fois trop grand) par rapport à la longueur de Planck (qui est la distance parcourue par la lumière en un temps de Planck)...L'Univers était donc trop grand pour son âge. On a tenté de résoudre cela avec la théorie de l'inflation imaginée par Alan Guth et Andrei Linde, présents aussi au Conseil*

*Solvay. Ils ont introduit l'idée d'une expansion ultra rapide de l'Univers, juste après le Big-bang... Pour résoudre ce paradoxe, il faut donc, soit admettre l'inflation, soit imaginer que l'Univers est en réalité plus vieux qu'on ne le pense et cela pose la question du début du temps. » (Cfr :* La Libre Belgique 2005. Guy Duplat).

Comme on le voit, quand il s'agit d'interpréter un événement pour se conformer à un autre, même la science entre dans l'illogique. Or, l'idée d'un atome primitif d'Abbé Lemaître supposait déjà un avant Big Bang, car ce premier est lui-même la combinaison d'autres particules originelles. La découverte des quarks, si la théorie de Lemaître était développée, aurait permis à la science d'aller en deçà du Big Bang. Mais le XXe siècle fut un siècle communiste où les idées matérielles et le rejet d'un Dieu créateur devraient primer. Et tout fut développé en tenant compte de la théorie du savant américain d'origine russe G. Gamow, qui remplaça la notion de l'atome primitif par celle du Big Bang.

2.2.2. Le fond diffus cosmologique et la théorie d'inflation

Parmi les théories qui confirment l'inflation, il y avait aussi le Fonds diffus cosmologique. Or, si le fond diffus cosmologique plaide en faveur de l'inflation cosmique, mais il n'en confirme pas la subdivision de temps jusqu'à la création de l'atome.

En effet, si on revient au raisonnement exact, on découvrira que le fond diffus cosmologique a une origine en deçà du Big-bang et serait « la lumière » biblique et torahnique évoquée par Moïse avant le Big-bang ou la séparation des eaux par les eaux, et cela par la phrase « *Dieu dit que la lumière soit et la lumière fut* ». Et Dieu appela cette lumière Jour pour démontrer que ce rayonnement ne va plus jamais se dissiper.

Un autre argument qui vient de confirmer notre déduction que le rayonnement fossile serait une lumière d'avant Big Bang rapportée par la Bible et la Torah dans Ge 1 :3 et qui confirme aussi mon jugement sur la période inflationnaire est la recherche faite par trois astrophysiciens dont nous rapportons fidèlement une partie de l'article paru au site de Futura-Sciences :

*« Il existe un nombre très élevé de modèles capables de produire une période inflationnaire de l'Univers et l'étude du rayonnement*

*fossile est un bon moyen de contraindre les théories. Or justement, Marc Kamionkowski, Adrienne Erickcek et Sean Carroll, viennent de publier un article à ce sujet. Les observations du télescope WMap indiquent un fait assez curieux qui, sans réfuter l'inflation, est un peu gênant pour cette théorie. De fait, on parle généralement assez peu de ces mesures révélant qu'en moyenne, l'une des moitiés de la sphère céleste présente des fluctuations thermiques plus importantes que dans l'autre hémisphère. Les auteurs de l'étude ont tenté de rendre compte de ce fait en imaginant qu'au tout début de l'inflation, le champ scalaire - l'inflation -, présentait des différences de valeurs plus importantes que l'on ne l'imaginait dans les régions de l'espace aujourd'hui visibles et qui ont été dilatées par son expansion. Mais malheureusement cela ne fonctionne pas ! Marc Kamionkowski et Adrienne Erickcek n'hésitent pas cependant à évoquer une autre conséquence de cette bizarre asymétrie dans le rayonnement de fond diffus, peut-être en relation avec le curvaton. Il pourrait s'agir d'une fenêtre sur ce qui s'est passé non pas seulement pendant l'inflation mais même... avant le Big-Bang ». (Cf : futurascience/*La bizarre asymétrie du rayonnement fossile : une énigme résolue ? le 02/01/2009 par Laurent Sacco).

Donc, en étudiant la disparité qu'ils ont constatée dans ce rayonnement selon l'article ci-dessus, ils en sont arrivés à la conclusion que, pour une explication logique, la situation devrait avoir commencé avant le Big Bang. Pareille découverte ne peut pas faire l'objet d'actualité auprès des savants jusqu'à la publication de ce livre. Et, c'est maintenant que tous les savants vont courir pour rechercher leur travail.

Mais alors, pourquoi les scientifiques continuent-ils à travailler sur la théorie de l'inflation si elle n'est pas réfutable et qu'il n'est même pas sûr qu'elle réponde à un vrai problème scientifique ?

Les scientifiques recherchent avant tout des théories qui peuvent fournir un cadre formel et mathématique pour expliquer et prédire des phénomènes encore mal compris. La théorie de l'inflation a permis de mieux comprendre, dans les années 1990-2000, comment se sont formées les galaxies que l'on observe actuellement. Cette théorie a permis aussi d'expliquer pourquoi l'univers était plat et homogène selon les analyses du fonds diffus cosmologique.

# Chapitre XIV
# Les théories des multivers et des cordes

# Section 1
# Généralité sur La théorie des cordes et des multivers

## 1.1. Généralités sur La théorie des cordes

Faire ressortir une explication de la théorie des cordes dans un livre littéraire n'est pas facile, car les points de vue des savants eux-mêmes se trouvent partageés. Actuellement, il existe en fait plusieurs théories des cordes ayant en commun un univers à 10 dimensions (neuf d'espace et un de temps), voire 11 dimensions. Toutefois, nous pouvons offrir une synthèse pour les lecteurs.

Dans cette théorie, les particules fondamentales sont considérées non comme des billes dures, mais comme des ondes sur une corde. Jusque-là, les astronomes s'accordent pour dire que dans notre univers, il y a 4 dimensions, dont 3 pour l'espace et 1 pour le temps. Pour les théoriciens des cordes, il y en a d'autres dimensions que nous ne voyons pas et que cela vibre dans d'autres univers.

## 1.2. Généralité sur La théorie des multivers

En dehors de notre Univers, les savants pensent qu'il y a encore d'autres Univers ; ce qui remet en doute le schéma de la création biblique et torahnique d'un Univers unique créé par Dieu. Et, si nous n'en parlons pas, la conception d'un Univers unique sera léguée à l'antiquité. Ceux qui émettent de tels arguments ne sont pas des simples philosophes, mais la majorité des savants astrophysiciens, de grandes sommités intellectuelles prêtes à démontrer cela par des théories.

Certains savants disent même que nous pouvons être connectés avec ces Univers par la sortie d'un trou noir dont on ne voit jamais le fond appelé trou de ver et d'autres soutiennent l'existence des Univers parallèles. Ils vont même jusqu'à dire qu'à chaque univers nous avons nos correspondants, c'est-à-dire qu'en étant ici, il y a encore un autre moi dans un autre univers (Cf : Wikipédia, Multivers).

Les multivers signifient les Univers multiples ou parallèles à notre Univers. L'existence de ces multivers s'explique mieux par la théorie des cordes. Dans ce modèle, la naissance de l'Univers et son expansion initiale sont dues à la collision (par une sorte) d'une brane et d'une antibrane, ce qui libère l'énergie nécessaire à l'expansion de l'Univers. Ce modèle prédit la possibilité d'autres collisions ; ce qui entraînerait la création d'autres Univers.

Pour ce qui est de l'explication de ces deux noms, lisons ce qui suit dans la Théorie des cordes :

« *Une brane, ou p-brane, est un objet étendu, dynamique, possédant une énergie sous forme de tension sur son volume d'Univers, qui est une charge source pour certaines interactions de la même façon qu'une particule chargée, telle l'électron par exemple, est une source pour l'interaction électromagnétique* ». (Cf : Wikipédia : Brane).

Pour éclairer mes lecteurs en langage courant, par objet étendu, nous pouvons prendre le cas d'une corde de guitare qui, en la jouant d'une manière continuelle, émet des vibrations qui s'ensuivent dans l'espace, créant un rythme cadencé des musiques qui s'enchaînent. Pour le cas de la théorie des cordes, dont les savants commencent déjà par dire que c'est la meilleure théorie pour expliquer l'origine de l'Univers, ce rythme endiablé crée d'autres Univers qui s'ensuivent, comme dans les fréquences du schéma ci-dessous.

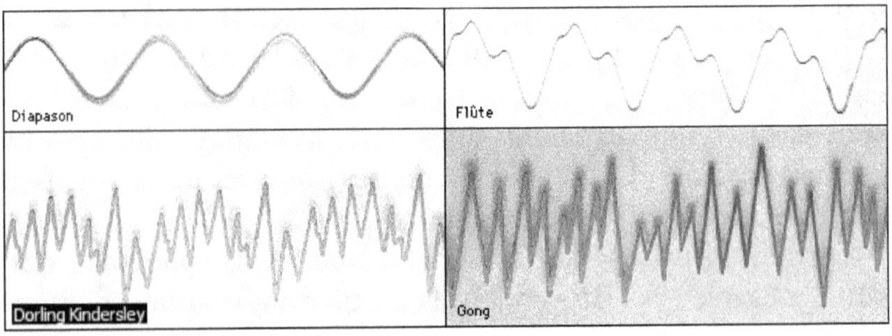

Ondes sonores d'instruments de musique

*Les ondes correspondant au violon, à la flûte et au diapason présentent la même distance de crête à crête lorsque ces trois instruments jouent la même note. Dorling Kindersley. Microsoft ® Encarta ® 2009. © 1993-2008 Microsoft Corporation. Tous droits réservés.*

Pour éclairer mes lecteurs en langage courant, par objet étendu, nous pouvons prendre le cas d'une corde de guitare qui, en la jouant d'une manière continuelle, émet des vibrations qui s'ensuivent dans l'espace, créant un rythme cadencé des musiques qui s'enchaînent. Pour le cas de la théorie des cordes, dont les savants commencent déjà par dire que c'est la meilleure théorie pour expliquer l'origine de l'Univers, ce rythme endiablé crée d'autres Univers qui s'ensuivent, comme dans les fréquences du schéma ci-dessous.

« *Chaque fois qu'une particule produit une fonction d'onde, cette particule engendre un monde parallèle pour chaque trajet possible. Cette hypothèse présupposerait qu'à chaque instant une multitude de « mondes » vient à l'existence, et que ces mondes prolifèrent de manière absolument incalculable* ». (Cf : Wikipédia : Multivers).

Donc, pour le physicien Hugh Everett, « la théorie des mondes multiples », présentée et développée en 1957 par lui-même, suppose que notre monde coexiste avec de nombreux autres univers, qui se divisent continuellement en univers divergents, différents et inaccessibles entre eux. D'après Everett, chaque monde contient une version unique de chaque personne (chaque observateur) qui vit une situation différente au même moment du temps.

### 1.3. La théorie d'Univers auto-reproducteur et auto-accélérateur

Un autre physicien, Andreï Linde, en développant les formules du physicien américain Alan Guth à propos de l'inflation cosmique, ses recherches l'ont amené à supposer l'existence d'une « inflation éternelle », qui n'a ni début ni fin.

Selon cette théorie, il se peut qu'il y ait un nombre infini « d'univers bulles » produits de cette manière, sans connexions les uns avec les autres, ou de façon très marginale. Dans ce cas, il n'y a aucune raison de penser que les lois de la physique soient les mêmes dans chaque Univers, et il existerait ainsi bien plus d'Univers que d'Univers concevables par nous.

Enseignant à l'université de Stanford, le cosmologiste Andrei Linde a découvert que la théorie du Big Bang posait problème. Il a ainsi formulé en 1982 une nouvelle théorie de l'Univers qui se veut une « amélioration » du modèle du Big Bang.

Linde critique la théorie du Big Bang pour les nombreux problèmes dont le plus crucial est la taille de l'Univers qui serait trop grande. C'est pourquoi il propose la théorie d'un univers auto-reproducteur et à très forte croissance (self reproducing inflationary universe).

Selon sa vision, à la place de l'inflation cosmique, il faut plutôt parler de l'inflation chaotique selon laquelle la croissance de l'Univers à son origine aurait été extrêmement rapide. Alors que la théorie classique du Big Bang décrit un Univers semblable à une bulle de savon se gonflant graduellement, la théorie de Linde décrit un Univers semblable à une bulle qui produirait des bulles identiques, et ainsi de suite. L'Univers décrit par Linde enfanterait de nouveaux Univers par auto-reproduction.

Toujours pour le physicien russe Andrei Linde, il faudrait imaginer l'Univers comme un ensemble de bulles inter-reliées qui se développent de manière fractale (chaque partie du tout ressemble au tout). Il y aurait donc eu création d'un Univers à partir duquel plusieurs bulles se seraient formées de façon indépendante. Ces nouvelles bulles seraient en fait des points de l'Univers qui seraient entrés en expansion en eux-mêmes, sans affecter l'Univers originel. Chacun de ces Univers aurait ses propres lois de la physique et pourrait donner naissance à d'autres Univers, et ainsi de suite. Ce mécanisme donnerait lieu à un Univers auto-reproducteur éternel et infini dans le temps et dans l'espace.

Toujours dans le modèle de Linde, notre univers ne serait donc qu'une infime partie d'un « multivers » qui n'aurait ni commencement, ni fin et serait éternel. Pour certains physiciens, ce nouveau cadre, appelé « quintessence », est fascinant, car il ouvre la possibilité mathématique et physique d'une création ex nihilo, à partir de fluctuations du vide quantique.

## Section 2
## Le modèle biblique et torahnique face à la théorie des cordes, des multivers et des Univers auto-reproducteur

Selon l'astrophysique, avons-nous dit, la théorie des cordes est considérée actuellement comme étant la meilleure pour expliquer la naissance de l'Univers. Elle cherche à unir la mécanique quantique en prenant en compte la gravité quantique et la théorie de la relativité générale. La principale particularité de la théorie des cordes est que son ambition ne s'arrête pas à cette réconciliation, mais qu'elle prétend réussir à unifier les quatre interactions élémentaires connues dans une théorie du tout.

Les théories des cordes et des multivers sont prises aussi au sérieux par nous et nous ne les citons pas dans un but péjoratif. Ils rejoignent les commentaires qui sont faits dans le Modèle Cosmologique Universel concernant l'émergence des éléments d'avant Big Bang. Il en est de même de la théorie des univers auto-reproducteur et auto-accélérateur d'Andreï Linde.

Tout d'abord, cette théorie d'Andreï Linde vient de confirmer le verset biblique et torahnique qui dit qu'au « *commencement la terre était informe et vide* », et j'ai dit que c'était une façon de définir l'Univers par Moïse. C'est dans ce vide qu'a eu lieu tout ce qu'il a décrit pour la formation de l'Univers.

Dans le Modèle Cosmologique Universel, on parle de l'esprit de Dieu ou Yang (brane) et des ténèbres ou Yin (anti-brane) dont l'interaction produit effectivement des ondes et des vibrations. Seulement, nous disons que ces collisions qui entraînent d'autres vibrations, voire d'autres fonctions d'onde même après le Big-bang, auraient été sources de création d'autres univers n'y étant pas ce qui s'est passé quand « le Big-bang » a eu lieu, venant perturber la création d'autres univers, selon les théories précitées.

Donc, il s'est passé un événement très important, comme

nous l'avons dit, que les physiciens devraient rechercher et qui a stoppé l'émergence des autres Univers. C'est le Big Bang lui-même. En déversant les éléments qui, plus tard, ont formé de grandes masses dans l'Univers, l'énergie qui devrait former d'autres Univers n'aurait plus de puissance pour entamer d'autres processus de création et ne se limitera qu'au niveau des ondes. Il pourrait aussi faire partie de l'énergie noire qui contribue à l'accélération de l'Univers.

Ce que nous voulons dire est que le Big Bang se présente plutôt comme un ballon troué et tout ce qui devrait générer d'autres Univers selon les théories des multivers est déversé plutôt dans notre Univers à partir de son axe qui demeure inconnu, provoquant son expansion éternelle. C'est ce qui explique aussi la non-localisation de la provenance de plusieurs rayons cosmiques, et y compris des ondes. Et cet axe nous est inconnu à cause de l'isotropie et de l'homogénéité de l'Univers.

Par la collision selon la théorie des cordes d'une énergie qualifiée de l'esprit de Dieu et des vents de Dieu par la Bible et la Torah avec les particules primitives qualifiées de l'eau, il y eut production d'une autre énergie ou rayonnement qualifié des lumières. Cette réaction devrait être répétitive, étant donné que c'est une action naturelle qui ne pourra plus s'arrêter. D'où l'idée de l'inflation éternelle et des multivers qui ont pris de l'ampleur chez les astrophysiciens.

À l'issue de l'inflation, c'est-à-dire après le Big Bang, l'Univers était encore extrêmement dense et chaud, et a connu une phase d'expansion très violente qui lui aurait permis de grossir. (Wikipédia : inflation Cosmique).

En plus, le Big Bang, comme nous l'avons dit, a produit des grands ensembles qui empêchent aux particules et aux autres forces de se concentrer à un point donné de l'espace, comme à l'origine où on a parlé de l'abîme. Parmi ces ensembles, nous avons les galaxies et les trous noirs qui canalisent et dispersent les particules ainsi engendrées et d'autres forces.

Donc, plutôt que de créer des univers parallèles, la théorie des cordes pouvait mieux contribuer à la théorie de l'expansion de l'Univers, car nous avons dit, dès le départ, que l'Univers lui-même est dynamique. Donc, notre acceptation de la théorie des cordes, de l'inflation cosmique et de l'inflation éternelle rejette celles des multivers, mais plutôt d'entretien des phénomènes d'avant et d'après Big Bang.

En plus, les théories sur l'existence des multivers pouvaient être confirmées quand on considère que l'univers a commencé par un Big Bang. Ce qui n'est pas vrai, car dans le Modèle Cosmologique Universel, le Big Bang ou « la séparation des eaux d'avec les eaux » fut une étape transitoire, suivie de l'inflation pour l'émergence des autres éléments.

Donc, avec les théories des multivers, les Univers devraient se chevaucher, les uns repoussant les autres, mais la distance ne restera jamais uniforme vu la dimension que chacun peut acquérir. À la longue, il devrait avoir une collision ou un malaxage tel qu'on en voit les vibrations ou les ondes dans une rivière à cause non seulement de leur masse différente, mais aussi à cause de leur rotation et translation.

Pour un exemple, prenons deux choses de même masse, voire de même poids pour une bonne compréhension par mes lecteurs. Posez-les dans un ruisseau avec un écart de distance. Quelques minutes après, on remarquera que la distance qui les séparait quand on les a posés ne sera plus la même. On assistera soit à des écarts, soit à des rapprochements dus au courant ou au vent. C'est pour dire que s'il y a des univers parallèles ou des multivers, cela ne peut rester indéfiniment séparé les uns des autres.

En plus, l'idée des Univers multiples doit aller de pair avec celle des Univers fermés ou finis, chacun évoluant avec ses propriétés. Or, cette idée n'est soutenue que par une minorité de savants et l'expansion de l'Univers tend à la contredire. L'Univers n'est fini que par sa force gravitationnelle, tout comme les bordures d'un tourbillon, comme dans le dessin ci-dessous :

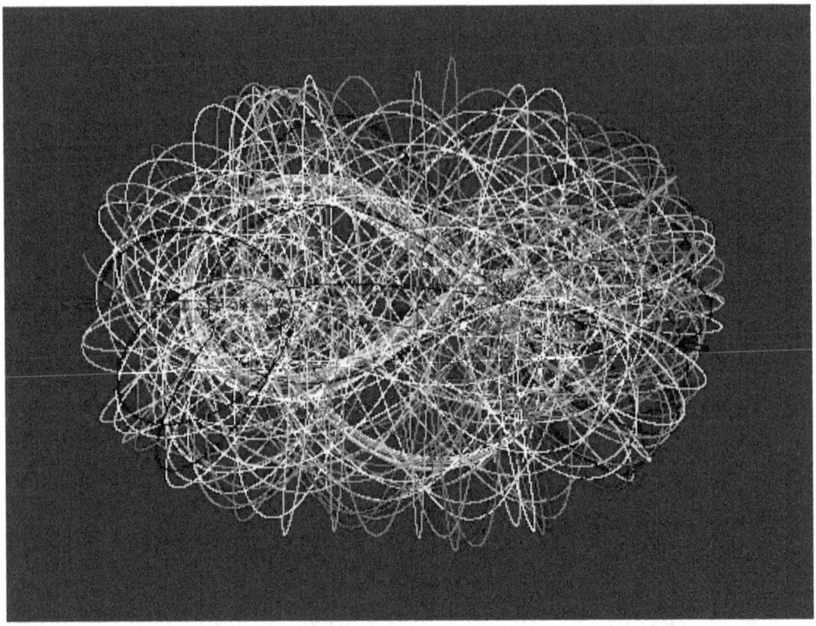

http ://supersymetrie.s.u.pic.centerblog.net/e720465c.png

Comme nous l'avons dit, pour la genèse de l'Univers, on a premièrement affaire à des masses et ces dernières ont engendré des formules. Là, je parle en étant du côté des humains qui sont des êtres résultants. Pour Dieu, c'était d'abord des formules, comme en témoigne l'expression « Dieu dit », mais des formules créatrices, puis les masses s'en sont suivies. Cela répond aux formules de la physique de la Création, à savoir :

- Divinité = In [(Ci .M) + (Po.Ne) + (Ms.Fe)],
- E=mc2.

Cela veut dire que nous ne pouvons pas créer l'Univers par nos formules. Une formule mathématique se crée sur la base des observations des phénomènes constants ou répétitifs avec une marge d'erreur négligeable. Or, on ne peut pas assimiler la création de l'Univers, car celle-ci a germé à partir des projections des forces qui ont émané de Dieu. Et si, pour les savants, en deçà du Mur de Planck, on entre dans une zone où les lois de la physique n'y répondent plus, mais, pour le Modèle Cosmologique Universel, le mysticisme a pris fin dès que le nom « terre » a été mentionné pour la première fois dans la Bible et la Torah. En le mentionnant, Moïse précisa qu'il était « informe et vide ». Attendait par-là l'Univers primitif.

Ge 1 :1-2 *« Au commencement, Dieu créa les cieux et la terre. La terre était informe et vide... ».*

Dans la théorie des cordes, on parle des dimensions que l'Univers occupe et que les autres pourraient engendrer des Univers parallèles. Les partisans de la théorie du multivers, comme je l'ai dit, ont oublié dans leur formule la notion de l'axe qui doit être au conditionnel. L'Univers, par sa dynamique et son isotropie, ne laisse aucun endroit pour un autre de se former, et on ne peut même pas entrevoir son axe, son équateur et ces pôles.

En physique, un système est isotrope si sa description est identique dans toutes les directions de l'espace. À cela, lisons cette réflexion scientifique :

« *Ce qu'on peut d'ores et déjà dire sur la singularité, c'est qu'il est inutile de la chercher dans un point précis de l'Univers. L'Univers n'a pas grandi autour de ce point, mais c'est le point lui-même qui s'est dilaté et qui englobe aujourd'hui tout l'espace, le temps et la matière. Donc, même si on parle de point, il faut comprendre que le Big-bang ne s'est pas fait en un point précis de l'espace, mais partout à la fois. Par ailleurs, on peut considérer que n'importe quel point de l'Univers est fixe, et que c'est le reste de l'Univers qui se déplace par rapport à lui. Dans ce cas, n'importe qui peut considérer qu'il se trouve fixe par rapport à la singularité initiale, et que l'Univers se meut par rapport à lui. C'est la relativité restreinte qui nous dit, pour résumer, que nous sommes tous au centre de l'Univers.* (Cf : astropolis.fr/Le Big-bang : Instant zéro ou "singularité initiale).

L'expansion de l'Univers est présentée aujourd'hui comme un ballon dont, au fur et à mesure qu'on le pompe, le dessin inscrit au-dessus s'écarte de plus en plus. Ces dessins représentent les galaxies. Donc, le « principe cosmologique » pose comme pilier que nous ne sommes pas dans une région particulière de l'espace et qu'à suffisamment grande échelle, le cosmos observable est homogène, comme le démontrent les images ci-dessous prises par les télescopes :

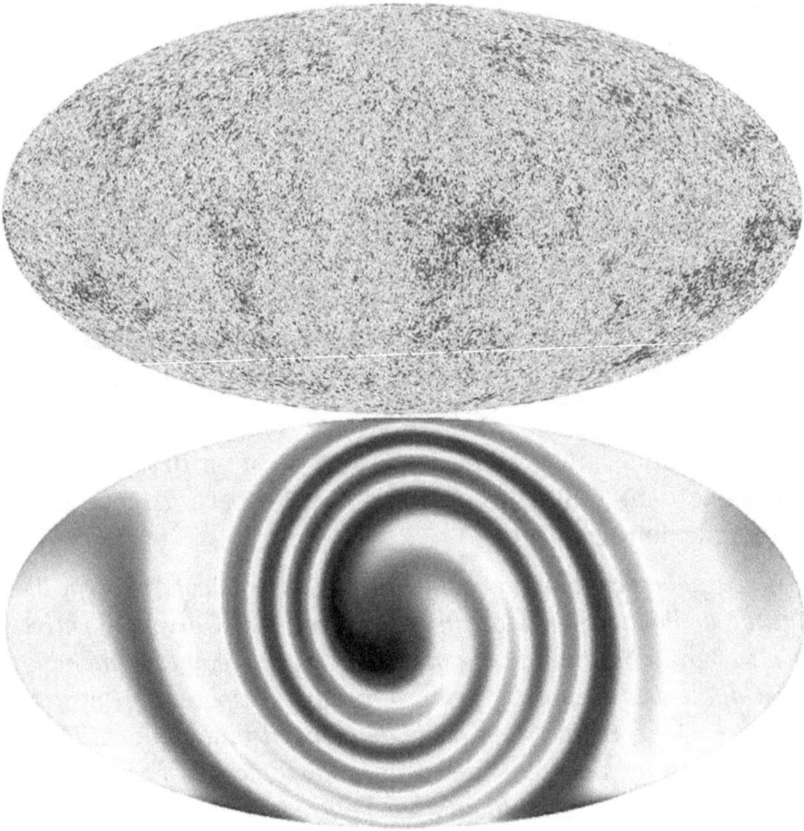

*En haut, la carte des fluctuations de températures du rayonnement fossile. En bas, une simulation montrant l'influence d'une forte rotation de l'Univers, ce que l'on n'observe pas © ESA, Planck Collaboration, D. Saadeh et al. (Cfr : Luigi Bianchi, Nous serions perdus dans un Univers isotrope, in* www.futura-sciences.com *)*

Vouloir créer un axe et un équateur, c'est revenir à un univers statique auquel Albert Einstein qui le défendait a déjà jeté cette feuille à la poubelle. Donc, les Univers parallèles ou mathématiques n'existent pas.

# Chapitre XV
# Le concept d'Andreï-Sakharov

# Section 1
# Présentation du concept d'Andreï Sakharov

## 1.1. L'univers jumeaux

Dans les années 1960, Andreï Sakharov a proposé un modèle d'univers double dit « jumeaux ». Le premier est bien entendu le nôtre et le second est inversé en partant à rebrousse-temps (rétrochrone) à partir de la fameuse singularité ou « instant » zéro.

Dans ce modèle, les deux univers sont disjoints et symétriques (on dit en mathématiques « énantiomorphes ») et les temps s'écoulent à l'envers dans le second.

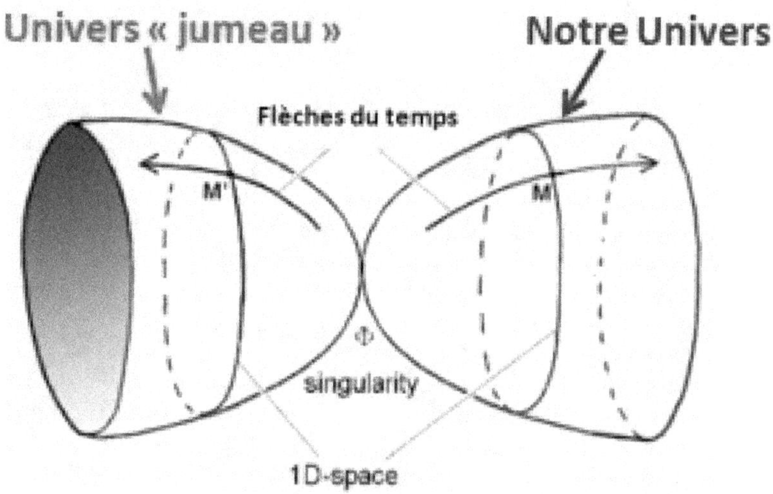


Univers double de Sakharov
(
https ://zevengeur.files.wordpress.com/2018/01/sakharov-mode 03.png ?w=300&h=187)

# Section 2.
# Le modèle biblique et torahnique face au concept d'Andreï-Sakharov

Nous avons introduit cette section pour appuyer une idée qui nous a effleurés. Enfin, si le Big-bang fut précédé d'une inflation cosmique, cela veut dire que l'avant Big-bang était caractérisé par la déflation cosmique, et cela par la condensation des eaux (des particules quantiques originelles) par un vent de Dieu (Ge 1 :2). Ainsi, les lois de la relativité s'exerçaient dans le sens contraire.

Dans la mathématique céleste, nous avons pu ressortir le chiffre de

**In = 302.752 x 1018 km/s et cela est allé en décélération**.

Cette pensée est similaire à celle développée par le physicien russe Andreï Sakharov, sauf qu'il a parlé des univers jumeaux dont le temps dans l'un s'exerçait contrairement à l'autre. Pour le Modèle Cosmologique Universel qui restitue le schéma biblique et torahnique, la déflation de l'avant Big-bang a donné lieu à l'après-Big-bang et à l'expansion.

Alors que je croyais aussi être le premier en parlant du sens contraire de la loi de la relativité générale, je fus surpris de découvrir que le physicien français Jean-Marie Souriau (1922-2012), en tentant de résoudre le problème de l'Univers double de Sakharov, a démontré que l'inversion du temps est équivalente à l'inversion du signe de l'énergie. Et il proposa comme solution l'inversion de l'univers jumeau sur notre univers un peu comme une chaussette de la manière suivante :

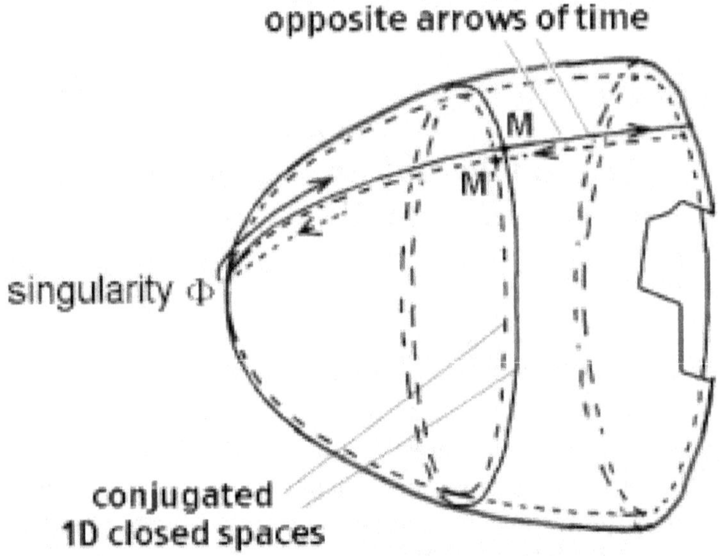


https ://zevengeur.files.wordpress.com/2018/01/sakharov-model-janus-01.png

*« Les deux Univers n'en font alors plus qu'un avec un premier sous-ensemble constitué de particules à énergie positive et un second sous-ensemble avec des particules à énergie négative, ces deux sous-ensembles interagissent entre eux à travers la gravitation jusqu'à aujourd'hui. » (Cfr : Zevengeur,* www.blogs, *zevengeur, Modèle Janus, le futur de la cosmologie, le*12/01/ 2018)

Or, dans le Modèle Cosmologique Universel qui éclaircit tous les points d'interrogation des modèles cités ou non dans ce livre, nous avons dit que le Big-bang n'a pas que déversé la matière, mais aussi des lois issues d'avant Big-bang. J'ai parlé des lois et non de la théorie. Une théorie est une traduction scientifique de loi. En partant des Univers jumeaux de Sakharov et de l'explication du physicien Jean-Marie Souriau, on retombe inexorablement dans l'existence d'un avant Big Bang dynamique, soit au modèle similaire au Modèle Cosmologique Universel.

# Chapitre XVI
# Le Modèle Cosmologie Cyclique Conforme

# Section 1
# Modèle Cosmologie Cyclique Conforme

## 1.1. Explication du modèle CCC

Pour comprendre ce modèle, commençons par introduire la notion de "cosmologie cyclique", ou "d'Univers cycliques". La cosmologie cyclique conforme (CCC) est un modèle cosmologique dans le cadre de la relativité générale, avancée par les physiciens théoriciens Roger Penrose.

L'idée des Univers cycliques est basée sur la théorie selon laquelle notre Univers traverse des cycles constants incluant Big-bang et compressions cosmiques, à la différence du modèle standard de la cosmologie, où il n'y aurait eu qu'un seul et même commencement (Big-bang). En d'autres termes, cette théorie postule que la fin de l'Univers est le début d'une nouvelle. Ainsi, notre Univers aurait déjà été précédé par d'autres et qui cédera aussi après un temps sa place à un autre. L'univers actuel serait l'un de l'infini « éons » d'une durée de $10^{100}$, soit 1 suivi de 100 zéros. Le mot « éon », tiré de Penrose, est la traduction du terme religieux de l'Est *Kalpa*, indiquant dans ces traditions une période allant jusqu'à 1,28 an Katherine. (Cf : *boowiki.info/art/cosmologie/cosmologie-conforme-cyclique).*

En combinant ainsi plusieurs Univers, le modèle CCC tente de concilier les lois relativistes avec la mécanique quantique. Ainsi, Penrose affirme que sa théorie est la seule qui peut faire coïncider toutes les données recueillies et les formulations théoriques telles que le rayonnement de Hawking, contrairement aux autres, dont les théories sont jugées incomplètes, d'où le terme « conforme ».

Penrose, qui est un savant mathématicien et physicien, ne se base pas sur ces pensées ou sa philosophie seulement. Pour lui, un test de son modèle serait contenu dans le rayonnement de fond diffus cosmologique et les flots découverts par lui seraient les déchets d'univers précédents, en particulier des collisions et des explosions des trous noirs super-massifs antérieures qui libéraient d'énormes « rafales d'énergie ».
(Cf : *boowiki.info/art/cosmologie/cosmologie-conforme-cyclique.*

*html)* ...

Tout au long de notre livre, nous avons dit que l'image du fonds diffus cosmologique doit être réexaminée par les scientifiques pour découvrir les traces de l'avant Big Bang. M. Penrose et son équipe de chercheurs l'ont fait et l'ont découvert. Malheureusement, personne n'était là pour leur enseigner que dans le premier modèle cosmologique contenu dans la Bible et la Torah, on parlait déjà de l'abîme ou trou noir avant le Big Bang (la séparation des eaux d'avec les eaux selon la Bible et la Torah). Ce n'est qu'une parenthèse pour tous les membres de son équipe qui me lisent.

Donc, En regardant la carte du rayonnement cosmique, Penrose et Gurzadyan ont noté la présence d'une série de cercles concentriques à l'intérieur de l'image (résidus d'énormes noirs), dans lesquels la variation de température est beaucoup plus faible que prévu. L'aspect unique de ces cercles est que, selon les calculs des chercheurs, certains des cercles plus larges devraient être formés avant le Big Bang. Ce sont les « points Hawking » qui seraient visibles dans le rayonnement fossile, témoignant de l'évaporation de trous noirs supermassifs survenue avant le Big Bang, dans un monde qui aurait précédé le nôtre.

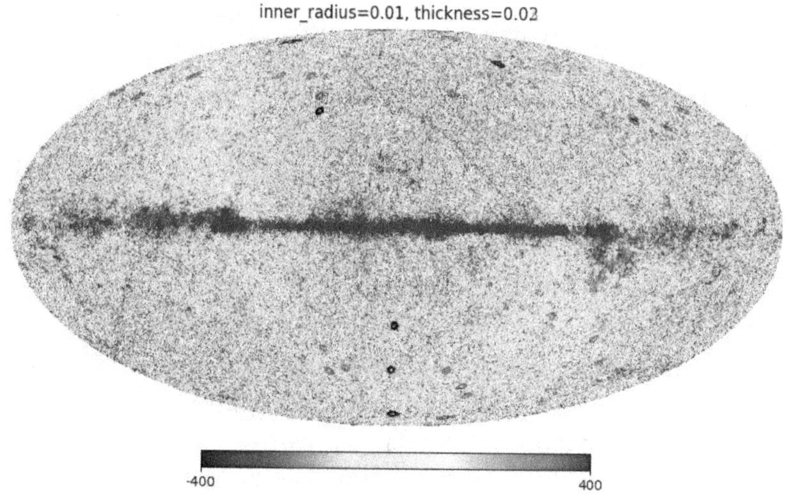


*Les points de Hawking que les chercheurs pensent avoir trouvés sont indiqués par des cercles sur cette carte du rayonnement fossile. © Daniel An, Krzysztof A. Meissner et Roger Penrose. (Cfr : futura-sciences.com/sciences/actualites/cosmologie-preuve-avant-big-bang-roger-penrose).*

Ceci confirme ce que nous ne cessons de dire, à savoir que l'image du fonds diffus cosmologique a encore beaucoup de secrets à nous livrer, à commencer par les traces en provenance de l'avant Big Bang.

### 1.2. Le Modèle biblique et torahnique face Modèle Cosmologie Cyclique Conforme

Comme on le voit, le physicien Roger Penrose s'acharne pour que les scientifiques acceptent son modèle. Il a beaucoup écrit et continue d'exhiber les preuves d'un avant Big Bang. Nous l'encourageons, car l'existence de l'avant Big-bang avec des phénomènes dynamiques tels que décrits bibliquement et torahniquement comme « *un vent de Dieu se mouvait au-dessus des eaux* » fait partie du Modèle cosmologique Universel.

En quoi la vision de l'avant Big Bang du Modèle Cosmologie Cyclique Conforme de Roger Penrose et des autres modèles diffère-t-elle du Modèle Cosmologique Universel ?

Pour Roger Penrose, avons-nous dit, l'Univers est éternellement en expansion – compression et, paradoxalement, avec un nombre infini de Big-bang. D'où, on ne sait pas où se situe le point de départ ou le commencement. Il en est de même pour tous les autres modèles qui défendent un avant Big Bang. Ils ont presque tous, selon la vision reçue dans leur esprit sans le savoir et qu'ils n'ont pas su interpréter, qu'il y a eu un effondrement (abîme) avant le Big Bang.

Ne connaissant pas le schéma biblique et torahnique de la création, ils se sont dit s'il y a eu effondrement, ce qu'il y a eu un trou noir. Et, s'il y a eu un trou noir, c'est qu'il y a eu une étoile qui s'est explosée dans un Univers à plusieurs dimensions. Et, où a émergé cet Univers à plusieurs dimensions ? Leurs conclusions aboutirent à l'existence des Univers successifs ou des multivers.

La Bible et la Torah qui se trouvent à la portée de tout le monde ont offert la réponse la plus logique dans leur questionnement. Pour le Modèle Cosmologique Universel, restituant scientifiquement le schéma biblique et torahnique de la création, l'Univers a bel et bien un point de départ assorti bibliquement et torahniquement par le verset : *« Au commencement, Dieu créa les cieux et la terre. La terre était informe et vide »* (Ge 1 :1-2). C'est dans cet espace vide qu'ont eu lieu les premières manifestations des éléments tels qu'étudiés dans la mécanique quantique, dont la combinaison après des myriades de collusions et de fusions a abouti à une première masse énergétique creusant l'espace-temps dénommé « abîme » dans la Bible et la Torah. Vu au loin, selon la description biblique et torahnique, à savoir *« Il y avait des ténèbres à la surface de l'abîme, et l'Esprit de Dieu se mouvait au-dessus des eaux »* (Ge 1 2), cela ressemblait à l'image d'un trou noir. D'où les qualificatifs « les ténèbres à la surface de l'abime ».

J'avais déjà dit que, dans le Dictionnaire, l'abîme est défini comme un trou où se déroulent des phénomènes mystérieux. Cette définition ne vient pas de moi, je l'ai tirée dans le glossaire de Free Bible et la Torah, et moi-même j'ai crié des joies en le lisant, car cela confirme l'existence d'un trou noir ou de quelque chose de pareil avant le Big Bang telle que je l'avais restituée avant de la lire.

En plus, concernant le fonds diffus cosmologique, pour le Modèle Cosmologique Universel, ce rayonnement est le même que ce qui est apparu dans la Bible et la Torah à la fin de la première période (Ge 1 :3), mais, étant confiné dans l'univers condensé, elle ne réapparaîtra que 380 000 ans plus tard après le Big Bang, selon les observations.

L'étude de ce rayonnement doit se baser non sur sa réapparition, mais sur la façon dont il peut apparaître et subsister jusqu'à ces jours.

À part ces raisonnements littéraires, cette question des univers successifs était déjà débattue dans les passés, comme nous pouvons la lire dans la citation suivante. :

« *Dans les années 1930, des physiciens notables tels qu'Albert Einstein et Richard Tolman, ont envisagé la possibilité d'un modèle cyclique de l'univers comme une alternative éternelle au modèle d'un univers en expansion. Cependant, les travaux de Tolman en 1934 ont montré que ces idées semblaient échouer en raison du deuxième principe de la thermodynamique : il stipule que l'entropie ne peut qu'augmenter dans un système fermé* ». (Cf : https ://fr.wikipedia.org/wiki/Mod%C3%A8le_cyclique)

Il faut dire que, pour contourner ces remarques de Richard Tolmann, pour Roger Penrose dans sa théorie du modèle Cosmologie Cyclique Conforme, l'univers ne traverse pas une phase de contraction et que ce que nous pensons être une inflation est simplement l'expansion accélérée d'un éon antérieur.

Pour les croyants qui ne maîtrisent pas ce que veulent dire les Univers successifs, en termes religieux, cela veut dire qu'il y a eu plusieurs fins du monde avant qu'on arrive à notre monde. Et, après la fin du monde de notre monde, il y aura encore l'apparition d'un autre monde physique ou des autres mondes physiques qui connaîtront aussi, après plusieurs éons, leur fin du monde. Voilà où conduisent les raisonnements des grands savants quand ils raisonnent sans la religion.

Les domaines de la physique et de la mathématique étant bien maîtrisés par Roger Penrose, je l'invite seulement à raisonner sur ces versets écrits il y a de cela 1.500 av. J.-C. et à faire reporter tout ce qu'il a écrit pour les autres Univers au seul

Univers d'avant notre Big Bang. Que ça soit les multivers, les univers multidimensionnels et les univers successifs, rien ne peut apparaître simultanément avec toutes ces structures, comme dans le modèle stationnaire de Fred Hoyle. Il devrait toujours avoir un commencement quelque part dans un vide. Et c'est ce que la Bible et la Torah confirment dans le verset « *La terre était informe et vide* ». Quelque chose qui est informe et vide, avons-nous dit, c'est quelque chose qui n'a pas d'existence matérielle, sauf l'énergie. Lisons :

Ge 1 : 1 *Au commencement, Dieu créa les cieux et la terre. 2 La* ***terre*** *était* ***informe*** *et* ***vide,*** *il y avait des* ***ténèbres à la surface de l'abîme****, et* ***l'Esprit (un vent)*** *de Dieu se* ***mouvai****t au-dessus des* ***eaux****.*

*3 Dieu dit : Que la lumière soit ! Et* ***la lumière fut****. 4 Dieu vit que la lumière était bonne ; et Dieu* ***sépara*** *la* ***lumière*** *d'avec les* ***ténèbres****. 5 Dieu appela la lumière jour, et il appela les ténèbres nuit. Ainsi, il y eut un soir, et il y eut un matin :* ***ce fut le premier jour****.*

Tout ce qui est écrit en gras a été restitué scientifiquement au Tome II dans le livre « Avant Big Bang à la lumière ». Personne ne pouvait penser qu'un jour la compréhension du schéma biblique et torahnique de la création deviendra un objectif à atteindre par les savants pour la compréhension de l'Univers. Auparavant, moi aussi, je lisais ces versets d'une manière littérale et méditative. Je ne savais pas que ce schéma cachait le plus grand secret scientifique du début de l'Univers et que c'est moi qui apporterai sa connaissance à l'humanité.

Sur le plan scientifique, c'est plutôt le savant italien Gabriele Veneziano, créateur en 1968 de la théorie des cordes, qui, sans le savoir, a rejoint la Bible et la Torah avec son modèle des cordes qui stipule que l'Univers nous vient d'un vide infini. (cf : lalibre.be.qu'avait-il avant le big-bang ? le 15/12/2005 par Guy DUPLAT).

# Chapitre XVII
# L'Univers électrique

# Section 1
# La théorie de L'univers électrique

## 1.1. Présentation de la théorie de l'Univers électrique

La théorie de l'Univers électrique fut raffinée par Wallace Thornhill et David Talbott. Selon cette théorie, l'électricité peut expliquer l'ensemble des phénomènes cosmiques d'une manière bien plus satisfaisante que les théories que nous possédons déjà. Ainsi, dans notre Univers, l'électricité gouverne tous les phénomènes. Le plasma imprègne tout l'Univers de ses filaments. Ces filaments, à leur tour, conduisent le courant électrique, et le courant électrique dirige le cosmos. Par conséquent, les phénomènes électromagnétiques, la gravité, les mouvements des atomes sont des manifestations de la force électrique à des échelles différentes.

Le courant électrique qui circule le long des filaments de plasma forme et anime les galaxies. Ce courant passe dans les étoiles, les faisant briller comme des ampoules électriques. L'électricité est à l'origine de la formation des planètes. Les cratères que l'on trouve parfois à leur surface proviennent des arcs électriques qui, comme des éclairs, impriment des formes variées sur les sols.

En plus, selon toujours la théorie de l'Univers électrique, les trous noirs n'existent pas, pas plus que la matière noire et l'énergie noire. Le Big Bang ne s'est jamais produit et la théorie de la relativité générale d'Einstein n'est qu'une vaste plaisanterie. (*Cf : motherboard.vice.com/a-la-rencontre-des-partisans-de-la-theorie-de-l-Univers-electrique par Sarah Scoles févr. 22 2016*).

Le titre de cette théorie me fait penser au premier rêve que j'ai fait quand Dieu m'a montré comme les éléments se transformaient de l'invisible au visible, et j'en ai déjà parlé. Ce rêve ressemblait à l'expérience de Miller Urey sur l'origine de la vie, dont l'électricité a joué un grand rôle.
(Cfr : https://www.futura-sciences.com/sciences/definitions/origine-vie-experience-miller-16887/)

# Section 2 : Le Modèle biblique et torahnique face à la théorie de l'Univers électrique

Pour le Modèle Cosmologique Universel, l'Univers a été toujours électrique dès son commencement. Sans cela, la Création n'aurait jamais eu lieu. D'où les versets suivants :

Bible et Torah :

*Gn 1 : 1 Au commencement, Dieu créa les cieux et la terre. 2 La terre était informe et vide : il y avait des ténèbres à la surface de l'abîme, et l'esprit de Dieu se mouvait au-dessus des eaux. 3 Dieu dit : Que la lumière soit ! Et la lumière fut.*

Modèle Cosmologique Universel :

– Un univers vide au commencement (terre informe et vide).

– Fluctuation énergétique des particules dans ce vide (l'esprit de Dieu se mouvait au-dessus des eaux).

– Comme résultat, il y eut apparition de la lumière (Que la lumière soit ! Et la lumière fut).

Et, aujourd'hui, on assiste à différentes sortes de manifestations lumineuses créées à partir du vide telles que les éclairs, les sursauts gamma, etc.

## 2.1. L'Univers électrique avec Big Bang

La théorie de l'Univers électrique, tant critiquée, ne cesse de gagner des partisans dans tous les coins du monde. Mais, en rejetant ce qui est acquis, c'est-à-dire l'existence du Big Bang reconnu par le Modèle Cosmologique Universel, elle s'inscrit en faux.

Après cette petite ébauche de présentation, je dirais que les auteurs de la théorie, critiqués par l'ensemble des astrophysiciens, n'ont pas tort de raisonner ainsi. Ce que je voulais corriger ici va au-delà de ce que ces théories disent.

En effet, l'électricité dérive du mot échange ou déplacement des électrons. Sans échange des particules par leurs propriétés intrinsèques, l'Univers ne sera pas ce qu'il est aujourd'hui.

Cet échange crée en premier lieu l'électricité (ex. électrisé par frottement).

Selon les Principes de la création, branche du livre du Principe divin du Rév. Dr. Sun Myung Moon, les propriétés intrinsèques des particules proviennent des caractéristiques duales de Dieu qui en est la cause. Ces propriétés qui tendent à unifier les énergies projetées en créant une rotation, telles qu'expliquées bibliquement et torahniquement par la phrase « *...un vent de Dieu se mouvait au-dessus des eaux* » (Ge 1 :2), créent des phénomènes électriques, d'où le fondement de la théorie selon le Modèle Cosmologique Universel.

Donc, avant même qu'on puisse parler de l'électricité telle qu'on en connaît aujourd'hui, au niveau de la nature, il y avait déjà des phénomènes électriques caractérisés créés par des croisements des rayons ou des particules ionisées. Au niveau de l'univers profond, les astrophysiciens constatent les mêmes phénomènes électriques qu'ils n'arrivent pas à expliquer, comme ceux des sursauts gamma. Ces qui se déroulent dans l'atmosphère terrestre sont expliqués par le schéma suivant :

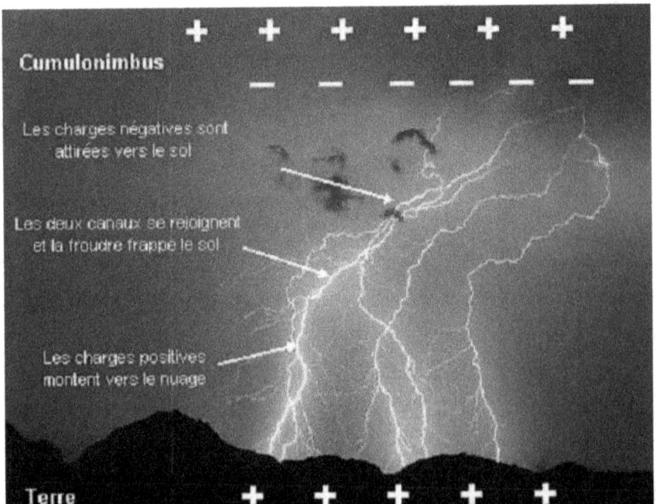


*Illustration expliquant la formation d'éclairs au sein d'un orage. Crédits : Astrosurf https ://trustmyscience.com/wp-content/uploads/2019/05/ formation-eclair-orage.jpeg*

## 2.2. L'univers électrique ; source des phénomènes lumineux

### 2.2.1. Les sursauts gamma

Nous avons développé ce point dans notre livre Les Énigmes de l'univers résolus dans le Modèle Cosmologique Universel ».

Jusque-là, les mystères résident toujours autour de l'origine du sursaut gamma. On voit apparaitre des flashs très violents des lumières, mais on ne découvre pas l'astre qui les provoque. Plusieurs théories sont émises et voire même des télescopes sont placés à certains endroits pour mieux localiser leurs sources.

L'idée de l'Univers électrique n'a fait que confirmer tout ce que j'ai dit concernant la création des zones électromagnétiques générant des charges différentes et des rayonnements à cause d'une vitesse de rotation non uniforme à différentes échelles de l'Univers. Cela engendre des interactions entre les particules ionisées. En plus, l'expansion de l'univers crée parfois une compression de l'espace dans certaines zones. Mêlée avec la dynamique rotative de l'univers, l'interaction des particules génère un choc violent faisant apparaitre ce qu'on appelle les sursauts gammas.

Pour un cas précis, prenons l'exemple d'un trou noir. La frontière de ce dernier est limitée par l'ergosphère, qui est la région de l'espace entrainée dans la rotation du trou noir. Le mouvement de chaque astre crée aussi le même phénomène dans l'espace. Une partie de l'espace, composé des particules, est entrainée par le vent qu'il génère. Ainsi, quand deux régions de l'espace se retrouvent comprimées soit par l'expansion de l'univers, soit par leur rapprochement, la rencontre de leurs régions peut créer des interactions des particules qui génèrent des sursauts gamma.

Un autre cas de frontière visible a été constaté dans le « Halo gamma autour de la Voie lactée » comme nous pouvons le lire dans cet article :

« *Un halo diffus de rayonnement gamma entoure la Voie lactée. C'est ce qu'on découvert les chercheurs des universités de Californie, de Clemson et de Chicago en analysant les images réalisées par l'observatoire spatial Compton... L'origine de ce halo gamma reste en grande partie inexpliquée : résultat de l'interaction de photons de basse énergie avec des particules cosmiques, produit de l'accélération d'électrons... »*.

(Cfr : Magazine Ciel&espace n°332-Janvier 1998, p.8)

Avec tout ce que j'ai développé sur l'interaction entre deux frontières composant chacune des particules ionisées, les astrophysiciens peuvent maintenant découvrir l'origine de ce Halo gamma.

Cette idée est encore inédite dans la mesure où les scientifiques cherchent la source des sursauts gamma à travers les astres, mais n'en trouvent pas, comme nous pouvons le lire dans l'article suivant :

*« Le sursaut gamma GRB070201, fantastique explosion repérée en direction de la galaxie d'Andromède (M31) le 1er février 2007, n'a émis aucun signal détectable par l'observatoire d'ondes gravitationnelles américain. Voilà qui semble exclure une fusion d'étoiles à neutrons ou de trous noirs stellaires, une hypothèse longtemps privilégiée pour expliquer l'origine des sursauts gamma... Si l'instrument n'a rien vu, bien qu'il soit capable de déceler une déformation de l'espace équivalant à moins d'un millième de la taille d'un noyau d'atome, c'est donc que le sursaut gamma n'avait rien avoir avec une fusion »*. (Cfr : Magazine Ciel&espace n°453-02/2008).

Il faut noter que selon la science, c'est vers la fin des années 1960 que les satellites militaires Vela lancés par les États-Unis pour surveiller d'éventuels tests atomiques dans l'atmosphère ont fait la découverte des fameux sursauts gamma, les *gamma-ray bursts* (GRB) en anglais. On ne commencera à comprendre leur nature que des décennies plus tard. Les GRB courts - c'est-à-dire ceux durant quelques secondes tout au plus, par opposition aux sursauts longs durant plus longtemps - sont interprétés comme des collisions d'étoiles à neutrons Les sursauts gamma longs sont, eux, censés résulter de l'effondrement du cœur d'une étoile massive en trou noir avec la production d'un disque d'accrétion transitoire et des jets l'accompagnant alors que l'étoile continue de s'effondrer.(Cfr : https://www.futura-sciences.com/sciences/actualites/astronomie-james-webb-remet-cause-origine-or-observant-sursaut-gamma

-plus-brillant-tous-temps-)

Toutefois, quand on pointe les télescopes dans l'endroit où l'évènement a eu lieu, on ne constate aucun astre.

En conclusion, les astrophysiciens doivent étudier mes hypothèses sur l'émission des sursauts gamma, car il ne s'agit pas de la fusion des trous noirs, mais de la fusion des deux sphères ayant une différence dans leur vitesse de rotation dans l'espace.

J'ai donné comme cas de figure l'étude du Soleil. Le phénomène est semblable à ce qui se passe dans l'espace terrestre concernant les ouragans. En effet, les vents puissants, les fortes pluies et les nuages tournoyants d'un ouragan produisent de l'électricité dans les nuages qui se manifeste par des éclairs, voire des foudres.

Pour appuyer tout ce que je viens de dire dans ce point, je vous recommande le documentaire scientifique « ***Nouvelle théorie du champ unifié : explication de l'univers Dynamique*** » qui confirme que c'est le mouvement en provenance de la cause sur les premières particules virtuelles, selon la loi d'incertitude, qui est à la base de toute la création et cela confirme le verset « *...un vent de Dieu se mouvait au-dessus des eaux* » (Ge 1 :2) avant le Big Bang.

Donc, nous appuyons les théories de l'Univers électrique tout en rappelant à leurs auteurs que le Modèle Cosmologique Universel inclut le Big Bang.

Pour le Modèle Cosmologique Universel, la théorie de l'Univers électrique doit se limiter autour des contacts des particules virtuelles et de leurs effets. Étant donné que ces contacts ont précédé le Big Bang, leurs auteurs doivent plutôt se joindre au Modèle Cosmologique Universel qui explique la continuité des premières énergies jusqu'à l'homme en reconnaissant les acquis scientifiques du Modèle standard. Tout ceci peut être compris scientifiquement avec cette analyse de la physicienne J. Baker concernant la reionisation :

« *Quand les photons qui composent le fonds diffus cosmologique ont été libérés, l'Univers est passé d'un état électriquement chargé et opaque (électrons et protons pouvaient disperser les photons) à un état neutre et transparent... Mais l'Univers que nous voyons aujourd'hui est presque entièrement ionisé. L'espace intergalactique est rempli de particules chargées...* ». (Cf : J. Baker : 50 clés pour comprendre l'astronomie, éd. Dunod, Paris 2016, p. 145).

Pour résumer, le Modèle Cosmologique Universel qui restitue l'histoire de la création biblique et torahnique, reconnait 3 étapes pour l'univers.

1) L'univers a commencé par le néant, le chaos et le vide, définis bibliquement et torahniquement par la phrase *« une terre informe et vide »* (Ge 1 :2). Quelque chose qui est informe et vide, c'est tout simplement quelque chose qui est matériellement inexistant. C'est comme un gaz incolore et inodore dans le vide ou dans l'espace, avons-nous dit.

C'est dans cet univers qu'une énergie qualifiée de l'esprit de Dieu s'est mise à se mouvoir sur la matière originelle qualifiée de l'eau jusqu'à son réchauffement (Et, la lumière fut) (Ge 1 :5). C'était pendant la période de l'avant Big Bang.

2) S'étant condensé à l'extrême par la déflation cosmique, il y eut une expansion qualifiée de Big-bang par la science et de la séparation des eaux d'avec les eaux par la Bible et la Torah (Ge 1 :6-7). C'est le Big Bang.

3) Après vint l'après Big Bang, reconnu bibliquement et torahniquement et scientifiquement depuis la création des astres jusqu'à nos jours. (Gé 1 :9-31).

Tels sont les grandes lignes du Modèle Cosmologique Universel. Donc, le Modèle Cosmologique Universel est le seul modèle qui vient de dévoiler la ligne de départ de l'univers, en passant par le Big Bang jusqu'à l'Homme.

# Chapitre XVIII
# Science et Religion

# Section 1
# La cause des erreurs des modèles cosmologiques classiques

## 1.1. L'origine de l'énergie

La cause principale de la fausseté de tout le modèle cosmologique classique traitant de l'origine de l'Univers remonte autour de l'origine de l'énergie. Même les modèles que je n'ai pas explicités ici ont découvert leurs insuffisances à partir de tout ce qui est développé dans ce livre.

Pour qu'on parle des origines de l'Univers, il faut de l'énergie pour l'activation des particules du vide. Ces énergies doivent avoir une source. Ne croyant pas en Dieu comme cause première universelle, ceux qui ont parlé de l'avant Big-bang, que ça soit dans la théorie des cordes, comme dans les autres théories, en sont arrivés à la conclusion que l'univers qui a précédé l'univers d'avant Big-bang ne pourra être qu'un autre univers. D'où on parle des Univers multidimensionnels comme dans la théorie des cordes ou des Univers successifs comme dans le CCC de Roger Penrose.

D'autres modèles aussi sont allés dans la même direction, car c'est l'explication du commencement qui cause problème. Le commencement lui-même devrait disposer aussi d'une énergie qui devrait aussi être issue de quelque part.

## 1.2. Le Principe de la création et l'origine de l'énergie

La plupart des théories appuient l'idée que l'Univers est fini. Cela crée comme paradoxe que l'énergie initiale doit provenir de quelque part. C'est ce qui fait supposer qu'il y a autre chose au-delà de l'Univers. D'où l'idée de multivers ou d'univers successifs. Mais le Principe de la création du Rév. Dr. Sun Myung Moon est le seul qui répond à cette question sur l'origine de l'énergie et qui fait que les choses ont commencé par Dieu qui a en lui l'énergie première universelle. Vouloir tout expliquer, c'est une façon de m'imposer de faire le plagiat de son livre.

Chacun est libre de faire ces recherches sur cette matière et de comprendre aussi son auteur.

Tout ce que nous pouvons résumer est que, sur la base de la projection de l'énergie première universelle comme énergie originelle, tout vint à l'existence, à commencer par l'Univers lui-même.

Cela est confirmé même par la citation du pape François que nous avons lue ci-haut, à savoir : » *Le commencement du monde n'est pas un résultat d'un chaos qui doit ses origines à un autre chaos, mais dérive directement d'un Principe suprême qui crée par amour.* » (Cfr : https://fr.aleteia.org.author/alateia-usa/ le jour où le pape a rencontré Stephen Hawking)

Le verset biblique et torahnique le confirmant est : *« Au commencement, Dieu créa les cieux et la terre. La terre était informe et vide. » (*Ge 1 :1-2).

J'ai déjà dit à maintes reprises qu'une « *terre* informe et vide » était la façon pour Moïse de dire qu'au commencement l'Univers était vide, car physiquement ou géographiquement, une terre informe n'existe pas. Tout ce qui est visible a une forme. Cet univers qualifié de terre informe et vide selon la Bible et la Torah a été créé par Dieu. Les astrophysiciens ne croyant pas à cela se sont créés eux-mêmes des problèmes, car ils ne savaient pas à quelle étape faut-il parler du commencement. Ainsi, ils parlent des Univers issus d'autres Univers. Or, pour la Bible et la Torah, restituées dans le Modèle Cosmologique Universel, l'Univers a bel et bien un commencement. Donc, la suite de l'univers dans l'infini, c'est Dieu lui-même.

Un seul scientifique ayant cru à la Bible et la Torah a poursuivi l'origine de l'énergie à son commencement, c'est-à-dire en voyant Dieu lui-même. Ce scientifique, avons-nous dit, est le Rév. Sun Myung Moon. Ce qu'il a découvert m'a surpris quand j'ai étudié son enseignement. C'est pour cela que j'avais dit au Tome II que quiconque lira le Principe de la Création sans sentir un choc ne comprendra jamais le Principe divin. Seules les personnes qui ne se posent pas des questions vont prendre le Principe divin comme une histoire et ces dernières ne sentiront jamais le choc.

D'ailleurs, plusieurs chocs créés par l'enseignement de

Principes divins ont fait que certains conservateurs chrétiens traitent le Rév. Sun Myung Moon d'hérétique. Mais son enseignement est logique et spirituellement rationnel. Seule une explication verbale offerte par un professeur du Principe divin qui peut bien approfondir ce que le Rév. Moon dit autour de l'origine de l'énergie.

Je m'abstiens même de dire les conclusions du Rév. Sun Myung Moon sur les origines de l'énergie dans ce livre, car cela nécessite d'abord un enseignement qui commence par l'Introduction du Principe. Même dans la mathématique, il y a des étapes à traverser pour résoudre certaines équations.

## Section 2
## Du spirituel au physique

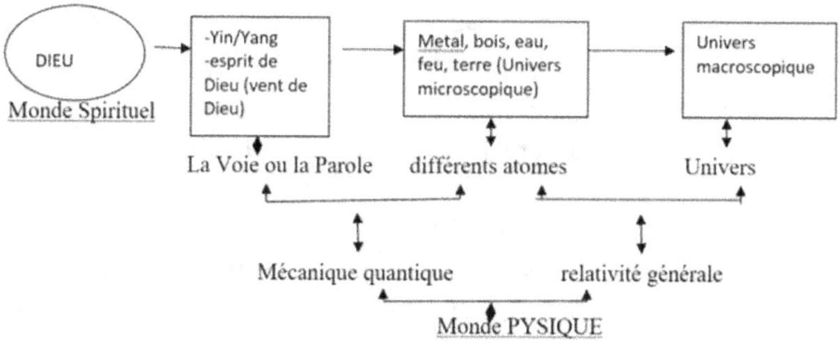


C'est dans le Modèle Cosmologique Universel qui prend en compte la contribution du rayonnement d'avant Big Bang jusqu'à la matière que la théorie du Tout peut germer, comme nous pouvons le lire dans cet écrit scientifique : « L'*Univers contient trois sources d'énergie : matière, rayonnement et vide quantique* ». (Cf : Aux Frontières de L'Univers – Du Big-bang au Quark » Marceau Felden – 2005).

Dans le Modèle Cosmologique Universel ce schéma post-Big-bang fait aussi partie du schéma pré-Big-bang. Dans le verset biblique et torahnique

– ***« La terre était informe et vide »*** (Ge 1 : 2) ; on a affaire à un vide qualifié de vide quantique.

– « **Il y avait des ténèbres à la surface de l'abîme** » ; ici, on a affaire aux rayonnements.

– « **L'esprit de Dieu se mouvait au-dessus des eaux** » qui symbolisent l'énergie (esprit) sur la matière (eaux). Rayonnement, à la base duquel les forces divines ont commencé par agir dans le vide quantique ou chaos, comme dans le verset *« La terre était informe et vide »*.

– « **Eaux** » représentant la matière en tant qu'énergie concentrée, décrite dans la relativité générale.

Vouloir développer ce cheminement du rayonnement, en perçant le vide quantique, jusqu'à atteindre la matière fait partie des branches très compliquées des astrophysiciens. Nous avons offert quelques-uns des extraits basés sur leurs expériences pour faire comprendre au lecteur que tout est lié.

Si le rayonnement a été le cheminement des énergies divines à l'énergie quantique, par contre, on n'arrive pas à expliquer les comportements des particules dans ce dernier champ. Ainsi, le rayonnement entre la divinité et les particules élémentaires étant difficile à réaliser, celui-ci peut être compris dans les expériences réalisées par les physiciens entre lumière, vide et matière.

Tout comme tout ce que les astrophysiciens constatent fait partie des effets, qui font d'ailleurs l'objet de leur science, ils doivent inclure dans leur discipline comme connaissance complémentaire la cause. Et la cause, c'est effectivement l'enseignement du Principe de la création du Rév. Dr. Sun Myung Moon, comme base philosophique de leur enseignement ou connaissance. Ce n'est qu'à travers cet enseignement qu'ils sauront résoudre beaucoup d'énigmes. Cette préoccupation répond à la parole de Jésus qui a dit à ces disciples :

« *Je vous parle des choses terrestres et vous ne croyez pas, comment croirez-vous quand je vous parlerai des choses célestes ?* » (Jn 3 :12).

Cette promesse de Jésus est accomplie à ce jour par le couple Moon. Il ne reste plus qu'aux sommités intellectuelles de s'en approprier et de le faire intervenir dans leur discipline.

# Conclusion générale

Dans les livres de la collection Astronomie & Théologie », nous avons restitué scientifiquement le schéma biblique et torahnique de la création. Ces restitutions ont donné naissance à un nouveau modèle cosmologique appelé "Le Modèle Cosmologique Universel", avec une nouvelle science appelée « astrothéologie ».

Quelle est la place de ce nouveau modèle, construit sur le fondement biblique et torahnique, par rapport aux autres modèles cosmologiques ? Est-ce une copie, un Concordisme, une extension ou un modèle original par rapport aux autres modèles cosmologiques ? C'est ce à quoi nous avons tenté de répondre tout au long de ce livre en démontrant que le Modèle Cosmologique Universel est un modèle cosmologique original. Il joint au modèle standard, l'avant Big Bang.

Nous avons dit que c'est pour épargner au mot « Bible et Torah » tout jugement que j'ai baptisé ma restitution scientifique du schéma de la création biblique et torahnique sous le nom de « Modèle Cosmologique Universel ». Ce modèle servira désormais de fondement à tous les modèles qui viendront appuyer le schéma de la Création biblique et torahnique.

Ainsi, dans ce livre de l'astrothéologie, nous avons offert notre analyse sur les notions cosmologiques selon la vision du Modèle Cosmologique Universel. Nous nous sommes servis pour cela des observations des astrophysiciens, sans toutefois nous lier à leurs analyses. Nous avons approuvé ce que nous avons trouvé juste et nous avons rejeté, non les phénomènes, mais certaines interprétations liées à ces phénomènes qui ouvraient la porte à l'athéisme. Nous avons aussi apporté notre contribution en essayant de résoudre certaines énigmes ou en offrant le schéma pour leur résolution.

De plus, en partant de la description de l'origine de l'Univers, en passant par le Big Bang jusqu'à l'humanité, le Modèle Cosmologique Universel, englobe tous les autres modèles cosmologiques, même ce que je n'ai pas mentionné dans ce livre.

Désormais, les autres modèles qui seront créés après 2020 ne feront plus du Big Bang une singularité. Avec le Modèle Cosmologique Universel, l'humanité entière est maintenant convaincue que le Big Bang n'est pas seulement une théorie, mais une réalité physique décrite bibliquement et torahniquement comme « *la séparation des eaux d'avec les eaux » (Gn 1 :*6) et dans le Coran par le verset : *« Les incrédules ne voient-ils pas que les cieux et la terre étaient à l'origine une masse compacte ? Nous les avons ensuite séparés"* (Coran 21:30).

La masse compacte est ce que la Bible et la Torah appellent « les eaux avant leur séparation » et que la science appelle « l'univers condensé » avant le Big Bang. C'est pourquoi le modèle cosmologique universel est universel.

Mes déductions ne sont pas des messages sacrés. Des erreurs peuvent être décelées et une fois portées à ma connaissance, celle-ci peut être corrigée dans certaines versions.

Ainsi, merci de la compréhension et de la contribution dont vous voulez nous faire part.

*Flavien PHANZU MWAKA*

# Bibliographie

# I. LITTERATURES SCIENTIFIQUES

– Aurélien Barrau, *Big-bang et au-delà, balade en cosmologie*, éd.Dunod, Paris
– Aux Frontières de L'Univers – Du Big-bang au Quark » Marceau Felden – 2005
– Basset, Bruce & Edney Ralph, *Relativité*, Icon books ltd, Londres, 2009.
– Bender, Lionel : *les plantes*, éd. Artis-Historia, Bruxelles, 1989.
– Bojowald, Martin, *l'Univers en rebond*, folio 575
– Douce Roland & Postaire Eric, *Les origines de la vie*, Gallimard, 2016.
– Galfard, Christophe, *E=mc*, Flammarion, 2017
– Heidmann, jean : Sommes-nous seuls dans l'univers, Fayard, Paris, 2000.
– Herrmann, Joachim, *Atlas d'Astronomie*, ed. Stock, Paris, 1976
– Igor & Bogdanov Grichka, *Avant le Big-bang*, Grasset, 2004.
– *J.Baker, 50 clés pour comprendre l'astronomie, éd. Dunod, Paris 2016*
– Jean Bricmon, La mécanique quantique pour non physiciens, B-1348 Louvain-la-Neuve, Belgium
– Klein, Etienne : *Les secrets de la matière*, éd. J'ai lu, Paris, 2018.
– Klein, Etienne : Discours sur l'origine de l'univers, éd. Flammarion 2016.
– Le Principe divin, niveau 4, Paris
– Pluchet, Blandine, *La physique quantique pour les nuls*, éd. First, 2018.
– Reeves, Hubert : *L'heure de l'ivresse ; L'univers a-t-il un sens ?* Le Seuil, 1986
– Sagan, Carl : *Cosmic Connection*, ed. du Seuil, Paris, 1975
– Sarrailh, Claude, *Le secret de la vie*, éd. Librinova, 2018
– *Stephen Hawking, Une brève histoire du temps, trad.I. Naddeo-Souriau, Paris, Flammarion, 1989*
– Whyntie & Pugh, Oliver, *La physique des particules en image*, EDP Sciences, 2014.

## II. LIVRES RELIGIEUX

– *Bible Louis Segond*
– *Bible de Jérusalem*
– *Torah*
– *BABYLONE LA GRANDE EST TOMBÉE - le royaume de Dieu a commencé son Règne. Tour de Garde, JW.org,*
– *Présentation du Principe divin : éd. Culture et Paix, Paris, 2013*
– *Le Principe divin, niveau 4, introduction*
– *FFPMU : La pensée de l'unification*
– *VIE UNIVERSELLE : Les champs de rayonnement, Würzburg 1, 1986.*

# III. COLLECTIONS

– Les défis de la science : *l'origine de la vie*, édité par RBA coleccionables, S.A.U. 2018, Barcelone.
– Les défis de la science : *La théorie du Tout*, édité par RBA coleccionables, S.A.U. 2019, Barcelone.
– Les défis de la science : *Au-delà du Boson de Higgs*, édité par RBA coleccionables, S.A.U. 2018, Barcelone.
– Voyage dans le cosmos : *Les trous noirs*, édité par RBA coleccionables, S.A.U. 2020, Barcelone.
– Voyage dans le cosmos : *Les exoplanètes*, édité par RBA coleccionables, S.A.U. 2020, Barcelone.
– Voyage dans le cosmos : *Le boson de Higgs*, édité par RBA coleccionables, S.A.U. 2020, Barcelone.
– Voyage dans le cosmos : *L'espace-temps quantique*, édité par RBA coleccionables, S.A.U. 2020, Barcelone.
– Voyage dans le cosmos : *Les univers parallèles*, édité par RBA coleccionables, S.A.U. 2020, Barcelone.
– Voyage dans le cosmos : *La matière noire*, édité par RBA coleccionables, S.A.U. 2020, Barcelone.
– Voyage dans le cosmos : *Le vide et le néant*, édité par RBA coleccionables, S.A.U. 2020, Barcelone.

## IV. COURS & TRAVAUX PRATIQUES

– Lachieze-Rey, Marc : *Initiation à la comologie*, 5è éd, Dunot, Paris, 2013.
– Matthews, P.T., *Introduction à la mécanique quantique*, Dunod, Paris, 1970.
– Ir. MPANZU KIADI BABAKA et l'Ir. NIMI M., Travaux pratiques de mécanique quantique : explication de la mécanique quantique, UPN – RDC- 2017, inédit

## V. REVUES ET JOURNAUX

– *Les secrets de l'espace 07 : # HORS SERIE#, Les mystères de l'Univers*
– C. Bonneau, Science&Vie Hors-séries n° 288, 09/2019, p.55
– Hugo Leroux, Science&Vie Hors-Série n°288, 09/2019, p.58
– La Libre Belgique 2005. Guy Duplat
– Des signaux extraterrestres détectés par les équipes deStephen Hawking ; Paris Match ; Publié le 04/09/2017 par Camille Hazard
– Magazine Epsiloon, Hors-serie n° 5, p.37, Paris 2022
– Magazine Ciel&Espace n° 453-fév.2008, p.5
– Magazine Ciels&espace n° 442-p 62, Mars 2007
– Magazine Ciel&espace n° 356 – p.15 ; janvier 2000

# VI. Sites Web

– astropolis.fr/Le Big-bang : Instant zéro ou "singularité initiale
–astrophysique/hubble-bubble-notre-galaxie-est-elleenfermee-dans-une-bulle-les-explications-de-david-elbaz Par Olivier Lascar, le 03.01.2017
– *boowiki.info/art/cosmologie/cosmologie-conforme-cyclique*
– Express.fr, les premières secousses du Big-bang expliquées par Grichka Bogdanov, par Jérémie Pham-Lê, publié le 18/03/2014
– fredzone.org/stephen-hawking-pense-toujours-que-nous devons-nous-mefier-des-extraterrestres-554
– *futurasciences.com/buildsv6/images/mediumoriginal/d/e/7/de7da23f61_65821_Univers-jean-pierreluminet.jp*
– futurascience.com/10 questions essentielles sur l'Univers/ le 19/08/2019
– futura-sciences.com/sciences/definitions/physiquephysique-quantique-13197
– futura-sciences.com/sciences/definitions/Univers-voielactee-3729 par Floriane Boyer
– *Futura-sciences.fr*, La bizarre asymétrie du rayonnement fossile : une énigme résolue ? le 02/01/2009 par Laurent Sacco).
– futura-sciences.com/sciences/définitions/chimie-zircon-4668
– Futurasciences, JP Luminet, Singularités et temps zéro
– *futura-sciences.com /Luigi Bianchi, Nous serions perdus dans un Univers isotrope*
– *futura-sciences.com/sciences/actualites/cosmologie-preuveavant-big-bang-roger-penrose*
– futurascience.com, Hayabusa 2 : Mascot s'est posé sur Ryugu et commence ses activités scientifiques, par Remy Decourt,Publié le 04/10/2018).
– futura science.com, Origine de la vie : nouvelle piste avec des poussières interstellaires, *par Laurent Sacco, le 23/11/2017*
– gurumed.org/2019/03/21/la-sonde-japonaise-hayabusa-2-montre-que-lastrode-ryugu-est-tonnamment-sec
– Les grands Entretiens d'Actu-Philosophia,Entretien avec Aurélien Barrau, 5 juin 2012, par Florian Forestier sur web

– matierevolution.fr/spip.php ?auteurs2Matière noire, énergie noire : le chaînon manquant ? le 13/11/2007, par FaberSperber, Robert Paris
– matierevolution.fr/spip.php ?article38Le vide,... pas si vide, le23/06/2010, par Robert Paris
– *matierevolution.*fr/spip.php ?article, Les bulles de vide et la matière, le 16/05/2008, Robert Paris
– *matierevolution.fr/spip.php ?article, Big bang ou pas Big-Bang, le 15/05/2009 par FaberSperber, Robert Paris*
– *motherboard.vice.com/a-la-rencontre-des-partisans-de-latheorie-de-l-Univers-electrique par Sarah Scolesfévr. 22 2016*
– sciencesetavenir.fr/espace/asttrustmyscience.com/expansion-Univers-acceleration-trop-rapide-pouretre-expliquee-par-la-physique-actuelle, par Thomas Boisson, le 26/02/2018
– sciencesetavenir.fr/la-preuve-de-l-inflation-de-l-Univers-n'a-toujours-pas-ete-observee ; par AzarKhalatbari, le 02.02.2015
– *sciencetonante.wordpress.com/2013/09/30/les-7-merveillesde-la-mécanique-quantique*
– tdg.ch/preuve-inflation-cosmique-big-bang-faite
– trustmyscience.com/nouvelle-etude-matiere-noireplus-ancienne-que-big-bang/ par Stéphanie Schmidt, 9 août 2019
– trustmyscience.com/voici-a-quoi-ressemblerait-laterre-si-toute-la-glace-venait-a-fondre par Julien Claudet, le 17 juillet 2017
– trustmyscience.com/technologie-produit-oxygene-depuisco2-pourrait-aider-colonisation-mars ; par Thomas Boisson, le 28/05/2019
– trustmyscience.com/hadron/ par Thomas Boisson, le 3 août 2018
– *trustmyscience.com/*l'inflation cosmique recréée en laboratoire grâce à un condensat de Bose-Einstein, Thomas Boisson, 2/05/2018
– https://www.maxisciences.com/savoir/histoire/quelle-est-la-difference-entre-la-torah-et-la-Bible et la Torah_art45922.html
– https://sunearthday.nasa.gov/2007/locations/ttt_sunlight.php
– www.tdg.ch/preuve-inflation-cosmique-big-bang-faite
– sciencesetavenir.fr/lapreuve-de-l-inflation-de-l-Univers-n-a-toujours-pas-ete-observee ; par Azar Khalatbari, le 02.02.2015

– https://www.uottawa.ca/about-us/media/news/reinventing-cosmology-uottawa-research-puts-age-universe-267-137-billion-years
– https://www.uottawa.ca/about-us/media/news/reinventing-cosmology-uottawa-research-puts-age-universe-267-137-billion-years
– https://www.journaldugeek.com/2023/07/14/lunivers-pourrait-etre-deux-fois-plus-vieux-que-prevu/
– https://fr.aleteia.org.author/alateia-usa/ le jour où le pape a rencontré Stephen Hawking
– *vinsvignesvignerons.com/Geologie/Une-breve-histoire-dela-planete-terre*

# VII. ENCYCLOPEDIES


– Bételgeuse : Wikipédia
– Blogs zevenzeur ; Introduction à la physique fondamentale, publié le 18/02/2013
– *Théorie des cordes : Wikipédia*
– Wikiedia ; Modèle Standard
– Wikipédia : BIG-BANG
– Wikipédia : Brane
– Wikipédia : Empédocle
– Wikipédia : GN-z11
– Wikipédia : Histoire de l'Univers
– Wikipédia : L'énergie d'activation
– Wikipédia : Les particules subatomiques
– Wikipédia : supersymétrie
– Wikipédia ; BRANE
– Wikipédia, Cellules
– Wikipédia, Multivers
– Wikipédia.fr, galaxies
– wikipedia.org/wiki/Univers
– Wikipédia ; *Particules élémentaires*
– Wikipedia ; Metaphysical- zevengeur.wordpress.com/2014/01/16/histoire-de-lUniverspartie-4-le-modele-standard-de-la-physique
– zevengeur.wordpress.com/ la-chromo-dynamique-quantique
– *Zevengeur, www.blogs, zevengeur, Modèle Janus, le futur de la cosmologie, le12/01/ 2018*
– De l' Astronomie de l'Espace : Les forces fondamentales, Hachette, 2019.
– De l' Astronomie de l'Espace : Les trous noirs, Hachette, 2018
– De l' Astronomie de l'Espace : Matière noire et énergie sombre, Hachette, 2019.
– Edey, Maitland A., Les origins de l'Homme ; Le Chaînon manquant, éd. France Loisirs, Paris, 1984
– Geographic exploration. "Microsoft® Encarta® 2009 [DVD]. Microsoft Corporation, 2008

- Grint, Damian, *Les mystères de l'univers,* éd. Christophe Colomb, Paris, 1985
- Joe Bergeron, Encarta ® 2009 Modeling a black hole
- Gamlin, Linda, *Les origines de la vie,* éd. Artis-Historia, Bruxelles. 1989
- Melvin & G. Berger : *Qu'est-ce qui fait onduler l'océan* ? ed. Nouveaux Horizons – ARS, Paris 2012
- Moïse. " Microsoft® Encarta® 2009 [DVD]. Microsoft Corporation, 2008
- P. Batchelor : *L'énergie, le son et la lumière,* éd. Nouveaux Horizons, ARS, Paris, 2016
- Zoppi, Moninga, Les Merveilles de l'univers, Médiaspaul, Kinshasa, 2009.
- "conservation, lois de." Microsoft® Encarta® 2009 [DVD]. Corporation, 2008
- "dinosaures." Microsoft® Encarta® 2009 [DVD]. Microsoft Corporation, 2008
- Électron : Encarta
- "gravitation." Microsoft® Encarta® 2009 [DVD]. Microsoft Corporation, 2008
- "Olbers, paradoxe d'." Microsoft® Encarta® 2009 [DVD]. Microsoft Corporation, 2008
- "Pangée." Microsoft® Encarta® 2009 [DVD]. Microsoft Corporation, 2008
- Gravitationnelles, ondes." Microsoft® Encarta® 2009 [DVD]. Microsoft Corporation, 2008
- THÉORIE DU BIG-BANG : encarta

# VIII. Documentaires scientifiques

– « Au-delà du Big-bang »
– « L'Univers de STEPHEN Hawking »
– « Le mystère de l'Univers : La lumière et les ténèbres ».
– « Les secrets du Cosmos : la théorie du champ de Higgs
– « Nouvelle Théorie du Champ Unifié (Explication de la Gravitation)
– « *Nouvelle théorie du champ unifié : explication de l'Univers Dynamique* »
– « Physique quantique pour les nuls
– « Quelle est l'origine de l'eau sur la terre »
– « Toutes les planètes du système solaire »
– Conférence : Qu'y avait-il avant le Big-bang
– A.E. Wilder Smith : « les origines de l'Univers »
– Alice Harper et Nigel Henbest : « les origines de la terre »
– Colin Campbell : « Les mystères de l'Univers – au-delà du froid »
– D. Louapre, « les 7 merveilles de la mécanique quantique »
– David Louapre, « la mécanique quantique en 7 idées »
– Garry Parker : « Big-bang »
– Hubert Reeves Conférence-Documentaire « que pensez-vous de la déclaration de Stephen Hawking ? »
– Hubert Reeves ; « D'où provient l'énergie du Big-bang »
– Iolande Cadrin-Rossignol : « Du Big-bang au Vivant »
– J.P. Luminet, conférence-documentaire « la forme de l'espace »
– Jean Pierre Martin, conférence-documentaire « Et la lumière fut : ou l'histoire du Big-bang »
– Laura Verkland Armstrong ; « L'Univers – Les Mystères du Big-bang »
– Gary Wright : Le Soleil, Source De Vie Et De Danger
– Matt Hickey : « Cosmos – Au-delà du Big-bang »
– Pascal Picq : conférence-documentaire "Premier Homme"

## Table des matières

Dépôt légal juin 2024

Librinova

www.librinova.com

www.ingramcontent.com/pod-product-compliance
Lightning Source LLC
LaVergne TN
LVHW052226200926
848481LV00001B/224